TURING 图灵程序设计丛书

Practical Hive

A Guide to Hadoop's Data Warehouse System

Hive实战

[美] 斯科特·肖 [南非] 安德烈亚斯·弗朗索瓦·弗穆尔恩 著
[印] 安库尔·古普塔 [美] 戴维·杰鲁姆加德

唐富年 译

人民邮电出版社
北京

图书在版编目（CIP）数据

Hive实战 / （美）斯科特·肖等著 ; 唐富年译. --
北京 : 人民邮电出版社, 2018.11（2022.12重印）
（图灵程序设计丛书）
ISBN 978-7-115-49391-0

Ⅰ. ①H… Ⅱ. ①斯… ②唐… Ⅲ. ①数据库系统一程
序设计 Ⅳ. ①TP311.13

中国版本图书馆CIP数据核字(2018)第216737号

内容提要

Hive“出身名门”，是最初由Facebook公司开发的数据仓库工具。它简单且容易上手，是深入学习Hadoop技术的一个很好的切入点。本书由数据库专家和大数据专家共同撰写，具体内容包括：Hive的安装和配置，其核心组件和架构，Hive数据操作语言，如何加载、查询和分析数据，Hive的性能调优以及安全性，等等。本书旨在为读者打牢基础，从而踏上专业的大数据处理之旅。

本书面向数据科学家以及对大数据技术感兴趣的读者。

◆ 著 [美] 斯科特·肖
[南非] 安德烈亚斯·弗朗索瓦·弗穆尔恩
[印] 安库尔·古普塔 [美] 戴维·杰鲁姆加德
译 唐富年
责任编辑 谢婷婷
责任印制 周昇亮

◆ 人民邮电出版社出版发行 北京市丰台区成寿寺路11号
邮编 100164 电子邮件 315@ptpress.com.cn
网址 http://www.ptpress.com.cn
北京七彩京通数码快印有限公司印刷

◆ 开本：800×1000 1/16
印张：15.5 2018年11月第1版
字数：366千字 2022年12月北京第14次印刷

著作权合同登记号 图字：01-2018-5948号

定价：69.00元

读者服务热线：(010)84084456-6009 印装质量热线：(010)81055316

反盗版热线：(010)81055315

广告经营许可证：京东市监广登字20170147号

版权声明

我把这本书献给我的家人。他们并不知道我从事何种工作，却容忍我一天到晚“玩”电脑。爱你们！

——斯科特·肖

我将这本书献给我的家人和我睿智的导师们，感谢他们的支持。特别感谢丹尼丝和劳伦斯。

——安德烈亚斯·弗朗索瓦·弗穆尔恩

我要向许多见证我完成这本书的人表达我的感激之情。最重要的是，我要感谢我的妻子贾丝玟和其他家人，尽管这段时间我几乎无暇照顾他们，他们却一直支持和鼓励着我。

——安库尔·古普塔

“只要锲而不舍、不断学习和永恒追求，任何人都能成为伟人。”——乔治·巴顿

——戴维·杰鲁姆加德

前　言

第一次听说 Hive 的时候，我是两个数据仓库项目的顾问。其中一个项目已经开发了 6 个月。我们的团队有 12 名顾问，但是进展甚微。源数据库是关系型的，但是由于某些未知原因，所有的约束（例如主键和外键参照关系）都被关闭了。总而言之，这样的源数据库实际上是非关系型的，而我们的团队则努力将这样的数据迁移到高度结构化的数据仓库中。我们努力解决空值问题并构建约束，还纠结于主数据管理问题和数据质量问题。该项目最终的目标就是建立一个数据仓库，重建早已经有的报表。

第二个项目的规模相对较小，但是涉及层级关系。例如，电视机有品牌名称、存货单位（SKU）、产品代码和数量各异的其他描述性特征。这些特征中有一些是动态的，而另一些则可适用于一个或多个不同的产品或品牌。各个品牌在特征的层次结构上都有所不同。同样，我们努力在一个关系型数据仓库中描述这些业务需求。

第一个项目所面临的困难体现在从一个模式迁移到另一个模式时。这个问题必须在任何人提出任何疑问之前解决，即便这样，这些疑问也必须提前知晓。第二个项目的困难则出现在表达那些无法与既有的数据结构融合的业务规则时。我们最终让客户更改了他们的业务规则，以适应该结构。

当我第一次将文件复制到 HDFS 并且在该文件之上创建 Hive 表时，我为这种解决方案的简单易用以及它对数据分析的深远影响而赞叹不已。从那时起，我见过一些使用 Hive 的数据项目从设计到拥有真正的分析价值仅需几周时间，而使用传统方法则要花费数月。对于数据驱动型公司和那些需要解决关键业务问题的公司而言，Hive 和更庞大的 Hadoop 生态系统确实是规则的改变者。

本书的目的就是带你体验我所经历过的顿悟时刻，旨在为你打牢基础，进而探索和体验 Hive 和 Hadoop 所提供的功能，帮助你踏上技术之旅，学习在未来十年甚至更长一段时间里驱动创新能力的技术。要在技术领域生存，你必须不断重塑自我，因为技术是不断向前发展的。现在，这列火车即将启程，欢迎乘坐！

致　谢

早在加入 Hortonworks 公司之前，我就想写一本关于 Hive 的书。那时候有关 Hive 的书比较少，而且我看过的一些虽然技术讲得很好，但是并不面向普通用户，尤其是来自关系数据库领域的用户。到 Hortonworks 公司工作以后，我感到坐下来写这本书变得容易多了。我的手边有最优秀的资源，而且可以接触到一些我所见过的最聪明的人。我认识了像艾伦·盖茨这样的 Hive 代码提交者，他们会毫不犹豫地回复邮件或者花点时间跟我在会议上交流。我与世界上最棒的解决方案工程师团队建立了友谊并且得到了他们的支持。然而过了近两年半，我还是没有写完这本书。

我没有预料到这个市场的发展速度如此之快，也没有预料到整个团队为客户提供解决方案需要投入大量时间。这确实是一项令人钟爱的工作，但是为了兼顾工作和家庭，我不得不将这本书的写作一再拖延，而且拖了很长一段时间。我想其他任何一家出版社都会放弃我再找别人，但是 Apress 出版社一直在耐心等待（虽然我不能说他们一点都没有退却，而且理应如此），并且坚信总有一天我们会写出一本书来。

写一本关于 Hive 的书，其艰难之处在于：如果你的写作中断了 6 个月，那么你就要写一本新书了。我意识到这并不是一个人能够完成的工作，我需要帮助。安库尔是首先站出来帮助我的人。如果没有他的坚持和奉献，就不会有这本书。也是安库尔使我们与安德烈亚斯取得了联系，我相信安库尔会同意，如果没有安德烈亚斯令人惊叹的写作能力和知识水平，也不会有这本书，至少这本书会更薄一些，你从中获得的信息量会大大减少。最后，感谢戴维，他确定了本书的技术重点，对于去冗存精起到了至关重要的作用，指引我们一路向前。

还有其他很多人在自己有限的时间里尽己所能地提供了帮助。微软 CAT 团队的辛迪·格罗斯在早期曾经参加了本书的撰写，帮助推动这个项目前进。感谢安西尔承担了非常必要的技术审校工作——尤其是对我所撰写的章节。要特别感谢 Hortonworks 公司，它不仅仅支持本书的撰写，而且发自肺腑地为此激动不已。Hortonworks 团队并不仅仅因为这是一本关于 Hive 的书而激动，他们是为我们这个作者团队所取得的成就而激动。我从未被迫在工作和这本书之间做出选择，专心本职工作是我自己的选择。

最后，感谢我的家人。我的孩子们可能根本不需要 Hive，但是我知道，他们认为爸爸能参与撰写一本书是一件非常酷的事。从英语专业的学生到一家开源大数据公司的解决方案工程师，而且能够撰写技术类图书，这是一段很长的成长之旅。环顾四周，我感到非常知足。再次重申，我与业界最聪明的人一起工作，虽然他们的才智我难以望其项背，但是我深知，他们的集体智慧和见解会使我成为一个更加优秀的人。

——斯科特·肖

目　录

第1章 为 Hive 打好基础：Hadoop

到现在为止，任何有一丝好奇心的技术人员都听说过 Hadoop，这是在办公室闲聊时被反复提及的一个词。对于 Hadoop 的看法不一，从“Hadoop 就是浪费时间”到“它很了不起，将解决我们当前的所有问题”。你可能也听说过你们公司的董事、经理甚至首席信息官让团队开始实现这种新生的大数据事物，并且找到一个要用它来解决的问题。在谈到大数据时，非技术人士的第一反应通常是：“噢，你是说像 NSA[①]那样吗？”毫无疑问，大数据带来了重大责任，但是显然，如果对大数据的使用及其好处缺乏认识，将会滋生不必要的恐惧、不确定和怀疑。

实际上，你在看这本书就说明你对 Hadoop 感兴趣。你可能已经知道 Hadoop 能让你存储和处理大量数据。我们猜测，你也认识到了 Hive 是一款强大的工具，允许你使用 SQL 来实现熟悉的数据访问操作。从书名可知，这本书是关于 Hive 的，它会告诉你 Hive 在访问大型数据存储时是多么重要。牢记这一点有助于理解我们为何撰写本书。我们已经有了像 T-SQL 和 PL/SQL 这样的工具，以及其他能够检索数据的分析工具，为什么还需要 Hive 呢？在现有环境中增加更多需要掌握新技能的工具，难道没有额外的资源成本吗？事实上，我们认为可用的数据是不断变化的，而且变化得很快。这种快速的变化迫使我们扩展自己的工具集，不能局限于过去 30 年所依赖的工具。我们将在后面的章节中看到，我们确实需要改变，但是也需要利用那些早已获得的成就和技能。

Hadoop 与“大数据”这个术语几乎同义。在我们看来，“大数据”正在慢慢地走向其他术语（例如决策支持系统和电子商务）的命运。当人们将“大数据”作为一种解决方案来谈论时，他们通常是从市场营销的视角来看问题的，而不是从一种工具或者能力的视角。我记得与一位高层管理人员会面时，他坚决要求我们不要在讨论中使用“大数据”这个术语。我同意了，因为我觉得这个术语会冲淡谈话的主题，使我们更关注于通用术语而没有触及技术的变革本质。但是话又说回来，数据确实在变大，而我们不得不从某个地方开始讨论这个话题。

我的观点是：Hadoop 最初是一种用于解决特定问题的技术。它在不断演化，而且演化的速度比罐子里果蝇的繁殖速度还快。它已经演变成一种核心技术，正在改变企业看待其数据的方式——如何使用数据，如何深入理解所有数据——以解决特定业务需求并获得竞争优势。用于处理数据的现有模型和方法论正不断受到挑战。随着不断演进并且越来越被认可，Hadoop 从一种

① 美国国家安全局。——译者注

小众的解决方案转变为每个企业都能从中获取价值的解决方案。再从另外的角度想想。现在的日常技术都是基于专门的需求创造出来的，例如军事需求。我们认为理所当然的东西，比如胶带和GPS，都是首先针对特定军事需求而开发的。为什么会这样？创新至少需要3个要素：一种迫在眉睫的需求，一个可以识别的问题，还有金钱。军队是庞大而复杂的组织，拥有人才、金钱、资源以及发明这些日常用品的需求。显然，军队为自己使用而发明的产品和零售商店里的产品往往不太一样。后者经过改良、推广和精心打磨，以供日常使用。随着我们深入了解Hadoop，要注意与此相同的过程：那些独特且紧紧聚焦于某一需求的发明将不断演进，以满足更广泛的企业需求。

如果要将Hadoop和大数据比作什么，可以将它们视为一段旅程。很少有公司在创立之初就需要含有1000个节点的集群，也不会轻易决定在这样的平台上运行关键业务。企业会经历一段可预测的旅程，时间从几个月到几年不等。希望本书能够帮助你开始自己的旅程，并且有助于阐明整个旅程的具体步骤。第1章介绍了Hadoop世界为什么与众不同，以及它的由来。本章为稍后的讨论奠定了基础。在学习具体的技术之前，你将了解Hadoop平台，也将明白开源模型为何如此不同且具有颠覆性。

1.1 一只小象出生了

2003年，Google公司发表了一篇并不引人注目的论文，题目为“The Google File System”。在硅谷之外并没有多少人关注这篇论文的发表和它试图传达的信息。这篇论文所包含的信息可直接用于像Google这样的公司，其主要业务聚焦于对互联网进行索引，而对于大多数公司来说，这并不是一个常见的用例。这篇论文描述了一种独特的存储框架，是为解决Google公司今后的技术需求而设计的。本着TL&DR[①]的精神，这里给出其最突出的观点：

- 故障是常态
- 文件很大
- 文件通过追加来更改，而不是通过更新来更改
- 紧耦合的应用程序和文件系统API

如果你打算成就一家规模达数十亿美元的互联网搜索公司，上述假设大多都有意义。你将主要关心大文件的处理，以及以低延迟的代价连续进行长时间的读写操作。你也会想把自己的海量存储需求分散到（廉价的）商用硬件上，这样就不需要建立代价高昂的资源竖塔。数据摄入需要格外关注，在写入时对这些数据结构化（模式化）只会延迟处理过程。你还需要安排一个由世界顶级开发人员组成的团队，构建可伸缩、分布式且高可用的解决方案。

Yahoo注意到了这篇论文。他们在互联网搜索领域面临着类似的伸缩性问题，并且使用了由Doug Cutting和Mike Cafarella创建的一个名为Nutch的应用程序。Google的那篇论文为Doug和Mike提供了一个框架，可解决Nutch架构中很多固有的问题，其中最重要的是可伸缩性和可靠性。而接下来需要进行的就是对基于Google的论文设计的解决方案重新进行工程实现。

① 互联网用语，意思是“篇幅太长，不再阅读”。——译者注

注意 请记住，最初的 GFS（Google 文件系统）和发展成为 Hadoop 的这部分技术并不相同。GFS 是一个框架，而 Hadoop 则是将该框架付诸实施。GFS 仍然是 Google 专有的，也就是说，它并不是开源的。

当我们提起 Hadoop 时，经常会想到 Google 公司的那篇论文中有关存储器的那一部分概述。实际上，这个等式的另一半（更为重要）是 Google 公司在 2004 年发表的题为“MapReduce: Simplified Data Processing on Large Clusters”的论文。这篇论文采用一种被称作“易并行”（embarrassingly parallel）的方法，将大型分布式集群上的数据存储与该数据的处理相结合。

注意 对 MapReduce 的讨论将贯穿全书。MapReduce 在交互式 SQL 查询处理中既是一个意义重大的角色，也是一个日益走向衰落的角色。

Doug Cutting 和 Yahoo 的其他一些人看到了 GFS 和 MapReduce 对 Yahoo 自身用例的价值，因此从 Nutch 剥离出一个单独的项目。Doug 用他儿子的玩具小象的名字 Hadoop 来命名这个项目。尽管这个名字很可爱，但是项目本身还是很严肃的，而且 Yahoo 打算推广它，用它来满足搜索引擎以及广告业务方面的需求。

注意 Hadoop 社区流传着一个笑话：如果你将产品命名权交给工程部门而不是市场营销部门，那么就会得到类似于 Hadoop、Pig、Hive、Storm、Zookeeper 和 Kafka 这样的名字。我个人喜欢那些看起来愚蠢但是能够解决复杂实际问题的应用程序。至于那只 Hadoop 小象的命运嘛，Doug 现在仍然随身带着它参加各种演讲活动。

Hadoop 在 Yahoo 公司内部的规模增长并不典型，但是对于当前很多实现的模式来说，它是一个典范。在 Yahoo 的案例中，最初的开发只能扩展到少数几个节点，但是几年之后，就可以扩展到数百个节点了。随着集群的增长和扩展，系统摄入了越来越多的企业数据，组织内部的壁垒开始被打破，用户也开始从数据中发现更多的价值。随着所有职能领域的壁垒都被打破，更多的数据被迁移到集群中。一个有着美好目标的事物很快成了整个组织的核心和灵魂，更恰当地说，成了整个组织的存储和分析引擎。正如一位作者所述：

> 2011 年，当 Yahoo 将 Hortonworks 分拆为一家独立的、专注于 Hadoop 的软件公司时，Yahoo 的 Hadoop 基础设施已经拥有了 42 000 个节点和数百 PB 的存储空间。

1.2 Hadoop 的结构

Hadoop 通常包含两个部分：存储和处理。存储部分就是 Hadoop 分布式文件系统（HDFS），处理就是指 MapReduce（MR）。

注意 在本书完成之际，这一环境正在改变。MapReduce现在只是在HDFS之上处理Hive的一种方式。MapReduce是一种传统的面向批量任务的处理框架。像Tez这样的新处理引擎越来越倾向于近实时的查询访问。随着YARN的出现，HDFS正日益成为一个多租户环境，允许很多数据访问模式，例如批量访问、实时访问和交互访问。

当我们考虑到常规文件系统的时候，会想到像Windows或Linux这样的操作系统。这些操作系统都安装在运行重要应用程序的单台计算机上。如果我们通过网络将50台计算机连接到一起，会发生什么呢？我们仍然有50个不同的操作系统，如果我们想要运行单个应用程序来使用它们所有的计算能力和资源，这种方式对我们没有多少帮助。

例如，我正在微软的Word软件中输入这些内容，该软件只能在单操作系统和单台计算机上安装和运行。如果想提高Word应用程序的运算性能，那么我别无选择，只能给我的计算机增加CPU和RAM。问题在于，我所能增加的CPU和RAM的数量是有限制的。我很快就会达到单台设备的物理极限。

HDFS则做了一些独特的事情。你可以选取50台计算机并且在每一台上都安装一个操作系统（如Linux）。在用网络将它们连接起来之后，你在所有计算机上都安装HDFS，并且将其中一台计算机声明为主节点，将其他所有计算机都声明为工作节点。这样你就构建了HDFS集群。现在，当你将文件复制到某个文件夹中时，HDFS会自动将文件的各个部分存放在集群的多个节点上。HDFS成为Linux文件系统之上的一个虚拟文件系统，它抽象了你在集群的多个节点上存储数据的事实。图1-1从整体上说明了HDFS如何从客户端抽象出多个系统。

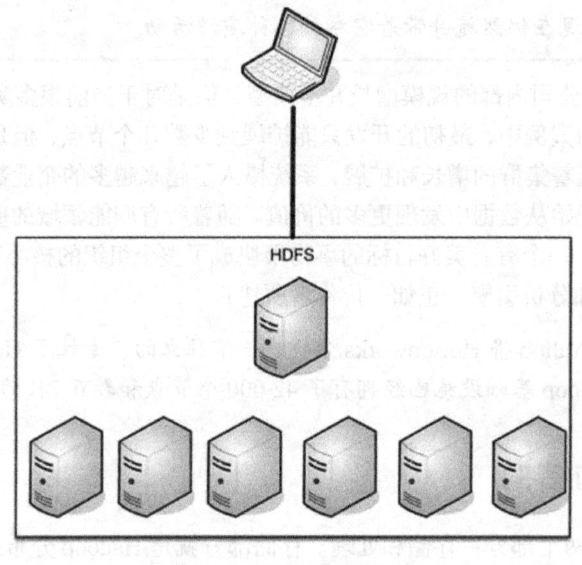

图1-1 HDFS的简单视图

图 1-1 非常简单，展示了最基本的视图（将在 1.3.2 节详细说明）。最重要的一点是，现在的增长能力是水平的而不是垂直的。与为单台设备添加 CPU 或 RAM 不同，你只需要增加一台设备，也就是一个节点。线性可伸缩性允许你基于自己扩大的资源需求快速扩展自己的能力。敏锐的读者很快就会争辩说，通过虚拟化也可以获得类似的优势。那么让我们用虚拟化的视角来看待同一问题。图 1-2 展示了这样一个虚拟化架构。

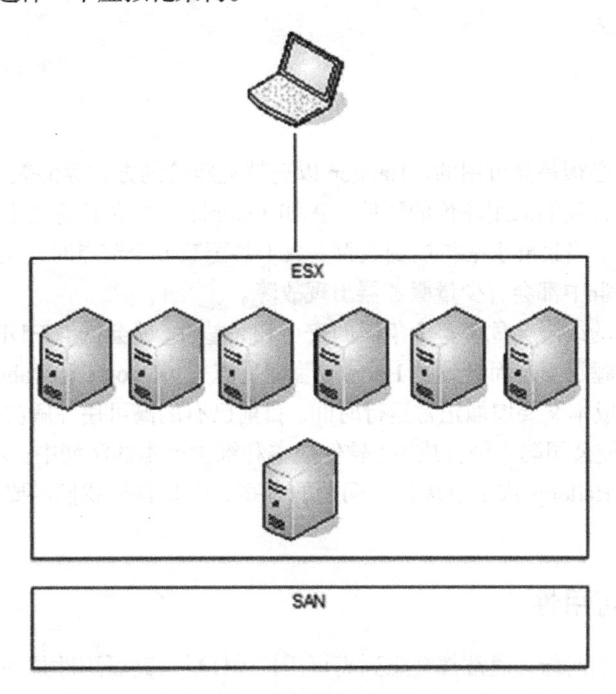

图 1-2 虚拟化架构

管理员在服务器（大多数情况下是一个服务器集群）上安装虚拟管理软件。该软件集中了 CPU 和内存这样的资源，这样看起来就像有一台有着大量资源的服务器。在虚拟操作系统层上有多个客户，可以将可用的资源池划分给每个客户使用。这样做的好处包括：IO 资源的最大化、资源的动态供应，以及物理集群层的高可用性。存在的问题则包括：对 SAN 存储器的依赖、不能进行水平扩展、垂直扩展存在限制，以及对多操作系统安装存在依赖等。目前大多数数据中心都采用这种模式，而且在过去 10 多年里，虚拟化一直是 IT 界的主流趋势。

注意 图 1-2 中用到了术语 ESX。我们当然并不特指 VMWare。我们给出虚拟化的架构只是为了说明 Hadoop 如何从根本上改变了数据中心的模式，以满足独特的现代数据需求。对于很多用例来说，私有云虚拟化仍然是一种可行的技术，而且应该与其他架构（如设备或公有云）放在一起考虑。

Hadoop的其他优势还包括降低能源消耗以及减少物理服务器的占用和动态供应。Hadoop需要与保持了长达10多年的发展趋势的虚拟化架构相抗衡，这是一项艰难的任务。企业这些年来一直都在远离物理架构，在减少数据中心的物理服务器数量上取得了很大进展。如果在扩展文件系统之时，Hadoop所能提供的只是添加另一个物理节点，那么我们也就没有必要写这本书了，而Hadoop也将重蹈Pets.com的覆辙[①]。Hadoop的架构还有更多特性，在商业上具有变革性意义，值得在物理架构上投入。

1.3 数据冗余

大规模的数据也必须是高可用的。Hadoop以高效且廉价的方式存储数据。Hadoop软件架构内置了一些机制，允许我们采用廉价的硬件。正如Google公司在其论文中所说的，最初的设计假定节点会发生故障。当集群水平扩展到数百、数千甚至数万个节点时，我们别无选择，只能假定在任意给定时间集群中都会有少量服务器出现故障。

如果有些服务器的故障会危害整个集群的安全和完整性，就会抵消HDFS所提供的任何其他好处，更不用说由于睡眠不足而导致的Hadoop管理员流失。Google和Yahoo的工程师面临着艰巨的任务，既要降低成本又要增加正常运行时间。目前已有的高可用性解决方案在满足他们的需求时，不可避免地会使公司陷入硬件成本、软件成本和维护成本的深渊中。为了满足他们的需求，有些事情必须改变。Hadoop成了解决这一问题的方案，但是首先我们需要了解为什么现有工具无法成为解决方案。

1.3.1 传统的高可用性

当我们想到冗余的时候，通常都会想到高可用性（HA）。高可用性是一种架构，它描述了你访问环境的频次。我们通常用“9”的形式来度量高可用性。我们可以说自己的运行时间是99.999，也就是五个九。表1-1显示了基于可用率的实际停机时间。

表1-1 可用率概览

可用率	每年停机时间	每月停机时间	每周停机时间
90%（一个九）	36.5天	72小时	16.8小时
95%	18.25天	36小时	8.4小时
97%	10.96天	21.6小时	5.04小时
98%	7.3天	14.4小时	3.36小时
99%（两个九）	3.65天	7.2小时	1.68小时
99.5%	1.83天	3.6小时	50.4分
99.8%	17.52小时	86.23分	20.16分
99.9%（三个九）	8.76小时	43.8分	10.1分

① Pets.com是一家短命的互联网公司。——译者注

（续）

可用率	每年停机时间	每月停机时间	每周停机时间
99.95%	4.38 小时	21.56 分	5.04 分
99.99%（四个九）	52.56 分	4.32 分	1.01 分
99.995%	26.28 分	2.16 分	30.24 秒
99.999%（五个九）	5.26 分	25.9 秒	6.05 秒
99.9999%（六个九）	31.5 秒	2.59 秒	0.605 秒
99.99999%（七个九）	3.15 秒	0.259 秒	0.0605 秒

成本通常与正常运行时间成比例。正常运行时间越多意味着成本越高。尽管有少量解决方案也依赖于软件，但是大多数高可用性解决方案都聚焦于硬件。大多数解决方案的理念都是采用一组被动系统，以备在主系统出现故障时使用。大多数集群基础设施都采用这种模式。你可能有一个主节点和任意数量的副节点，其中含有复制的应用程序二进制文件以及用于集群的特定软件。一旦主节点发生故障，副节点就会马上接管。

注意 你可以选择建立一个双活式集群，这其中的两个系统都在用。从资源的视角来看，你的成本仍然很高，因为当出现故障之后，你可能需要解决两个系统的应用程序在同一台服务器上运行的问题。

快速故障恢复可使停机时间最小化，而且如果正在运行的应用程序是集群感知型的，可以解决会话终止的情形，最终用户根本就不会意识到系统已经出现了故障。虚拟化就采用了这种模型。物理主机一般是由 3 个或者更多系统构成的集群，其中一个系统是被动式的，它在活动系统出现故障时负责接管控制。虚拟客户可以跨系统迁移，而且客户端甚至并未意识到操作系统已经迁移至其他服务器。该模型也有助于维护工作，例如应用更新、打补丁或者更换硬件。管理员在副系统上进行维护，然后将副系统切换成主系统，再对原系统进行维护。私有云采用了类似的框架，在大多数情况下，在集群中都有一个空闲服务器，主要用于替换出现故障的集群节点。图 1-3 展示了典型的集群配置。

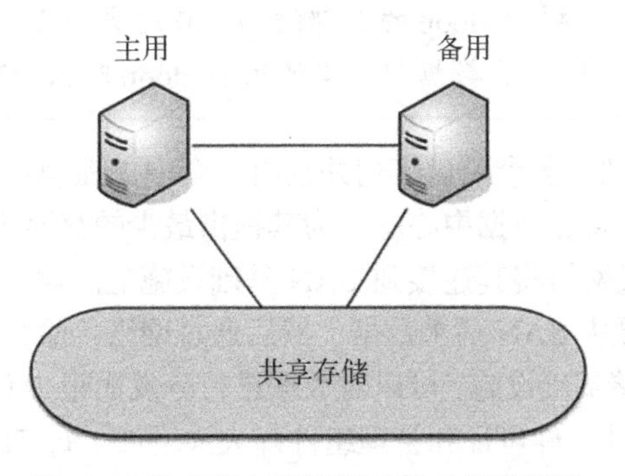

图 1-3 带有共享存储的两节点集群配置

这种模式的成本会很高。集群需要共享存储架构，通常由一个SAN基础设施提供服务。SAN可以存储大规模数据，但是其建设和维护成本很高。SAN独立于服务器存在，因此数据需要通过网络接口进行传输。而且，SAN将随机IO和顺序IO混合在一起，这意味着所有的IO都是随机的。最后，管理员将大多数集群配置为活动/被动式。处于被动待命状态的服务器一直不被使用，直到出现故障为止。在这种情况下，硬件成本会加倍，但是可用资源却不会加倍。

存储器厂商采用了很多方法来保持存储器的高可用性，或者说存储冗余。最常见的方法就是使用RAID（独立磁盘冗余阵列）配置。表1-2给出了最常用的RAID等级。

表1-2 最常用的RAID等级

RAID等级	描述	容错
RAID 0	条带阵列	无
RAID 1	镜像阵列	一块盘
RAID 5	带奇偶校验的条带	一块盘
RAID 1+0	条带镜像	一个镜像中的多块盘

RAID之所以流行，是因为它提供了数据保护并且针对大多数工作负载提升了性能。例如，RAID 0并不提供数据保护，但是由于增加了磁盘驱动器的数量而加快了写入速度。与集群一样，RAID也需要付出代价。在镜像RAID配置的情况下，你要单独留下一块专用盘用于数据恢复。系统使用这块副盘只是为了复制写入的数据。这个过程会降低写入速度，而且在加倍成本的同时并没有使存储容量加倍。要实现一个5TB的镜像盘RAID，你需要购买10TB的存储器。大多数企业和硬件厂商都不会在服务器架构中实现RAID 0或RAID 1。

像EMC和NetApp这样的存储器厂商采用RAID 1+0（RAID 10）来配置其SAN环境。这满足了高可用性存储器需求，提升了性能。对于含有数十个阵列且阵列中含有6个或更多驱动器的大型SAN环境来说，这种方式运行良好。这些阵列被划分成若干个逻辑单元号，提供给服务器使用。然后，这些就变成了你的挂载点或者Windows的标准驱动器盘符。

注意 请耐心一点。围绕SAN和RAID存储器的讨论可能看起来平淡无奇，但是理解传统的存储器设计将会帮助你理解Hadoop的存储结构。在过去的20年中，SAN和RAID的使用已经形成事实上的标准，当在数据中心里使用Hadoop时，消除这种偏见是一个主要障碍。

因此，SAN本质上是拥有多个磁盘阵列并且由一个中央控制台管理的大型容器。公司购买了一台服务器，然后将它配备在数据中心里，为其提供最少的存储（通常是一个小型DAS盘）来安装操作系统，并且通过网络将其连接到SAN基础设施上。对于应用程序来说，不论是商用应用程序还是数据库，都要从SAN请求数据，然后通过网络传输数据并在服务器上进行处理。SAN变成了一种集成式存储基础设施，可以对数据进行分发而很少（甚至不需要）关注IO处理。在SAN之上附加的高可用性、许可证和管理组件都大大增加了每TB的成本。

SAN技术已有很多改进，例如更快的网络互连和内存缓存。但是尽管有这么多进步，SAN

的主要目的从来都不是高性能。近 15 年以来，每 TB 的成本大大降低，而且仍然在继续下降，但是购买 1TB 的 U 盘和购买 1TB 的 SAN 存储器大不相同。同样，和虚拟化的例子一样，SAN 有着实际应用，并且是大多数大型企业的基础设施。关键在于，企业需要一种更快、更便宜的方式来存储和处理大规模数据，同时也有着严格的高可用性要求。

1.3.2 Hadoop 的高可用性

Hadoop 为传统 HA 集群或基于 SAN 的架构提供了一种替代框架。它首先假设会出现故障，然后在源代码中构建解决故障的机制。Hadoop 是具有高可用性的开盒即用产品。管理员不需要安装额外的软件或配置额外的硬件组件来使 Hadoop 具有高可用性。管理员可以将 Hadoop 的可用性配置得或高或低，但是高可用性为默认选项。更重要的是，Hadoop 消除了高可用性带来的成本。Hadoop 是开源的，高可用性也是其代码的一部分，因此通过传递性可知，将 Hadoop 作为 HA 解决方案并没有额外成本。

那么，Hadoop 如何做到以低成本来提供高可用性呢？它主要利用了这样一个事实：在过去的 30 年里，每 TB 存储器的成本显著下降。与 RAID 配置类似，Hadoop 需要复制数据以实现冗余，默认情况下所占空间是原始大小的 3 倍。这意味着 10TB 的数据在 HDFS 上存储就需要 30TB。这也意味着当 Hadoop 存放一个文件时（假设是一个大小为 1TB 的 Web 日志文件），会将它分割成若干“块”，并在整个集群上分发。就 1TB 的日志文件来说，如果块的大小为 128MB，那么 Hadoop 在分发文件时要用到 24 576（8192×3）个块。图 1-4 展示了单个文件如何被分割存放在一个 3 节点的集群上。

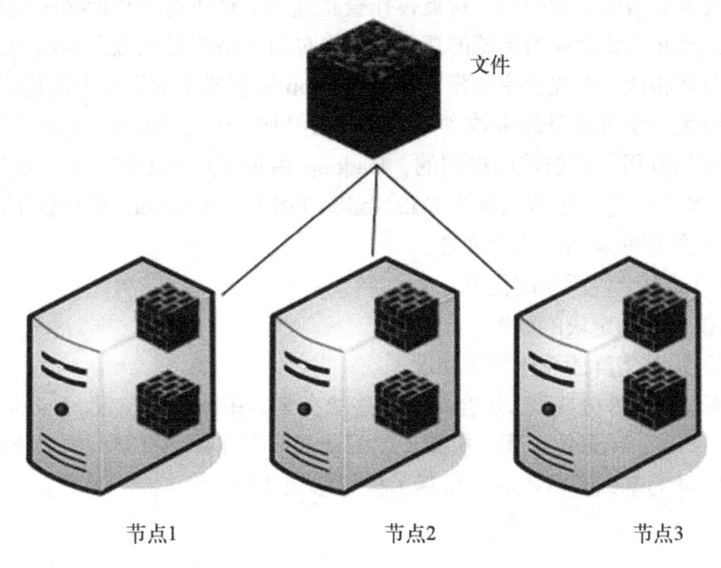

图 1-4 文件被分割成若干块，每一块都只是整个文件的一部分

根据该配置的设定，这些块的大小介于 128MB ~ 256MB。

注意 对于一个文件系统来说，这些块的规模已经非常大了。作为参照点，Windows 最大块的规模（也就是可从磁盘读入内存的最大规模）是 4KB。这也是大多数基于 Linux 的操作系统所采用的标准。

大型块的规模在很大程度上影响了 Hadoop 的架构。它是部署、管理和提供 Hadoop 的核心所在。请考虑如下这些受大型块规模影响的因素：

- 处理大型文件要比处理较小的文件效率更高
- 主服务器上需要的内存更少（这一问题将在下一节探讨）
- 使顺序读写更高效
- 查找速率可缩减为传输时间的百分之几

对于大型文件处理，让我们回到刚才的 1TB 日志文件。由于块的规模设置为 128MB，我们可以得到 24 576 个块，并且通过网络发送这些块，将它们写入各节点。如果块的规模是 4KB，那么块的数量会急剧增加到 805 306 368（268 435 456×3）个。稍后会讨论，这么大数量的块会对集群的特定部分造成过度的内存压力。较大的块规模还优化了系统的顺序读写，这在考虑对专用驱动器的访问时很有效。驱动器只是一个带有指针（孔径臂）的磁盘，它可以移动到数据在盘片上的位置。存储器并不能保证数据块会在磁盘上一个接一个地存放，因此，孔径臂绕着盘片随机移动以获取数据的过程需要时间。如果数据以较大的块存储或者按照顺序存放，就像大多数数据库事务处理日志文件那样，那么读写操作就会更加高效。孔径臂只需要从 A 点移动到 B 点，而不是在搜索数据时四处跳读。通过将数据存储为大型块，Hadoop 就可以获得这种顺序访问的优势。孔径臂寻找数据需要花费时间，这被称作查找速率。查找速率和传输时间是磁盘的两个主要瓶颈，而标准磁盘又总是会成为系统的瓶颈。传输时间是将数据从磁盘移动到系统内存所需要的时间。与传输时间相比，查找速率要慢得多。Hadoop 将查找速率降低为传输时间的百分之几。

在盘面上存储大型块可能看起来效率低下或存在限制，但是 Hadoop 也有“数据位置”的概念，这就使冗余更加有用。正如前面提到的，Hadoop 由主节点和工作节点组成。我们将主节点称为 NameNode（NN），将工作节点称为 DataNode（DN）。NameNode 执行以下功能：

- 跟踪集群中的哪些块属于哪个文件
- 维护集群中的每个块所在的位置
- 根据节点位置来确定块的放置
- 通过块报告跟踪集群的总体健康状况

NameNode 不仅将文件分成块，还会跟踪这些块在集群中放置的位置。Hadoop 知道所有可用的 DataNode，清楚 DataNode 位于哪个机架上。可获知节点在哪个机架上的功能被称为“机架感知”。图 1-5 以图 1-4 为基础进行扩展，包括了机架感知功能。

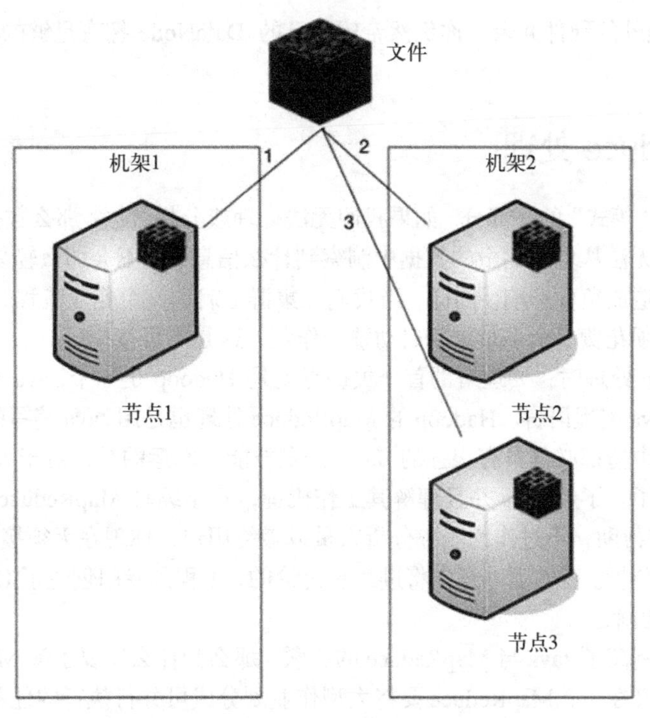

图 1-5 借助机架感知向 HDFS 写入块

下面是 Hadoop 用来写入文件的步骤：

(1) 将一个块写入到机架 1 的节点 1 上；

(2) 该块的副本被写入到机架 2 的节点 2 上；

(3) 将一个副本写入到机架 2 的节点 3 上。

即使有两个以上的机架，第 3 个块仍然会被写入与第 2 个块相同的机架。块的写入顺序使可用性最大化，同时减少了网络流量。通过将第 2 个块写到机架 2 上，HDFS 支持在整个机架出现故障时不影响文件恢复。最后一次写入是为了减少网络流量，因为在一个机架内的节点之间进行 IO 通信要比在不同机架的节点之间快得多。HDFS 中的文件是很大的，因此 Hadoop 有许多不同的机制用于减少网络流量。在我们讨论处理过程之时，会详细介绍这个概念。

请记住，任何块或文件都不会存储在 NameNode 上。数据只存储在 DataNode 上。客户端与 NameNode 联系，确定在何处写入块或所需读取的块所在的位置，然后客户端直接与 DataNode 进行对话。NameNode 将块的信息存储在内存中。这就是为什么采用规模大的块很重要。要跟踪的块越多，NameNode 存储信息所需的内存就越多。

只有 NameNode 知道所有块位于何处，以及每个块属于哪个文件。如果丢失了 NameNode，那么也就丢失了集群。这曾经是 Hadoop 的一个 SPOF（单点故障）因素，但是现在，与其他重要系统一样，NameNode 也可以高效融入集群以获得高可用性。在你扩建 NameNode 时，需要确保系统有足够的内存来处理预期数量的块，还有冗余硬件。另一方面，由于 Hadoop 的内置冗余，

DataNode 不需要额外的硬件冗余。你仍然希望自己的 DataNode 拥有足够的存储、内存和 CPU 来保存和处理数据。

1.4 MapReduce 处理

存储只是这个“等式”的一部分。如果我们无法处理或分析数据，那么数据实际上是无用的。如果企业觉得自己无法从堆积如山的数据中洞察到什么信息，也不会那么轻易采用。我们也不希望节点故障对处理造成负面影响。同样，当我们在集群上启动一个作业流程时，如果仅仅因为单个节点不可用就必须花费5个小时重新启动整个作业，这是不可接受的。

在讨论 Hadoop 处理时，要理解的首个关键点就是 Hadoop 是一个 Java 环境。编写 Hadoop 的工程师使用了 Java 编程语言。Hadoop 的 MapReduce 处理也是用 Java 编写的。在 Hadoop 的早期阶段，要做任何事情都必须具有很强的 Java 开发技能。幸运的是，对于大多数人来说，现在情况已经不是这样了。了解 Java 并且理解其工作机理，对于编写 MapReduce 代码和发现并修复 Hadoop 的故障很有帮助，不过作为业务分析人员或最终用户，你现在无须接触 Java 代码就可以执行复杂的处理和分析。正如下一章中将进一步讨论的，工程师专门创建了 Hive，以将编写 Java 代码的必要性剥离出来。

既然市场已经剥离了 Java 与 MapReduce 的关联，那么为什么还要了解 MapReduce 处理是如何工作的呢？其要义在于，MapReduce 要将大型作业划分成可并行执行的任务，对于 Hadoop 集群上的分布式处理来说，这仍然是最基本的方式。像 Hive 和 Pig 这样的应用程序，仍然可以在后台执行 MapReduce（尽管并不推荐），而且理解 MapReduce 的工作模式是很有帮助的，这样就可以更好地优化我们的查询并理解它们的行为。随着 YARN 的出现，MapReduce 只是在 Hadoop 上访问数据的另一种手段而已，不过 MapReduce 仍然很重要，值得加以讨论。

注意 YARN 代表 Yet Another Resource Negotiator（另一种资源协调器）。YARN 是由 Hortonworks 公司的 Arun Murthy 开发的，被称为“面向 Hadoop 的操作系统”。它将资源管理从最初的 MapReduce 框架中分离出来，使 MapReduce 将重点放在分布式处理上，而不是资源和任务管理上。现在，YARN 下的集群资源管理已经得到推广，它使得其他具有不同访问模式（交互、实时以及批处理）的应用程序能够同时在同一集群上运行。YARN 在 Hadoop 2.x 中引入。Hadoop 2.x 之前的版本被标记为传统 Hadoop。YARN 出现之前的 MapReduce 被称为 MRv1，YARN 出现之后的 MapReduce 则被称为 MRv2。虽然本章将进一步探讨 YARN，但是要更深入地了解 YARN，建议阅读由 Arun Murthy、Vinod Vavilapalli、Douglas Eadline、Joseph Niemiec 和 Jeff Markham 合著的《Hadoop YARN 权威指南》一书。

如前所述，Hadoop 专门使用 MapReduce 来处理分布式计算机网络上的数据。它通过被称为“易并行”的方式来完成这一过程。这意味着数据的初始处理是在各独立节点上并行执行的。这与传统处理方式有所不同，传统处理方式在单台计算机上运行处理过程，或者在数据库处理的情

况下，要从磁盘中提取数据并存储到内存再进行处理。

Map 阶段是 MapReduce 并行处理的第一部分。回想一下 Hadoop 如何在磁盘上存储数据。它会将一个文件分成多个块，每个块都包含总数据的一部分。因此，如果你有个 1TB 的文件并且其中含有一份名单，那么该文件将被分割成大量的块，其中每个块都包含该名单的一个子集，这些子集存储在集群中的各个节点上。图 1-6 显示了如何在一个 3 节点的集群上分散存放一个含有名单的文件。

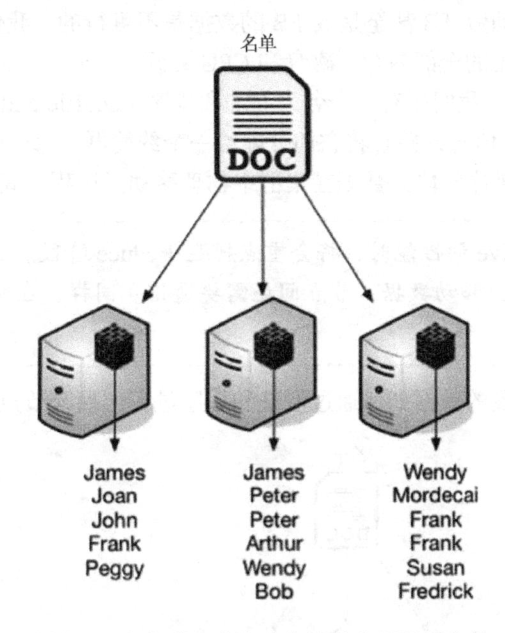

图 1-6 在集群中分布式存放的公司职员名单

MapReduce 中的映射实际上是一个 Java 函数。它接收输入并生成一个新的输出。输出结果是一个键/值对。

注意 在你继续 Hadoop 生态系统的旅途时，将遇到许多有关“键/值对”概念的示例。NoSQL 主要聚焦于键/值结构。这一点很重要，因为键/值模式对于分布式处理和处理半结构化数据来说非常有用，而半结构化数据并不容易被模式化为传统的 RDBMS。

在我们的示例中，一个单独的 `Map()`函数会在每个 DataNode 上运行，并处理 DataNode 上与文件相关联的所有块。该操作独立于其他 DataNode 上的所有其他块。对于第一个节点，它将把名字 James 作为输入并且输出`(James, 1)`。它将对每个节点上各块中的每个名字执行该操作，这样就可以得到如下输出：

```
(James,1), (Joan,1), (John,1), (Frank,1), (Peggy,1)
(James,1), (Peter,1), (Peter,1),(Arthur,1),(Wendy,1),(Bob,1)
(Wendy,1),(Mordecai,1),(Frank,1),(Frank,1),(Susan,1),(Fredrick,1)
```

请记住，Hadoop将并行处理这些任务。在Map阶段，节点之间不需要通信。在处理大型数据集时这是非常重要的，因为你不希望出现系统内部通信或节点之间的数据传输。在处理中引入依赖项会导致诸如竞争条件和死锁等问题。通过并行处理，Hadoop在所谓的“无共享”架构中充分利用了专用IO资源。

另一个关键因素是将“处理”推送到“数据”的理念。在我们的场景中，Map任务在留存数据的节点上运行。Map阶段从不将数据提取到中心位置进行处理。同样，这也是处理大型数据集的关键，因为在网络上移动数TB甚至是数PB的数据是不可行的。我们希望在节点上就近处理数据，并且利用该节点可用的全部内存、磁盘和CPU资源。

在Map阶段完成之后，我们还有一个名为混洗和排序（shuffle and sort）的中间阶段。该阶段从Map阶段获取所有键/值对，并且将它们分配给一个约简器。每个约简器都接收与某个键相关联的所有数据。混洗和排序阶段是数据在集群中物理移动且进程之间进行通信的唯一时间段。

警告　当我们深入研究Hive的性能时，将会重点规避Reduce阶段。这一阶段可能成为瓶颈，因为它需要在网络上移动数据，节点间还需要通信。同样，在所有映射完成之前，不能开始Reduce阶段。

图1-7显示了Map阶段的数据如何通过混洗和排序过程实现跨节点移动。

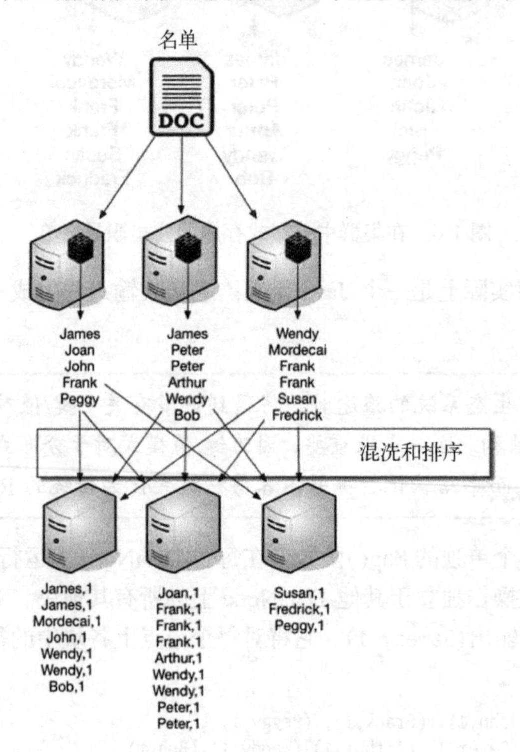

图1-7　混洗和排序阶段

混洗和排序阶段负责按照键来对数据进行排序，并将数据发送给约简器任务。每个约简器将通过一个键接收所有数据。例如，这意味着一个约简器将通过名字 James 接收所有与之相关的数据。如果有 2 人或 200 人的名字为 James，单个约简作业仍然会接收到与键 James 有关的所有数据。请注意名字 Peter。该名字出现了两次，而且每次都出现在单独一个数据块上。在 Peter 的例子中，数据不必转移到另一个节点，而是可以在同一个节点上映射和约简。

警告 要了解你的数据！如果你有一个数据集，其中某个键的值数不匀称，例如文件中 50% 的名字都是 Bob，那么单个约简器可能不堪重负。

最后一个阶段是 Reduce 阶段。约简操作将每个键/值对作为输入，并根据键生成一个计数汇总。熟悉 SQL 的人可以将 Reduce 阶段与 `GROUP BY` 子句进行比较。约简器将获取到`(Frank,1, Frank,1,Frank,1)`，然后将其转换为`(Frank,3)`。图 1-8 展示了最终结果。

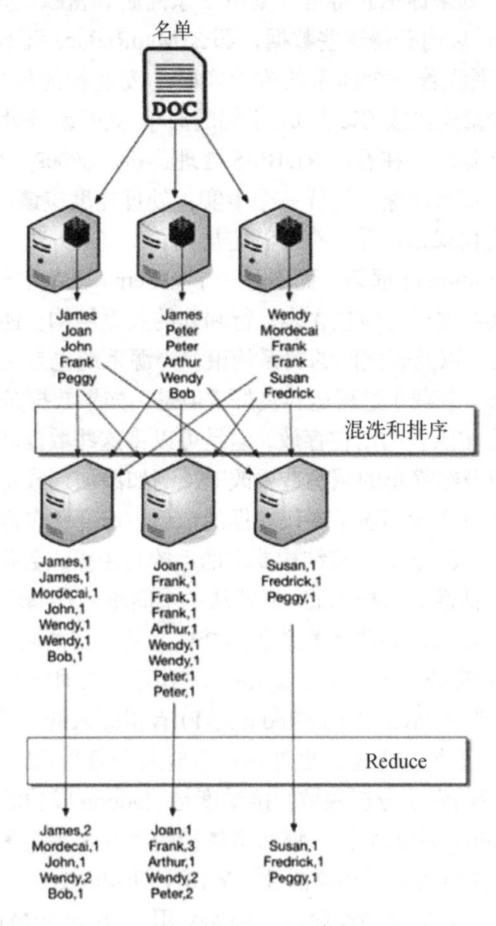

图 1-8 Reduce 阶段

在所有处理结束之后，我们会得到一份名单以及文件中每个名字出现的总次数。这可能看起来微不足道，但是我们可以针对分布式存放在 100 个或更多节点上的一个 10TB 文件运行该 MapReduce 示例。随着我们向集群中添加更多的节点，其性能会提高。传统的 RDBMS 无法扩展到这样的级别。

1.4.1　超越 MapReduce

贯穿本章，我们一直在提示 MapReduce 并不是 Hadoop 上处理数据的唯一方法。MapReduce 是一种非常灵活的并行处理框架，具有可伸缩性和灵活性，同时也有许多缺陷。MapReduce 可批量处理数据，它善于以并行方式处理大数据集，然后汇总结果。但是 MapReduce 不能很好地处理即席查询或实时查询模式。例如，你想获得某个产品过去 10 年在每家商店的销售信息，而且这个查询需要遍历 10TB 的数据，如果为了获得结果你愿意等待 10 个小时，那么 MapReduce 将是一个很好的选择。但是，如果你想获得密苏里州 5 家商店和密歇根州 10 家商店销量最高的两件商品，而且需要在 10 秒钟以内获得这些数据，那么 MapReduce 就不是一个好的解决方案了。在现实中，大多数组织都围绕着一个即席的或近实时的商业智能处理架构，其中并没有用到 MapReduce。即使是采用少量连接或 GROUP BY 子句的简单 SQL 事务处理，也需要很长的计算时间，尤其是在处理大规模数据时。在看待 RDBMS 处理连接、GROUP BY、ORDER BY 和其他计算的速度时，我们有点想当然，而且忽略了这样一个事实：处理速度应该归功于前期所花费的代价，即给数据添加约束形成特定模式结构并且符合特定规则。

Hadoop 是一个 schema-on-read 框架，而不是一个 schema-on-write 框架。要将数据摄入到传统的 RDBMS 中，需要转换数据以适应包含表、行和列的关系结构。还有其他一些结构，比如数据类型 int、varchar、date，以及表之间的关系约束。当源系统也是关系型时，尽管仍然困难重重，但是 ETL（抽取、转换、装载）过程运转良好。但是，如果数据是非结构化的或半结构化的呢？日志文件数据通常不会按照表的结构存放，但是可以将这些数据转换为关系模型，而代价就是降低数据的摄入速度，以及在简单的域构造更改时（例如添加列或将整数值更改为字符串）破坏数据摄入过程。已经有大量文献阐述了现代数据的数量、速度和多样性，因此本书不再深入研究这些内容，但是请牢记，Hadoop 为没有结构要求的系统自由摄入数据提供了折中方案。在失去结构的地方，我们获得了灵活性。这样 Hadoop 就从一个简单的存储环境转变成一个灵活的、可伸缩的计算环境，打破了开发人员和严格关系数据结构之间存在的限制。

程序员用 Java 编写 MapReduce 任务。MapReduce 处理运行时的复杂事务以及集群上的作业管理和调度。MapReduce 需要对 Java 和 MapReduce API 有很深入的了解。随着 Hadoop 成为主流，该产品必然要摆脱 Java 开发工具的定位，更加强有力地迎合商业领域，例如传统的 ETL 和过去 30 年里一直主导着数据分析的商业分析领域。接受度是 Hadoop 成功的关键，如果每个人都需要学习 Java 来分析存储在 Hadoop 中的数据，那么整体接受将是缓慢而困难的。

YARN 拓展了 Hadoop 框架的范围和灵活性。YARN 使 MapReduce 成为访问 Hadoop 存储系统中所存放数据的唯一方法。其他应用程序——例如采用 Mahout 和最近的 Spark MLib 进行机器学习，采用 Hive 和 Tez 进行即席查询，采用 Pig 进行数据流处理，等等——可以与 MapReduce 并肩执行，而且任何一个应用程序都不会消耗所有集群资源。YARN 变成了将 Hadoop 作为企业数据存储的基础所在。

对本书感兴趣，表明你可能对 SQL 查询语言有基本的了解。SQL 是传统 RDBMS 的语言，它影响着我们对数据访问的看法和认识。所有传统 RDBMS 都有一个查询引擎，其作用是优化对结构化数据的访问。Hadoop 和 MapReduce 很少涉及有关索引、关系约束和统计信息这些基本 RDBMS 构造的知识。开发人员设计 SQL 查询引擎来利用这些假设，如果关系结构设计不当、不存在或者实现得很差，性能会显著降低。一个更大的问题是："当 Hadoop 集群的架构并不像传统 RDBMS 那样时，该如何在 Hadoop 集群上匹配传统 RDBMS 的性能?" 这正是主要的 Hadoop 发布者和开放社区正在解决的问题，这也是这个社区开始远离面向批处理的 MapReduce 的原因之一。除了批处理之外，他们更趋向于像 YARN 这样支持交互和近实时使用的可伸缩、可适应的框架。

1.4.2 YARN 和现代数据架构

到目前为止，我们已经围绕虚拟化、SAN、传统 HA 配置以及磁盘配置讨论了架构。这些都是围绕数据中心设计和标准化的基本概念。Hadoop 使虚拟服务器、SAN 存储和 RAID 配置的概念变得混淆。在着手使用这种存储和处理数据的新方式时，连供应商、数据中心管理员以及安全管理员都会感到紧张。我们也不要忘记那些为了关键业务流程而可视化和访问数据的分析师。他们所做的工作推动了企业的发展，为业务带来了收益和重要见解，从而驱动新的收益渠道并提供竞争优势。干扰他们的工作就意味着损失生产力和收益。

像 Hadoop 这样的颠覆性技术不可避免地会激起许多阵营的强烈反对，引发恐惧、不确定和怀疑。供应商必然会为维持其数据中心的走势而抗争，为说明其技术的优势和其他技术的劣势而争论不休。当其他厂商想要占有一席之地时，就要接受这一不可避免的实现。不管有关特色/功能和风险/回报的"风暴"如何肆虐，CIO、CTO 和业务分析师只是想要以高效、廉价的方式获取数据，并且尽可能少破坏数据。

Hadoop 社区和这一领域的供应商（下一章会更详细地讨论供应商和配售）的主要工作就是实现破坏的最小化。供应商、销售人员和解决方案工程师很容易陷入对特性的争论中，而忽略了创建 Hadoop 的原因。Hadoop 本质上是一种驱动现代分析的平台或架构。业界将其称为**现代数据架构**。

图 1-9 展现了现代数据架构的组件。

由于传统 RDBMS 的限制，该架构将一些额外的数据源整合到数据流程中。我们现在可以包含点击流、Web 和社交、传感器和机器、日志和图像等来源。当以流输入或批处理将这些数据拉入 Hadoop 时，我们在 HDFS 中汇集数据以进行直接分析或将数据迁移到其他系统中。这种方法通过将资源密集且耗时的抽取、转换和装载操作转移到更为经济的 Hadoop 平台上，优化了 RDBMS、企业数据仓库（EDW）和大规模并行处理（MPP）资源。从本质上看，你是从 ETL 模型转换到了 ELT 模型。你将所有东西都抽取并装载到 Hadoop 中，只需针对给定的平台或分析需求来转换数据。

YARN是这种架构背后的驱动力。如前所述，在引入YARN之前，MapReduce是Hadoop唯一的计算引擎。MapReduce有很多优点，也有很多缺陷。传统的Hadoop将MapReduce作业放入一个队列中，每个作业都必须在上一作业完成之后才能运行。这源于扩展槽的理念，以及有多少扩展槽可供MapReduce作业运行之用。MapReduce作业是批量操作，需要花费数小时或数天时间才能完成。如果你用集群来解决单纯的大数据问题，使用MapReduce非常棒，但如果你想分析每天的销售情况并且同时通过仪表盘进行钻取操作，就不会这么顺利了。

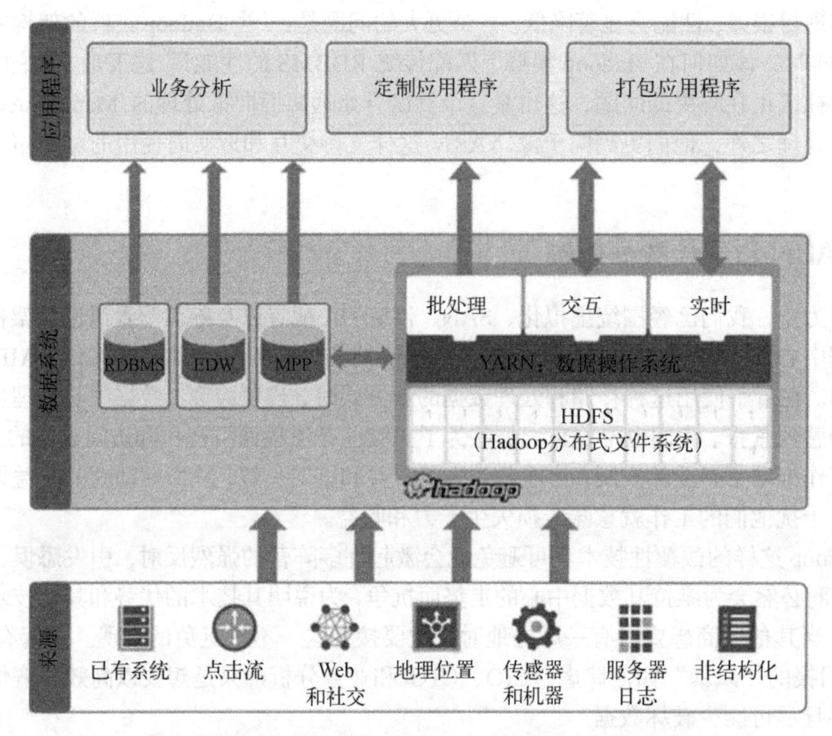

图1-9　Hadoop作为已有数据架构解决方案的一部分

YARN引入了容器的理念。容器是一个资源池，包含专用于特定应用程序进程的CPU、存储和内存等资源。ResourceManager根据指派的策略来调度作业并且对应用程序资源进行仲裁。这些策略可能（也可能不）包含诸如“市场营销部门最多获得50%的集群内存”或“将50%的集群内存分配给市场营销部门和人力资源部门，且人力资源部门获得其中30%的份额”这样的东西。这些关键约束允许基于用户或分组进行集群资源供应。

注意　文中给出的示例是一个计算能力调度器。该调度器允许按照粒度对每个分组或用户层级分配资源。另一个示例调度器是公平调度器，它的行为类似于FIFO（先入先出）调度器，或者更简单地说，是一个机会均等的调度器。YARN的默认调度器是计算能力调度器。

DataNode 运行一个 ApplicationMaster，其目的是基于每个应用程序控制每个容器。ApplicationMaster 充当 ResourceManager 的信使（更具体地说，它是名为 ApplicationManager 的 ResourceManager 的一个组件），并在每个节点的本地控制资源分配。这使 YARN 框架可以更好地伸缩，比采用 ResourceManager 作为所有节点资源的中央管理器且没有本地资源协调器的架构更有优势。

ApplicationMaster 增加了一项优秀的功能，即第三方产品可以编写利用 AM 设计的应用程序，而且它们的应用程序可以与其他 AM 应用程序一起运行。如图 1-9 所示，引入 YARN 框架和 AM 守护进程就可以进行多用途查询访问，例如批处理、交互和实时处理。我们把它称为多租户环境，它是现代数据架构的基础，使企业现在可以开始建立一个数据湖来汇集数据，他们选用的任何分析工具都可以在其中使用。集成对于采用 Hadoop 的公司和实现现代数据架构来说非常关键。Hadoop 和 YARN 的原始精神推动了这种集成，它们的开发都是开放式的，而且兼顾所有人的利益。

1.4.3 Hadoop 和开源社区

讨论 Hadoop、YARN 或 Hive 时，必然要提及开源软件开发以及开源软件如何适用于企业。开源一直是 Hadoop 及其生态系统的关键组成部分。当说到生态系统时，我们指的是所有与 Hadoop 直接集成并且是 Apache 软件基金会（ASF）一分子的应用程序。这其中包括 Hive，也包括 Sqoop、Pig、Oozie、Flume 以及其他几十个特性，它们每一个都代表 ASF 中一个不同的软件开发项目。这种区分很重要，因为在确定兼容版本时可能会引起混淆，搞不清对于哪个产品版本来说哪些特性是可用的。我们很幸运，每个产品的项目开发都公开进行，我们可以自由关注有关功能增强和 bug 修复的交流。除了不需要软件授权许可之外，这也是开源软件真正“开放”的原因。开发过程并没有因为保密而被隐藏起来，事实上任何人都可以参与讨论，或者推荐在将来的产品发布中应该包含哪些特性。

许多像微软这样的大型软件公司都贡献了开源代码。大规模安装部署 Hadoop 的公司也为该产品贡献了代码。是什么激励他们公开代码呢？开源软件开发背后的驱动力是这样的想法：通过将代码贡献给项目，产品创新会更快，每个人都会从全社区的创新中受益。此外，在你的简历上有一个开源项目代码提交者的头衔并不是一件坏事。

当开始 Hive 之旅时，你会把大部分时间花在有关 Hive 的 ASF 主页上。这个页面可以通过网址 http://hive.apache.org 找到。图 1-10 展示了该主页。

其中，Documentation 菜单下的 Language Manual 和 Wiki 以及 Development 菜单下的 Hive JIRA 都是非常重要的链接。JIRA 是由 Altassian 开发的一款问题跟踪软件，被 ASF 社区用于跟踪与产品相关的 bug、问题和常规项目管理用例。可以在 ASF 软件项目的帮助台查看 JIRA。在后面的章节中，我们将讨论 Hive ASF 的详细信息，但是首先要深入了解开源的过程以及它对 Hadoop 这类项目的意义。

图 1-10　Hive 的 ASF 主页

下面引用的这段话突出了 ASF 的宗旨：

> Apache 软件基金会为 Apache 开源软件项目社区提供支持，它为了公众的利益提供软件产品……Apache 项目具有以下特点：基于共识的协作开发过程，开放而讲求实效的软件许可，以及创建本领域领先的高质量软件的渴望。

ASF 是一个支持多种软件开发项目的组织。它为社区提供了存储库和开发方法，为社区以开放方式创建应用程序提供了论坛和支持通道。它为程序员社区监视和规范软件开发提供了一个重要场所。它强调一种“协作共识”，即决策由个体投票做出，而个体则通过投票获得控制过程的能力。他们在一个项目中的地位和权力是其所做贡献和领导能力的直接结果。

每个 Apache 项目都是独立的，每个项目都拥有指派给它的顶级 PMC（项目管理委员会），他们控制着整个项目的方向。一个人可以在多个项目的 PMC 中任职，不过这种情况很少见，也并不被鼓励。PMC 之下是代码提交者，他们对项目有写访问权。代码提交者本质上也是项目开发人员，他们向项目提交代码。以下是Hive代码提交者的列表：http://people.apache.org/committers-by-project.html#hive。代码提交者也可以是发布经理，负责主要发布版本背后的保障工作。位于最底层的是贡献者。他可能会问一个相关的问题或者提出一个好的建议。贡献者无法决定项目的走向，而且不能添加或修改代码。

当然，并不是说贡献者不重要，这是一个以自愿加入为原则的组织。尽管代码提交者非常受欢迎，而且组织也愿意用高薪聘请他们，但是项目仍然需要那些愿意投入个人时间来做各种工作（从文档到 bug 报告，再到最基本的热情宣传）的贡献者。要成为一名贡献者，你并不需要是经验丰富的开发者，也不必住在硅谷。贡献者和代码提交者一样，来自世界各地的各行各业。请记住，开放源码开发是一个社区。它是一个由有奉献精神和驱动力的志愿者构成的社区，他们喜欢为了所有人的利益而创建世界级的软件。如果某个公司因为你的开发技能得到了开发者社区的证明和认可而决定付你高薪，那对于你来说就更好了。还要记住，如果你经常做贡献并且贡献了重要代码，就可以通过投票成为一名代码提交者。

项目的每个决定都是在邮件列表中做出的。没有什么是保密的，而且尽管理解这些对话很耗费时间，却也很有意思。可通过网址 http://hive.apache.org/mailing_lists.html 找到 Hive 的邮件列表。Hive 有 4 个单独的列表：用户列表、开发人员列表、代码提交列表和安全列表。用户列表是针对问题和支持的一般列表，由开发人员监督，但主要是一个用户对用户的论坛。如果你打算使用 Hive 的话，强烈建议你订阅这个邮件列表（我认为你会用到）。只需向 user-subscribe@hive.apache.org 发送一封空电子邮件。之后，你会收到确认该订阅的电子邮件。

警告 订阅电子邮件列表很有帮助并且有利于增长见识，但是也会产生很多“噪声”。Hive 社区充满活力并且很活跃，通过这些列表可以看到大量支持和用例活动，这些是你在互联网上任何其他地方都找不到的。如果你发现这些信息毫无用处或者妨碍了你，可以随时取消订阅。另一个获得帮助的选择是 Hortonworks 社区连接（即 HCC）。你可以通过网址 http://community.hortonworks.com 找到它。

对于那些将 Hive 作为分析平台而非开发项目的人来说，开发人员列表、代码提交列表和安全列表可能很难理解。要理解本书中的概念和日常使用 Hive，并不需要订阅这些列表，但如果你想了解内部工作情况，可以自由使用这些列表。你还可以访问电子邮件归档文件，无须订阅就可以查看。一直跟随项目就很容易深入其中，特别是当讨论转向错误修正或代码开发的时候。

Apache 软件基金会提供有关代码开发的治理策略。这些策略本质上是比较民主的，尽管多数派获胜的民主有一点严格。代码提交者和社区要对提交的代码、包的发布版和过程策略进行投票。在许多情况下，只有 PMC 成员的投票具有约束力。投票和开发决策一样，是通过公共论坛在线进行的。如果你同意提交则输入+1，不同意则输入–1（本质上是否决）。除了标准的–1 和+1 投票，下面给出了投票的分数值和它们的含义。

- +0：我对它没有强烈的感觉，但是我可以接受。

- –0：我不会妨碍你的，但我宁愿我们不这样做。
- –0.5：我不喜欢这个主意，但是我找不到任何合理的理由来解释我的感受。
- ++1：哇！我喜欢这个！让我们干吧！
- –0.9：我真的不喜欢这个，但是如果其他人都想继续的话，我也不会阻止。
- +0.9：这是一个很酷的想法，我很喜欢，但是我没有时间或技能来帮助你。

投票为–1 将终止该过程，直到这票否决以批准或撤回的形式重新提交。投反对票的人也必须提交一份技术设计文档来解释反对的理由。这有助于减少人们滥用否决权的机会。否决这一选择为该过程提供了一个强大的制衡体系，让个人能够在一个开放的论坛上充分解决分歧和争论。只有在各方达成共识之后，PMC 才会更改或发布代码。

根据投票是否针对代码更改、程序策略或新版本发布，这些规则会有所不同。我们不再详细讨论这些差别，只需要知道这个过程是建立在民主的基础之上，这种设计是为了尽可能创造出最好的软件。这个过程让每个人都有机会为项目贡献意见和想法，同时对项目的方向和功能达成共识。个人在项目中的地位取决于个人能力。同伴们根据个体贡献及其就产品展现出来的知识，选举出一个代码提交者或 PMC。开源社区是由最优秀、最聪明的人构成的社区，其主要目的是为每个人开发更好的软件。

1.4.4　我们身在何处

我不否认 Hadoop 领域变化得非常快，任何一本书都无法追上它的脚步。发布周期是用月而不是年来度量的，补丁和更新是用周而不是月来度量的。开源社区的创新速度是我们前所未见的。采用率推动着创新。大型公司（也许像你的公司一样）要接受 Hadoop 带来的挑战，抓住 Hadoop 带来的机会，利用它所提供的一切，从中发现缺陷或者必备项。这些公司（实际上是其中努力工作的开发人员和工程师，就像你一样）有机会通过提交代码和 JIRA 来驱动创新，也可以通过 Hadoop 供应商反馈建议来使之更加完美，进一步推动创新、提升采用率。开源社区充满活力、创新和驱动力，并致力于提供高质量且设计巧妙的软件解决方案来解决复杂的现代数据问题。

Hive 是这个生态系统的一个很小却很重要的组成部分。Hive 至关重要，因为它是进入极端复杂的数据存储环境的入口。Hive 是传统模式与新模式之间的纽带。Hive 得到 Hadoop 开发社区的认可，因为 40 多年来的 RDBMS 设计和访问经验非常宝贵和有用，值得在推广时借鉴。

注意　我突出“40 多年”是因为 E. F. Codd 首次发表论文 *A Relational Model of Data for Large Shared Data Banks* 是在 1970 年 6 月。说来也怪，但也许并非巧合，该论文是在圣何塞发表的，也就是 Google 公司发表 GFS 论文（该论文影响了 Yahoo 公司 Hadoop 的开发）的地方，而 Yahoo 公司也恰好位于这一地区附近。

Hive 是面向大众的 Hadoop 访问方法。面向大众的 Hadoop，其实用性并不亚于福特的 T 型车或微波炉。我个人希望这种发展趋势能持续下去，而且相信一定会这样。如果 Hadoop 没有被组织中真正进行分析和洞察工作的用户所采用，那么它的可伸缩性和冗余性就没有意义。如果数

据没有用、不易于访问或无法马上带来回报，那么它就没有任何意义。SQL 是数据的自然语言，也是常规 Hadoop 分析的显而易见的选择。SQL 提供了易用性、共识和灵活性。尽管 Hive 并没有 100%映射到 ANSI SQL，但它还是采用了传统 SQL 的核心部分，让业务分析人员能够快速适应和运行 Hadoop 环境。

还存在其他 SQL-on-Hadoop 引擎，例如 Impala、HAWQ 和 Spark SQL。它们都有各自的优缺点以及强弱项。所有这些工具（包括 Hive）都认同在 Hadoop 上提供交互式 SQL 功能的价值，了解我们期望从传统商业智能基础设施获得的性能。Hive 因使用广泛及其多样化的开发社区（以世界上最大的一些 IT 组织为代表）脱颖而出。正如我们将在后面的章节详细了解到的，Hive 不会消亡，它的功能和能力会继续增长，其唯一的目的就是让业务用户能够从 Hadoop 中有所收获。

第 2 章

Hive 简介

虽然 Hadoop 生态系统在不断发展，而且它提供了访问新数据类型和结构的卓越方式，但是我们并不能否认传统关系系统的影响和作用。关系系统，特别是这些系统所使用的数据访问方法，过去 30 多年来已经成为一种宝贵的工具。通过抽象数据存储位置这样的概念，SQL 查询语言将数据访问带给大众，使开发人员能够专注于如何呈现数据。SQL 作为一种声明性语言（declarative language）很优秀，你可以用简单的英语语法来明确指定你要做的事情。你可以 `SELECT`、`JOIN`、`SUM` 数据 `FROM` 某个数据源 `WHERE` 取值等于或者不等于某些限定值。开发人员不必考虑数据在磁盘上的位置，而数据结构以关系型格式预先定义，这种格式包含带有行和列的表。

SQL 对 Hadoop 业界的吸引力并不在于它能够将数据模式化为行和列，也不在于它能高效地使用索引和统计数据，而在于其作为一种数据查询工具的普及程度。简而言之，很多访问数据的人都知道如何编写 SQL 语句。要知道，早期的 Hadoop 采用 HDFS 作为存储系统，采用 MapReduce 作为计算框架。在 Hadoop 推广早期，Java 就被作为实现 MapReduce 的语言，如果你需要在 Hadoop 中执行计算和访问数据，就必须编写 Java 代码，特别是 MapReduce 程序。像 Facebook 这样的大公司开始意识到，无法雇用足够的 Java 开发人员来编写大量 MapReduce 代码以充分利用 HDFS 中存储的海量数据。为了促进推广和便于使用，开发人员需要将 MapReduce 的复杂性抽象出来，支持一种更加通俗易懂的编程语言。

这个问题的答案就是 SQL（structured query language，结构化查询语言）。刚开始，MapReduce 还被视为计算语言，但是随后就被降级为后台功能。Hive，或者更准确地说是 HiveQL，成了一种业务分析师更愿意采用的语言，因为它的语法看起来与 SQL 很相似，而且它还可以利用 MapReduce 的易并行处理能力。Hadoop 上的交互式 SQL 成为支撑 Hive 的理念，而这种语言本身也被称为 HiveQL。

注意 至于为何将 Hive 作为该项目的名称，我没有找到任何有关的历史记载。在最初的论文（http://www.vldb.org/pvldb/2/vldb09-938.pdf）里并没有提到这个名称的由来。此外，Facebook 还将 Hive 作为 MapReduce 的抽象层，在当时，它是 HDFS 的唯一计算供选方案。此后引入的其他引擎都比 MapReduce 具有更强的交互性，但是 SQL 仍然是使用最广泛的抽象层。

Facebook 承认 HiveQL 的最初设计存在缺陷。刚开始，Hive 只是一个抽象层，无法解决

MapReduce 作为面向批处理的计算架构所固有的缺陷。在后面的章节中我们将看到，Hive 和 HiveQL 已经演进成为一种框架，可以在我们所熟悉的更为传统的交互式查询引擎上运行。Hive 最近的演进已经将它从一个运行在以批处理为中心的 MapReduce 之上的抽象层转变成一种框架，这种框架能够实现我们希望从交互式查询引擎获得的全部功能。正如我们将在后续章节中看到的，Hive 已经从 MapReduce 之上的一个简单 SQL 层，发展成为一个功能完备的交互式框架，运行于高性能查询引擎以及基于代价的优化器和文件层级的统计之上。

本章对 Hadoop 发行版进行概述，主要目的是标准化本书所使用的产品版本。如果我们连续不断地展示每个发行版的每个示例，就很容易陷入各种各样的产品之中，从而偏离了 Hive 的主题。请注意，除了围绕 Tez 引擎的讨论之外，本书所提供的大多数代码都可以在任意发行版中运行。另外，Hive 的架构和集群的架构一般都是通用的，适用于各种系统。本章只做简要介绍，第 3 章将更详细地讨论与 Hive 架构相关的主题。

2.1 Hadoop 发行版

在深入研究 Hive 的架构之前，首先要谈到关于 Hadoop 常见的“房间中的大象”[①]。在考虑安装和配置的供选方案时，Hive 固有的开源特性以及 Hadoop 和其他 ASF 项目都会带来一些困扰。有很多种不同的方法，但是我们无法在这本书中涵盖所有方法。就算我们能够做到这一点，本书也将变得不那么吸引人了，而且我们要花更长时间才能真正开始使用 Hive。

我们可以将 Hive 部署供选方案分成两个基本类别：自行配置或者使用发行版。自行配置方案的含义就是你要自己下载所需的二进制文件，并且自己安装所有组件。该产品是开源的，所以你可以下载完整的产品而无须担心司空见惯的用户许可问题。这也意味着你不需要支付任何费用，甚至不需要提供任何个人信息，而且最重要的是，销售人员不会给你打电话。这种方法的代价就是配置过程较为复杂，而且需要提升系统管理技能，尤其是与 Linux 和通用 Linux 软件构建过程相关的一些技能。最重要的是，你同时还必须解决自己下载的 Hive 版本和其他应用程序之间的互操作性问题。

警告 如果你对开源领域并不熟悉，那么很快就会发现：开源社区在激情和创新方面有多少优势，在标准文档方面就有多少不足。项目之间的文档质量差别很大。在有些项目中，由于对受众的技术水平和背景存在错误认识，而省略了关键概念和步骤。不过总的来说，我认为开源文档已经变得越来越好了，有些项目的文档甚至比专用产品的文档还要好。

如果你是一位业务最终用户，希望试用产品或运行教程，那么我并不推荐这种方法。你将花费太多时间纠结于 Linux 管理问题。此外，文档是很有限的，有时甚至根本就没有。版本控制问题也可能会让人担忧。各个产品之间的项目开发是独立的，所以各个项目的最新版本并不一定相互兼容。表 2-1 展示了在本书撰写之际，3 个最知名的 Hadoop 发行商（Cloudera、MapR 和

①英国谚语，这里指重要却常被忽视的问题。——译者注

Hortonworks）所采用的各种ASF项目的版本。

表2-1　ASF项目版本

项目名称	Cloudera CDH 5.7	MapR 5.1	Hortonworks 2.4	当前版本
Accumulo	N/A	N/A	1.7.0	1.7.1
Atlas	N/A	N/A	0.5.0	0.5.0
Ambari	N/A	N/A	2.2.2	2.2.2
Calcite	N/A	N/A	1.2.0	1.7.0
Crunch	0.11.0	N/A	N/A	0.14.0
DataFu	1.1.0	N/A	1.3.0	1.3.0
Falcon	N/A	N/A	0.6.1	0.6.1
Flume	1.6.0	1.6.0	1.5.2	1.6.0
Hadoop	2.6.0	2.7.0	2.7.1	2.7.2
HBase	1.2	1.1	1.1.2	1.2.1
Hive	1.1.0	1.2.1	1.2.1	2.0.1
Impala	2.5.0	2.2.0	N/A	2.5.0
Knox	N/A	N/A	0.9.0	0.9.0
Mahout	0.9.0	0.11.0	0.9.0	0.12.1
Oozie	4.0.0	4.2.0	4.2.0	4.2.0
Phoenix	4.3.0	N/A	4.4.0	4.7.0
Pig	0.12.0	0.15.0	0.15.0	0.16.0
Ranger	N/A	N/A	0.5.0	0.6.0
Sentry	1.5.1	N/A	N/A	1.6.0
Slider	N/A	N/A	0.80.0	0.90.2
Solr	5.2.1	4.10.3	5.2.1	6.0.1
Spark	1.6.0	1.6.1	1.6.0	1.6.1
Sqoop	1.4.6	1.4.6	1.4.6	1.4.6
Storm	N/A	0.9.4	0.10.0	1.0.1
Tez	N/A	N/A	0.7.0	0.8.3
Zookeeper	3.4.5	3.4.5	3.4.6	3.4.8

ASF项目并不需要在不同版本之间实现高可用的兼容性，这是Hadoop发行商的工作。Cloudera、MapR和Hortonworks是3家主要的供应商。每家供应商都提供了简单的启动“沙箱”平台，你可以用它快速启动和运行Hadoop及其生态系统。

注意　表2-1并没有详尽列出每个发行版中所有可用的特性，而只是重点列举了ASF中存在的一些特性，它们都是顶层项目或孵化器项目，被视为一个发行版或另一个发行版中的标准特性。列为N/A的项目并不意味着该发行版没有这项功能，其主要含义是说这项功能是由一个非ASF解决方案来处理的。这些项目会不断增加和更新。我猜测，当本书出版时，这些版本已经改变了。

每个发行版都会增加功能，这取决于社区对新特性的接受程度，以及那些在 Cloudera 和 MapR 要提供专有解决方案的环节。例如，当 Spark 首次发布时，在 CDH 中它是标准配置，但是 Hortonworks 直到最近仍然只是将其作为技术预审。因此，Spark 并不是所有发行版都提供的标准产品。MapR 采用一种专有的 Apache Hadoop 版本，名为 MapFS。Cloudera 和 MapR 的发行版中都包含了 Hive，但是它们都专注于自己的产品，分别是 Impala 和 Drill。

发行版是一项永远在进行中的工作，而且在不断发展。它们进行了有机整合，随着技术的成熟和衰落而不断成长。它们注重如何使安装、集成，以及在操作、治理和安全性等方面更加便利。最后，发行版提供了可靠的技术标准，并提供了世界顶级的工程支持来帮助你展开 Hadoop 之旅。

2.2 集群架构

在专门讲述 Hive 之前，首先需要快速了解集群设计，并且在构建和扩展 Hadoop 集群时设定一些性能预期和通用实践。这是一本讲述 Hive 的书，而不是讲述 Hadoop 架构的书，因此我们将从高层视角来介绍如何设计集群。我们还将回顾 Hadoop 集群中使用的一些关键术语，这将帮助你更好地驾驭和理解操作 Hive 所依赖的平台。

由于数据量一直在增加，总是有用例在数据通道之中，因此你的集群将会不断增长。集群可能会在几个月里缓慢增长；随着公司采用新用例和新增业务领域，集群也可能会迅速增长。从一开始就正确配置会帮助你为意想不到的增长做好准备。幸而，Hadoop 的设计是面向增长的，也就是说，很容易对其进行扩展以满足你的需求。

构建集群需要确定在哪些节点上放置哪些组件。在何处安装服务非常关键，因为它既会影响集群的可用性，也会影响集群的性能。通常，管理员会将集群服务器划分为 3 个类别：主服务器、边缘服务器和工作服务器。主服务器包含所有被认为对集群的健康状况至关重要的组件，通常涉及需要高可用性的组件。工作服务器包含了所有易被替换或者停机时不必担心数据丢失的集群服务。下面是希望在常见集群中主节点上提供的服务示例。

- NameNode
- JobTracker
- ResourceManager
- Secondary NameNode
- HBase Master、HiveServer2
- Oozie Server
- Zookeeper
- Storm Server
- WebHCat Server

Hadoop 厂商习惯于将集群划分成 3 种类型：小型、中型和大型。用多少节点来构成小型、中型或大型的集群通常是一种探索性的练习。有人说，如果你能够管理 50 个节点的集群，那么就可以管理 1000 个节点的集群。一般来说，小型集群通常少于 32 个节点，中型集群的节点数介于 32 ~ 150，而大型集群的节点数则通常超过 150。另一种常见的设计模板是要看你的集群适用单个机架还是多个机架。小型集群适用单个机架，而中型和大型集群则要跨多个机架。

同样，这些只是一般情况，具体细节可能有所不同。但很有可能，如果你的集群超过 32 个节点或者跨多个机架，那么与小型集群相比，就要处理更多的 Hadoop 组件和接口，而且你的公司要决定将 Hadoop 作为组织的核心平台并承担关键功能。这些额外的组件需要更多的资源，并且需要更加关注跨栈的灾难恢复、高可用性和安全性。你还需要密切关注网络配置。这包括架顶交换机的速度以及架内节点之间的带宽。

小型集群在单台服务器上运行的组件要比大型集群多。随着集群增长，你需要考虑将主组件隔离，并且为它们提供专用节点。小型集群是概念验证、项目试点或开发环境的理想选择。可以考虑使用云服务来实现这些类型的集群，因为这种方式成本相对较低并且可以迅速实现。像 Google、微软的 Azure 和亚马逊的 AWS 这样的云服务提供商，都有快速而简单的方法支持小型集群和大型集群。你可以选择具有最少管理操作的 PaaS（平台即服务）方式来运行集群；如果你想要更多控制，还可以选择 IaaS（基础设施即服务）方式。

有关硬件的讨论超出了本书的范畴，无论如何，任何有关硬件规格的探讨很快都会过时。Hadoop 已经足够成熟，并且引起了数据中心足够的兴趣，因此所有硬件供应商都针对 Hadoop 集群提供了参考架构。而且许多硬件和芯片供应商都选择与各家供应商合作。

注意　Hadoop 并不要求采用主流厂商的硬件。你可以到最近的维修点或本地二手市场购买你所能找到的最便宜的机器，尽管获准在你的数据中心安装这样的机器可能会有点困难。请记住，虽然 Hadoop 在吹嘘其弹性，但是主服务器仍然是 SPOF（单点故障），这一点需要予以适当考虑。

Hive 客户端安装在所有工作节点上。在与 Hive 交互时，你很可能会通过类似于 Ambari 或 Hue 这样的 Web 门户访问它。这些服务器往往安装在边缘节点上。边缘节点的资源较少，也没有主服务器组件。请记住，这些节点可能含有像其他关系数据库系统一样需要备份的元数据存储。你可以将边缘节点看作管理服务器甚至 Web 服务器。边缘节点可能含有一些操作软件（例如 Ambari、MCS 或 Cloudera Manager）以及 Pig 或 Hive 等客户端组件。它们也可能被用作防火墙，例如 Apache Knox 这样的情况。关键在于，边缘节点往往是小型服务器，它们的主要用途是充当客户端进入大型 Hadoop 基础设施的网关。由于可能出现大量应用程序记录日志，你也可能仍然希望提供具有相当存储量的边缘节点。

另一种看待边缘节点的方法是将其作为包含非分布式组件的管理服务器。例如，Ambari 作为单个实例运行，并没有分布在多个节点上。NameNode 具有相同的特性。由于这些组件对集群至关重要却不是分布式的，因此需要设计一个管理节点来考虑容错。管理服务器往往对 RAM 要比存储器更加敏感，通常并不需要为管理服务器配置大量存储空间。图 2-1 给出了一幅简图，展示了客户端、管理节点、工作节点以及通常存放在它们之上的组件。

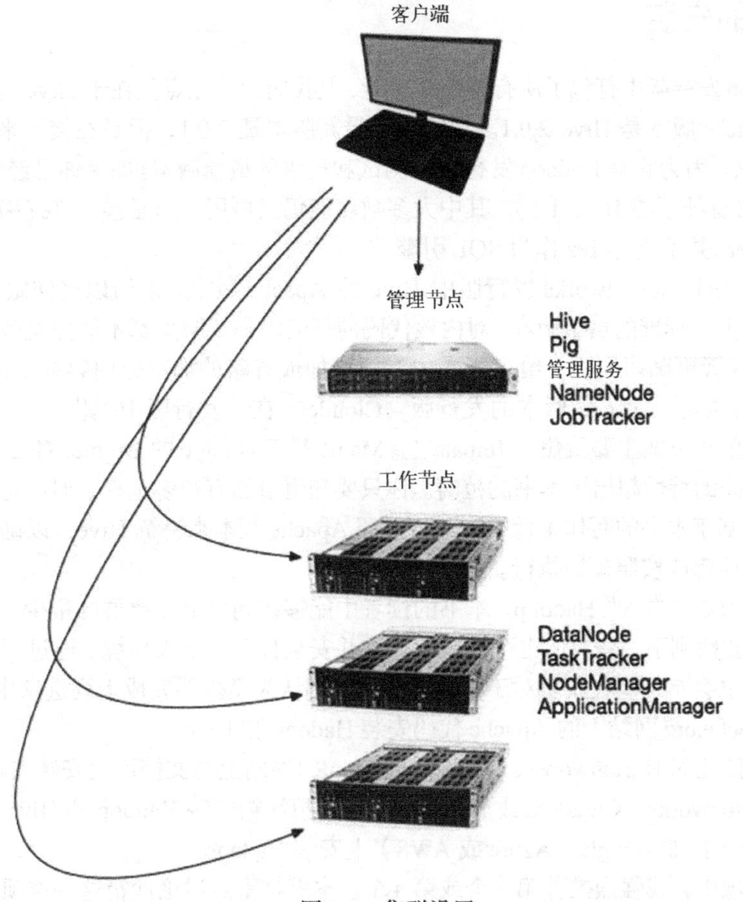

图 2-1 集群设置

图 2-1 中的线表示客户端可以与集群交互的方式。你可以通过 RESTful API 或 Web 浏览器直接访问管理节点上的管理工具。另一种方法是通过访问 NameNode 并请求文件和块信息的方式将数据传输到 HDFS，然后直接使用 DataNode 开展工作。同样，还有许多因素会使你的整体集群设计变得复杂，并且可能增加你要部署的服务器数量。例如，你可能需要一个专用的 HiveServer2 实例或一个用作 Knox 安全网关的服务器。你甚至可以使用一个包含多个 NameNode 或附加 NameNode 的联合集群来获得高可用性故障转移。这些都需要你在进行内部操作时与安全团队以及区域经销商进行充分商讨。

关键在于，Hive 只是庞大的 Hadoop 生态系统的一个很小的组成部分。没有人会构建一个仅运行 Hive 的 Hadoop 集群。构建集群有数不清的理由，包括 ETL 卸载（ETL offload）、接收和持久化流式传感器数据等。集群很可能需要包括像 Solr 这样的应用程序（用于文本搜索），或者 HBase（用于类似于事务处理的处理操作）。集群设计和调优本身就需要写一本书，不过，在此只要知道 Hadoop 集群是一个通用的平台环境，它旨在改变组织管理、存储和分析所有数据的方式。

2.3　Hive的安装

尽管Hadoop发行版中打包了所有特性和功能，但我们的关注点仅在于Hive。在撰写本书时，最新发布的Apache版本是Hive 2.0.1。尽管此时最新版本是2.0.1，但是在接下来的章节中仅使用Hive 1.2.1版本，因为它是Hadoop发行版中测试和提供的最新版本。如果你已经开始使用CDH 5.7（它采用了带有补丁的Hive 1.1），其中大多数功能仍然可用。但是涉及Tez引擎的功能不可用，因为Cloudera并不支持Tez作为SQL引擎。

本书将重点关注Hortonworks发行版中Hive的Apache版本。之所以这样做，是因为Hive的开源版本实际上是标准的黄金版本。对内核代码的任何增加或减少都不能完全代表开源社区心目中的Hive，或者更确切地说，给定版本中专门增加或省略的那部分内容并不能代表Hive。Hortonworks是最接近Apache版本的发行版。Cloudera在其发行版中提供了Hive，但它们的SQL-on-Hadoop解决方案主要聚焦在Impala上。MapR基于Google的Dremel对Drill进行了标准化。比较产品之间的特性超出了本书的范畴。你只要知道自己有很多选择，但不是所有的解决方案都相互排斥。基于本书的写作主旨，在此将按照Apache版本来讲解Hive，以确保本书讨论的所有特性和可选项都能按照预期执行。

有很多方法可以"进入"Hadoop。本书的读者中能够访问多节点集群的很少。如果你是其中的一位，可能想要跳到下一章，你也可以继续跟进并安装自己的个人环境。通过了解基本设置和安装过程，肯定也会有一些收获。对于其他读者，我们认为至少要完成下列选项中的一个。

- 使用Apache.org网站上的Apache代码安装Hadoop和Hive。
- 借助厂商（比如Hortonworks、Cloudera或MapR）网站上的文档说明安装Hadoop和Hive。
- 使用Hortonworks、Cloudera或MapR提供的虚拟沙箱安装Hadoop和Hive。
- 在云服务（比如Google、Azure或AWS）上安装Hadoop。

在这4个选项中，我强烈推荐第3个或第4个。本书将重点讨论沙箱这一选项。我还想强调一下采用云服务的易用性。每个云服务提供商在市场上都有自己的发行版，这使得配置集群成为一项非常简单的工作。大多数云服务提供商也有自动沙箱安装。如果你碰巧有某个云服务提供商的账户，强烈建议你学习本书时使用该环境。如果你决定不使用发行版而手动安装Hive，那么与安装完整的Hadoop应用程序相比，整个安装过程微不足道，虽然Hive仍然需要一个集群来进行各种数据处理。你还可以选择通过GZIP文件安装Hive，或者通过像Maven这样的项目构建器从源代码构建Hive。Apache.org的Hive站点中有构建Hive的所有步骤。

注意　之所以再次重申，是因为我们知道有些读者会觉得本书中缺少一些内容，但这是一本讲解Hive的书，而不是介绍"如何安装Hadoop"的书。目前市面上的大多数图书都有关于如何从源代码中安装Hadoop的章节，但是在很多情况下，这些说明都不完整，或者当书出版之后就过时了。本书着重介绍最简单的起步方法，这样你就可以快速启动和运行你的Hive环境了。

安装一个发行版的虚拟环境可以很好地支持对本书的学习。你并不需要一个功能完备且高可用的集群来运行本书所给出的练习。我们不会过分关注性能。但是，为了运行虚拟机和存储必要的数据集，你需要有足够的存储和处理能力。典型的虚拟 Hadoop 沙箱环境具有以下开盒即用的需求：

- 虚拟机应用程序：VMWare 或 VirtualBox
- 至少 8GB 内存
- 至少 1GB 存储空间
- 至少 2 个 vCPU

通常资源越多越好，但是我们在此要测试的是功能，而不是性能。在现实世界中，你并不想尝试将 TB 或 PB 级规模的数据堆放到单节点集群上的 Hive 中。如果你还要用到 HBase 等其他工具，就需要更多的处理资源，可能需要考虑增加足够的 RAM。我们试图使本书所用到的数据集足够大，以引起你的兴趣，但是实际上它还是很小，可以在普通的工作站上进行操作。你可以定制更大规模的数据集，因此如果你愿意，可以使用更大的数据集进行测试并做进一步洞察。你可以耗尽工作站的计算资源，但是无法压垮 Hive 和 Hadoop。

一个发行版下载最多可达 8.5GB。如前所述，本书使用的主发行版是 Hortonworks 沙箱。Hortonworks 沙箱不需要软件许可证。不需要任何软件许可就意味着刚开始使用该技术的人可以获得更好的测试和开发体验，因为并不会限制你在给定时间段内使用该产品，也不会限制你使用全部工具。本书的作者并不反对你下载和使用其他发行版本，这样可以体验到各个版本的相似点和不同点。各个发行版都带有 Hive，不过 Hortonworks 是 Hive 倡议的主要赞助商，在 Hive 开发中投入了大量资金。

Hive 是一个使用 HDFS 实现后端存储的客户端应用程序。Hive 中还包含其他服务器和功能组件，例如 HiveServer2 和 HCatalog。关于这些组件和其他结构的详细内容将在第 3 章中讨论。目前只需知道安装 Hive 本质上就是在 Hadoop 集群上安装一个客户端应用程序就可以了。你需要为 Hive Client 以及 Hive Metastore（HCatalog）和 HiveServer 指定节点。它们中的每一个都将作为单独的服务运行。图 2-2 显示了通过 Ambari 2.2.2 控制台提供的服务。当运行 Hortonworks 沙箱时，你可以通过本地回传地址或用 DNS 地址 sandbox.hortonworks.com 加上 Ambari 端口号连接到 Ambari。在浏览器（最好是 Firefox 或 Chrome）中输入以下内容：http://sandbox.hortonworks.com:8080。

图 2-2 Ambari 中的 Hive 服务

注意，有5个与Hive相关的服务正在运行：Hive Metastore、HiveServer2、MySQL Server、WebHCat Server和Hive Client。所有这些服务对于操作Hive来说都是必需的，在后续章节中会更详细地讨论每个服务。

Summary面板中显示的每个服务都安装在同一个节点上。沙箱在所谓的**伪分布模式**下运行Hadoop。其本质是骗过Hadoop系统，使之认为它运行在一个集群之上，但是实际上它只是运行在单个节点上。Hadoop复本设置为1（在多节点集群上默认为3），这意味着对于我们的安装来说，并不关心容错或高可用性。这种方式对于我们的演示和示例而言很好用。

无论你选择Ambari、MCS还是CM，这些产品都提供了管理Hive服务以及改变和查看配置设置的方法。在每个产品中，你都可以停止和启动服务，查看运行的查询和作业，以及检查节点的资源健康状况。每个产品都是一个作业应用程序，不仅用于管理Hive，还用于管理集群上运行的其他所有服务组件。由于你很可能是自己电脑上个人版Hadoop的唯一所有者，因此还需要熟悉如何管理环境。你要经常用到操作工具来更改Hive的运行配置文件。作为一名开发人员或业务分析师，你好像并没有太多理由去使用这些工具。不过，熟悉它们的各个选项对于保持环境正常运行仍然是有好处的，可以帮助你从这款产品中获得最大价值。

2.4　探寻你的方式

现在，你所有的Hive服务上都显示绿色图标了，你已经准备好将Hive作为SQL-on-Hadoop工具了。Ambari视图为通过图形用户界面执行Hive查询提供了一种简单的方法。你也可以使用类似SQuirreL SQL的其他第三方应用程序连接你的Hive Metastore。在我们的练习中，将通过命令行（CLI）和Ambari视图来使用HiveQL。这些都是开发工具，允许你对Hive表执行SQL查询，以及导入自定义的UDF或SerDe。但它们并不是分析工具！还有很多分析工具可以通过ODBC或JDBC连接到Hive。后面的章节会介绍其中一些广受欢迎的工具。

注意　现在大可不必担心像UDF或SerDe这样的术语。有些人已经熟知SQL，应该知道用户定义函数（UDF）是用来干什么的，这在Hive中也并没有太多区别。SerDe则是一个不同的概念，我们将在后续章节中讨论它。

正如前面提到的，与Hive进行交互的方式主要有两种：命令行和Ambari视图。图2-3展示了Ambari 2.2.2中的Hive视图。

对于熟悉SQL查询工具的人来说，这样的界面应该是比较直观的。该界面的主要部件包括工具栏、数据库资源管理器（Database Explorer）、查询编辑器（Query Editor）以及各种配置和管理选项。你可以在查询编辑器中输入HiveQL语句，然后点击Execute按钮运行查询。你可以使用工具栏来查看已保存的查询，并查看已执行查询的历史。请记住，Hive有数百个配置设置。你可以选择在运行时更改环境设置，或者通过Ambari中的Hive服务来管理配置。其中一些设置将在后续章节讨论。Ambari视图是为最终用户设计的，而不是为管理员设计的。通常，业务分析师或 SQL 开发人员可使用 Hive 视图来执行和测试针对其数据集的查询。

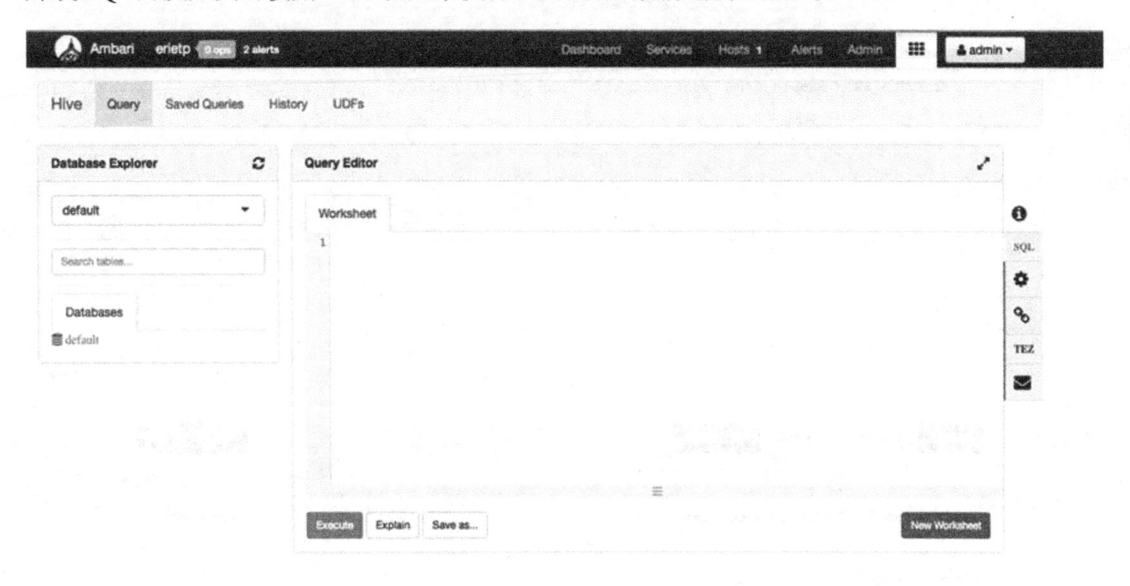

图 2-3 Ambari 视图

数据库资源管理器窗口的功能类似于 SQL 中的 USE 命令。你可以选择你要访问的任何数据库，而每个数据库都有自己的表列表。如果没有指定数据库，那么 Hive 会使用一个名为 default 的数据库。要查看数据库中有哪些表，可以选择数据库，也可以在查询编辑器中执行 show tables 查询。

如果你已经安装了沙箱，就应该会看到两个表，即 sample_07 和 sample_08。在连接到 default 数据库时，可在查询编辑器中执行以下查询。在输入该查询之后，按下 Execute 按钮。

```
SELECT * FROM sample_07;
```

Hive SQL 也被称为 HiveQL。当你从 Hive 查询编辑器视图执行查询时，语句末尾的分号是可选项。稍后我们将会看到，当通过命令行执行 HiveQL 时，Hive 要求在每条语句的结尾使用分号。HiveQL 也不区分大小写。为了便于阅读，我们将以大写形式显示所有 HiveQL 的专用命令。图 2-4 显示了查询的输出结果。

当你在 Hive 中创建表和数据库时，它们将在 HCatalog 中出现。HCatalog 为除 Hive 之外的其他应用程序提供了访问这些表的方法，使你避免了为每个应用程序都重新创建一个表。HCat 表和你创建的任何 Hive 表一样，都可以通过 ODBC 或 JDBC 连接访问，也可以通过特定的 HCat 加载器访问。有关 HCat 和连接 Hive 表的细节内容将在后续章节中讨论。现在只需要知道 HCat 表和 Hive 表本质上是相同的，而 Hive 为存储在 Hadoop 中的数据文件创建模式提供了方法。

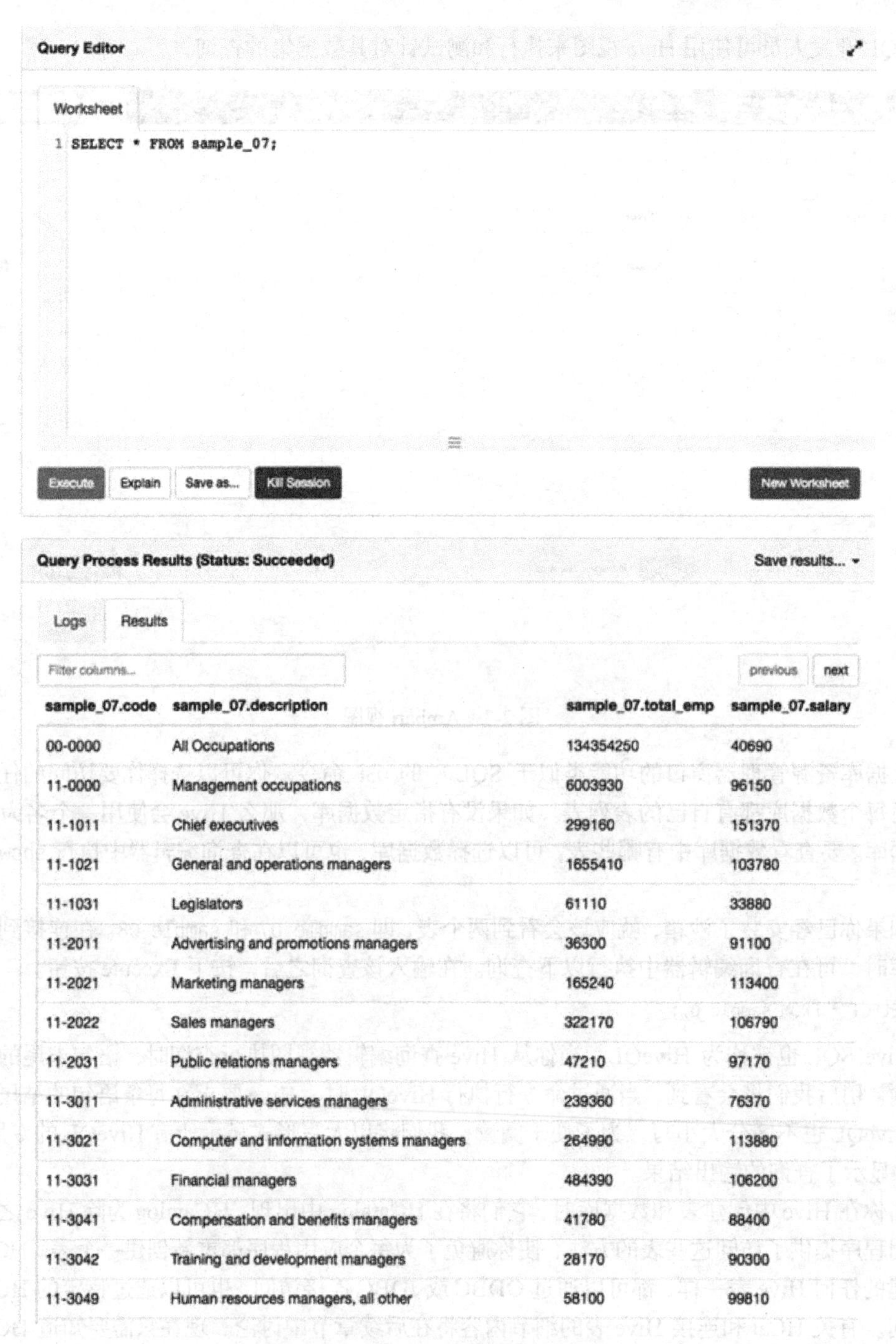

sample_07.code	sample_07.description	sample_07.total_emp	sample_07.salary
00-0000	All Occupations	134354250	40690
11-0000	Management occupations	6003930	96150
11-1011	Chief executives	299160	151370
11-1021	General and operations managers	1655410	103780
11-1031	Legislators	61110	33880
11-2011	Advertising and promotions managers	36300	91100
11-2021	Marketing managers	165240	113400
11-2022	Sales managers	322170	106790
11-2031	Public relations managers	47210	97170
11-3011	Administrative services managers	239360	76370
11-3021	Computer and information systems managers	264990	113880
11-3031	Financial managers	484390	106200
11-3041	Compensation and benefits managers	41780	88400
11-3042	Training and development managers	28170	90300
11-3049	Human resources managers, all other	58100	99810

图 2-4　查询 sample_07 的执行结果

Hive 的魅力不在于它与传统 SQL 区别有多大，而在于它与 SQL 有多相似。基于查询语法和查询结果，你可能无法想象自己正在分布式架构的数百个节点上，针对一个被分解为若干数据块的原始数据文件运行命令。此外，你可能要对好几 TB 的数据进行查询，但是其响应时间与在传统的关系系统上查询几 GB 数据的响应时间差不多。

当然，Hive 的开箱即用性能并不像 RDBMS 那样好。它相当于运行一个没有索引的查询。还有你要熟悉的一些性能最佳实践，例如使用 ORC 文件、Hive 索引和表分区。这些将在有关 Hive 性能的章节中进行讨论。还要记住，Hive 是一个分析工具，不会取代现有的联机事务处理（OLTP）过程。这种对处理的预期与 ANSI SQL 和 HiveQL 之间的相似性是差不多的。例如，你可以要求看到窗口功能，但是并不能看到触发器。尽管 Hive 是可扩展的，但是这并不意味着你可以将 Hive 作为电子商务的购物车应用程序，至少现在还不行。

2.5 Hive CLI

除了图形界面选项之外，Hive 还提供了一个命令行界面，用于管理和运行脚本、数据定义命令和数据操作命令。命令行使用户与 Hive 的交互更具灵活性，并且开销较低。

Hive CLI 对于快捷的 SQL 工作或简单的脚本运行来说非常有用。本节并不会深入讨论关于 Hive CLI 的细节内容，但将会告诉你要从何处入手。要连接到 Hive CLI，需要使用以下命令连接到沙箱：

```
ssh root@sandbox.hortonworks.com -p 2222
```

在命令提示处输入你的密码。这将在沙箱上启动一个 ssh 会话，你将以 root 用户的身份登录。在命令行中，键入 hive。在显示了一些初始配置之后，你的命令提示符现在应该显示为 hive>。下面是一步步登录到沙箱并启动 HiveCL 的命令。

```
HW10882:~ sshaw$ ssh root@sandbox.hortonworks.com -p 2222
root@sandbox.hortonworks.com's password:
Last login: Sun Jun 12 17:14:05 2016 from 10.0.2.15
[root@sandbox ~]# hive
WARNING: Use "yarn jar" to launch YARN applications.

Logging initialized using configuration in file:/etc/hive/2.4.0.0-169/0/hive-log4j.
properties
hive>
```

你可以在提示符处执行所有常规 HiveQL 命令。唯一的区别是所有语句的结尾都要用分号。如果语句的结尾没有出现分号，则按下 Enter 键将会开始一个新行。如果你碰巧在没有输入分号的时候按下了 Enter 键，那么可以继续在新行上输入分号，而 Hive 将执行上一行语句。

让我们开始在命令行输入 show tables 命令并且按下 Enter 键。下面的代码演示了 show tables 命令，以及针对 sample_07 表的 SELECT 语句。注意，我们在查询中添加了一个 LIMIT 命令。这和 SQL 一样，LIMIT 命令设置的值限制了显示行数。

```
hive> show tables;
OK
```

```
sample_07
sample_08
Time taken: 7.651 seconds, Fetched: 2 row(s)
hive> SELECT * FROM sample_07 LIMIT 10;
OK
00-0000  All Occupations                      134354250   40690
11-0000  Management occupations               6003930     96150
11-1011  Chief executives                     299160      151370
11-1021  General and operations managers      1655410     103780
11-1031  Legislators                          61110       33880
11-2011  Advertising and promotions managers  36300       91100
11-2021  Marketing managers                   165240      113400
11-2022  Sales managers                       322170      106790
11-2031  Public relations managers            47210       97170
11-3011  Administrative services managers     239360      76370
Time taken: 3.163 seconds, Fetched: 10 row(s)
hive>
```

和 SQL 一样，Hive 有很多方式可以查看关于对象的元数据。还有几种方法可以查看表的详细信息。请尝试执行下列命令中的一个或全部：

```
DESCRIBE sample_07;
DESCRIBE EXTENDED sample_07;
DESCRIBE FORMATTED sample_07;
```

要离开 HiveCL 提示符，只需输入 exit 和分号即可。该操作将使你返回到 shell 命令行。希望这种快速练习有助于向你展示使用 Hive 查看和操作数据是有足够的可选方案的，对于熟悉 SQL 的人来说应该很熟悉这一点。Facebook 创建了 Hive，从业务分析人员手中将 Java MapReduce 抽象出来，使那些主要负责观察数据、提取有价值的分析见解并且熟悉 SQL 的人能够访问 Hadoop。自从 Hive 创建以来，它在性能和 SQL 语法的外延上都有了显著的发展。现在，很多公司都将 Hive 作为 Hadoop 平台之上的主要模式来开展分析工作。

本章旨在概述你可以在 Hive 中看到什么以及可以完成什么工作，目的是帮助你初步了解 Hive 环境。后续章节将深入挖掘和探索 Hive 的全部功能。从表面上看，Hive 很简单。它支持你快速开始对原始结构化数据和半结构化数据应用标准 SQL 语法，但是 Hive 的功能远远不止如此。Hive 具有很强的适应性，可以读取各种类型的文件并生成新的存储文件，进而获得近实时的查询性能。许多现有分析工具都可以用于访问你所创建的 Hive 表，就像访问传统关系数据库一样。用户根本不知道他们正在查询的表实际上是 CSV、JSON、XML 或其他类型的文件。

Hive 是事实上的标准，也是使用最广泛的 SQL-on-Hadoop 工具。Hive 完全以开源形式存在，而且来自各类公司的代码提交者一直致力于开发和改进工作。当你开始 Hive 之旅的时候，就会发现它是一个奇妙的工具，因为它不仅简单易用而且能够实现复杂的分析操作。

第3章 Hive架构

本章将详细介绍 Hive 的核心组件和架构，为后续章节进行更加深入的探讨奠定基础。在本章中，你将了解是什么在推动 Hive 运转，理解其架构为传统关系系统带来的价值。毫无疑问，Hive 是复杂的，但是它的复杂性是可以克服的，那些经常访问数据的人也会对此很熟悉。还有一点请牢记，与任何软件开发项目一样，Hive 也在不断变化而且变化很快。SQL-on-Hadoop 领域的竞争正以惊人的速度推动着社区创新。本章将帮助你掌握 Hive 的核心，助你不断前行。

3.1 Hive组件

Hive 不是一种独立的工具，它依赖于各种组件来存储和查询数据。在 Hadoop 生态系统中，Hive 被看作一种客户端数据访问工具。数据访问需要计算、存储、管理以及一个安全框架。图 3-1 显示了这些组件的总体框图。

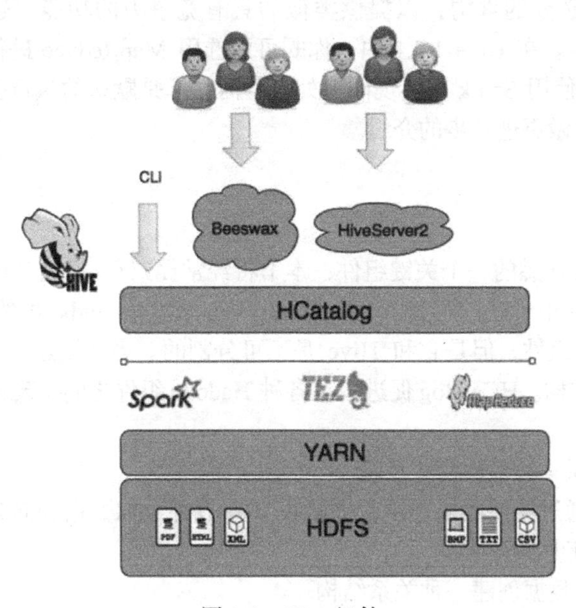

图 3-1　Hive组件

正如前面提到的，Facebook开发Hive旨在将编写MapReduce（Java编程）的复杂性剥离出来。这种方法克服了Hadoop采用和访问过程中的严重障碍，不过尽管Hive听起来和用起来都很像SQL，但它仍然不是SQL，尤其体现在处理速度方面。底层的Hive查询仍然以MapReduce作业的形式运行。MapReduce是批处理，而SQL则是一种交互式处理语言。

注意　在某种程度上，那些被认为是批处理、交互式处理和实时处理的东西值得商榷。交互式处理的标准定义是运行时间在两秒钟左右的处理。批处理往往会运行得更久，而实时处理则要快得多。我所听到的最好的解释是将交互式处理看作“人工时间”，而将实时处理看作“机器时间”——可以想想传感器数据流。最终每个人和每个公司都需要确定SLA（服务水平协议）。

在早期，这种混合了交互式SQL查询的体验变成了“等待一天，直到它完成”的体验，这让传统的商业智能专家感到沮丧。对于那些只想要交互式数据分析的终端用户来说，可能要对PB级的数据量做这样的查询，因此实际上他们并没有得到多少安慰。你可以横向扩展集群以获得更多的计算资源并加速处理，但这并不是提高Hadoop采用率的长期方法和策略。

其他Hadoop分销商看到了交互式查询的巨大需求，并开始开发自己的技术实现。举几个例子，例如Cloudera的Impala、Pivotal的HAWQ（现在是Apache HAWQ，以及由Apache HAWQ提供的Hortonworks HDB）、MapR的Drill、Google的BigQuery、IBM的Big SQL、Actian的Vortex和Jethro SQL等。即便是现在，该领域仍在继续增长，因为其他像SparkSQL这样的处理引擎也设计了自己独特的SQL-on-Hadoop版本。最初，Hive基于MapReduce并由Facebook开源发布，它需要进行一次非常必要的重构，以提供类似的具有竞争力的功能。这就推动了Stinger和Stinger.next倡议的诞生。在Hive 1.2.1中，你既可以选用MapReduce进行批处理，也可以选用Tez进行交互，还可以使用Spark来实现内存处理，而Tez是默认的执行引擎。在本章和后续章节中，我们将会对Tez做更进一步的介绍。

3.2　HCatalog

HCatalog是你需要熟悉的一个关键组件，本书将经常提到它。我们所提到的schema-on-read概念与schema-on-write相对应，而HCatalog推动了schema-on-read。虽然HCatalog通常被认为是一个独立于Hive的组件，但是它和Hive是不可分割的。当你创建一个Hive表时，也将在HCatalog中创建一个结构。HCatalog促进了在各种Hadoop组件之间实现模式共享。HCatalog发挥了许多重要的作用：

- 为多种工具提供一种通用模式环境
- 允许各种工具通过连接器来连接，进而从Hive仓库读取数据和向其写入数据
- 使用户可以跨工具共享数据
- 为Hadoop中的数据创建一种关系结构

- 抽象出数据存储的方式和位置
- 使模式和存储的更改对用户不可见

通过将 HCatalog 作为工具的模式元级层，意味着当你创建一个 Hive 表或使用 Pig 时，不必关心数据存储在哪里，也不必关心以什么样的格式存放。此外，你只需创建表定义一次，就可以使用 Pig 和 Hive 来访问它了。

例如，当你在 Hive 中执行 CREATE TABLE 语句时（对于使用关系数据库的人来说，这应该很熟悉）：

```
CREATE TABLE customers (
        customerid      int,
        firstname       string,
        lastname        string
)
STORED  AS orcfile;
```

这条语句在 Hive Metastore 中创建了一个表定义。现在，先不必关心 STORED AS 子句，这将在后续章节中讨论。该表定义还可以包含有助于提高性能的分区信息、描述表的自由文本注释，以及指明表为外部表还是内部表的说明。构成表内容的原始数据在 HDFS 中保持不变，但是 HCatalog 应用了一个结构化的元级层来定义数据格式和数据存储。HCatalog 定义驻留在 HDFS 之外。图 3-2 显示了 Hive Metastore 的数据库选项。

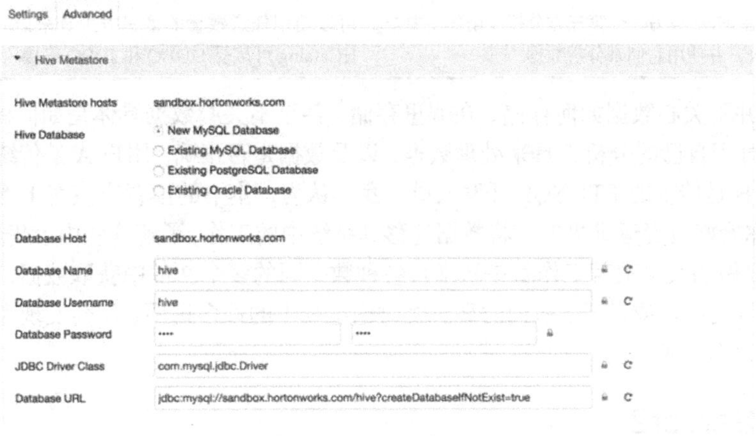

图 3-2　Hive Metastore 选项

Hive 数据库选项有 MySQL（默认）、PostgreSQL 和 Oracle。许多组织会选择像 Oracle 这样的数据库作为 Hive 存储库，因为 Oracle 环境已经能够提供安全性、备份和恢复以及高可用性。对于开发环境而言，采用本地 Metastore 存储库是比较合适的。对于生产环境，你一定希望你的 Hive Metastore 是安全且没有故障的，因为其中包含了你所有的表定义。请记住，Hive 的文件存储在 HDFS 上，而为这些文件定义模式的元数据则存放在于 HDFS 之外的关系数据库中——既可以在另一个服务器上，也可以在本地 Linux 文件系统的某处。如果你选用了 Oracle，就需要 Oracle

DBA提供Oracle JDBC驱动程序，并且允许你访问在Hive Metastore设置中选择的所有账户。可以通过网址http://docs.hortonworks.com/HDPDocuments/Ambari-2.2.1.0/bk_ambari_reference_guide/content/_using_non-default_databases_-_hive.html获取参考文档，了解如何将Hive安装到非默认数据库。

注意　不要过于关心HCatalog数据库的大小。有些大型Hive实现也只使用了几TB的空间而已。在某些极端情况下，用Hive管理的数据规模可能达到数百PB。但是在大多数情况下，只要分配几GB的空间应该就足够了。

HCatalog本质上是数据访问工具（如Hive或Pig）与底层文件之间的抽象层。此外，HCatalog还很容易将那些更熟悉基础设施作业方面的人员与那些更熟悉业务和企业数据的人员分离开来。表3-1说明了这个过程。

表3-1　HCatalog能够帮助的角色

用户	工作职能	业务活动和工具
	用户A负责常规集群管理工作。他负责把数据迁移到HDFS，维护其安全性，并确保数据可用	任意数量的流或文件的复制功能。这些功能可能具有手工和自动化的文件摄入能力
	用户B负责清洗数据和创建HCatalog中的Hive表。她熟知文件格式和常用的Hive优化技术	她将使用Hive创建HCatalog表。她还可以将Pig作为ETL工具来清洗和修改数据，并将数据迁移到HCatalog中
	用户C在Hive或另一个第三方分析应用程序中查看这些表，并使用它们来分析数据	可以使用任意数量的第三方工具来访问HCatalog表。HCatalog可接受ODBC和JDBC连接

最终用户并不关心数据如何存储、在哪里存储，甚至不关心数据具体是如何模式化的。用户C只关心是否可用自己的分析工具来处理数据，以及数据是否正确。用户A是传统业务领域的专业人员，用户B是传统的ETL/SQL开发人员。我们认为，本书的读者应该属于用户B或用户C的阵营，如果你恰好负责运维集群和将数据迁移到系统中的工作，了解这些内容仍然是有价值的。在Hive背后要做的大量艰苦工作就是从来自各种数据源的多个文件中获取数据，并将这些数据解释为某种松散的结构或模式。后面的章节将讨论这其中的许多选项，你会发现大部分的数据整理工作都已经为你完成了。

3.3　HiveServer2

虽然Hive为运行MapReduce提供一个SQL抽象层有很多好处，但是同样也存在一些重要限制。一个限制就是客户端使用标准ODBC和JDBC连接到Metastore的能力。在传统关系数据库系统中，我们认为这是理所当然的。开源社区通过创建Hive服务器克服了这种限制。Hive服务器允许客户端使用ODBC连接访问Metastore。有了Hive服务器，客户端可以通过像Excel这样的商业智能应用或Toad和SQuirreL这样的效率型应用连接到HCatalog。

Hive服务器仍然存在一些限制，主要包括用户并发性限制以及与LDAP的安全性集成。这些组件都是通过HiveServer2的实现来解决的。HiveServer2架构基于一个Thrift Service和任意数量由驱动程序、编译器和执行器组成的会话。Metastore 也是 HiveServer2 的一个重要组成部分。图 3-3 展示了 HiveServer2 的基本架构。

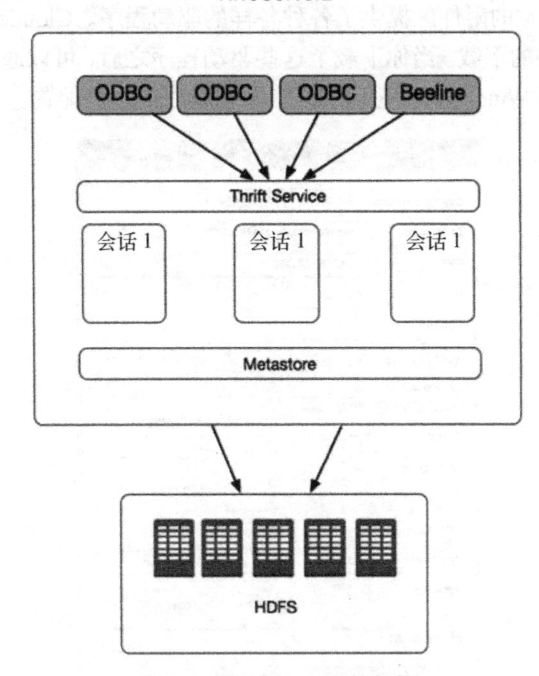

图 3-3 HiveServer2 的架构

HiveServer2 支持 Kerberos、自定义身份验证以及通过 LDAP 身份验证。所有连接组件——JDBC、ODBC 和 Beeline——都可以使用这些身份验证方法中的任何一种。此外，HiveServer2 既可以在 HTTP 模式下工作，也可以在 TCP（二进制）模式下工作。如果你需要使用 HiveServer2 作为代理或实现负载均衡，那么 HTTP 模式就非常有用。在 Ambari 中，你可以在 Hive service and Advanced 配置选项下对 HiveServer2 的配置进行设置。图 3-4 展示了其中一些设置选项。如果要从 TCP 模式切换到 HTTP 模式，需要将 hive.server2.transport.mode 的值从 binary 更改为 http。

hive.server2.thrift.http.path	cliservice
hive.server2.thrift.http.port	10001
hive.server2.thrift.max.worker.threads	500
HiveServer2 Port	10000
hive.server2.thrift.sasl.qop	auth
hive.server2.transport.mode	binary

图 3-4 HiveServer2 的设置

当通过ODBC连接到Hive时，你需要下载适当的ODBC驱动程序。许多公司和分销商都提供自己的ODBC连接驱动程序。有些ODBC驱动程序可能要比其他一些性能更好。例如，通常情况下，采用微软的Power BI连接Hive表时，只要下载并配置Hadoop分销商的ODBC就足够了。Hortonworks在其网站的附件区提供了各种各样的驱动程序。Cloudera在其站点上也提供了ODBC和JDBC驱动程序的下载。当你下载了这些驱动程序之后，可以通过标准的ODBC连接向导来配置。图3-5显示了Windows环境下ODBC驱动程序的示例配置。

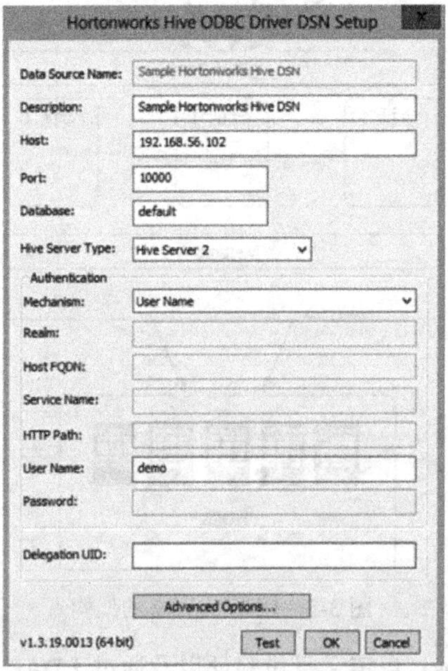

图3-5　Windows环境下的ODBC连接示例

HiveServer2在Hive 1.1中引入，参见HIVE-2935，这表明为便于应用程序接入Hive迈开了一大步。它提供了更好的并发性、安全性和远程访问。在你不断探索和使用Hive全部特性的过程中，HiveServer2将是你访问数据时不可或缺的一部分。

3.4　客户端工具

在本书中，我们将主要以两种方式访问Hive。第一种方式是通过命令行接口（CLI）。这可能是进入Hive最快且最灵活的方式。它允许方便地剪切和粘贴代码，执行HQL文件，并且具有更不容易出错的体验，这种体验有时会在图形化工具中展现出来。如前所述，HiveServer2支持ODBC和JDBC连接，因此几乎任何SQL工具都能够连接到Hive。如果你更熟悉像Toad或SQuirreL这样的工具，也可以自由使用它们。

我们将聚焦于Hortonworks沙箱的使用。在撰写本书之际，最新版的沙箱是HDP 2.4。下载之后，启动虚拟机并设置root密码，你可以使用任何SSH兼容的shell直接登录该环境。Windows

用户有时会使用 Putty 进行连接。如果在集群中有大量节点并且需要在 Putty 连接中列出它们，那么这就特别有用。就我们的目的来说，只需要连接到在单个节点上运行的沙箱。启动 CLI 窗口并键入下面的代码，就很容易通过 SSH 进行连接。

```
ssh root@hortonworks.sandbox.com -p 2222
```

一旦连接上，你可以在命令行输入 hive 进入 Hive CLI。你现在应该可以看到有一个 hive> 提示符。在 CLI 中的导航简单而直接，特别是如果你已习惯了其他数据库系统。请记住，Hive 是基于 MySQL 开发的，因此两者的语法和数据类型都非常相似。在提示符处输入：

```
show databases;
```

现在输入：

```
show tables;
```

确保用分号结束所有命令。要查看表的列定义，输入：

```
describe <table name>
```

例如，要查看表 sample_07 的列，可输入：

```
describe sample_07;
```

执行 HiveQL 命令与执行 SQL 命令类似。要运行一条简单的 SELECT 语句，输入：

```
SELECT * FROM sample_07 LIMIT 10;
```

后续章节还将介绍更多的功能命令。

另一种比较有用的通过命令行执行命令的方法是借助浏览器 shell。打开浏览器并输入 sandbox.hortonworks.com:4200，你可以借助浏览器访问命令行。一些开发人员发现浏览器要比打开另一个命令窗口更简单。虽然可以在其中完成复制和粘贴操作，但它总是提示你从浏览器对话框中选择粘贴操作。我们发现在演示 Hive CLI 时浏览器的缩放功能也非常有用。无论采用哪种方式，当你使用 Hive CLI 时，就开始逐步展现出自己的个人偏好了。

正如前一章所展现的，访问 Hive 的另一种重要方法是通过 Ambari 视图。Ambari 本身是一个可插入式框架，允许开发人员创建视图，这可以通过 Ambari 接口来安装和执行。视图是支持协作的强大工具，对于为 Ambari 环境添加功能很有用。第三方供应商可以创建 Ambari 视图来管理其特有的应用程序，而业务人员也可以创建自定义视图在内部使用。视图的开发超出了本书的范畴，但可以通过网址 https://cwiki.apache.org/confluence/display/AMBARI/Views 获取更多信息。

在 HDP 2.4 的开盒即用程序中，Hive 有自己的 Ambari 视图。要查看该视图，你可以单击井字格形的按钮，并从中选择 Hive View。图 3-6 展示了该视图所在的位置。你将在 Ambari 视图的右上角找到它。

Hive 视图由 3 个主要部分组成：工具栏、Database Explorer 和 Query Editor。通过工具栏可以访问已保存查询、查询历史、用户定义的函数并且上传表。通过 Database Explorer 可以指定想要用于查询执行的数据库，浏览含有每个数据库中所有表的列表。点击数据库节点将展开显示该数据库的内容，而点击表节点则会展开显示该表的列和数据类型。这个功能类似于在 Hive CLI

中使用的 show database、show tables 以及 describe tables 命令。另一个特性是当点击图标时，该视图将自动对当前表执行 SELECT *语句，返回记录数的限制为 10。这是一种快速查看示例内容的方法。

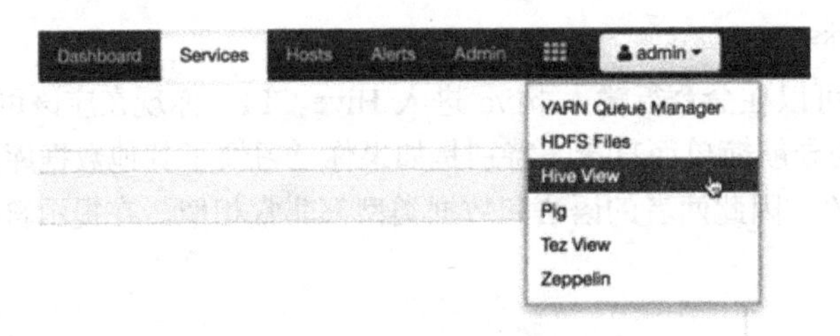

图 3-6 Ambari Hive 视图

Query Editor 提供了相当多的功能。除了通过它创建和执行 Hive 查询之外，你还可以使用它基于每个查询定制配置设置，执行数据可视化和数据概况分析，查看 Visual Explain 计划和 Tez DAG 执行，以及查看日志和错误消息。其他功能还包括创建多个工作表、保存查询和终止作业执行等。图 3-7 显示了 Hive 视图。

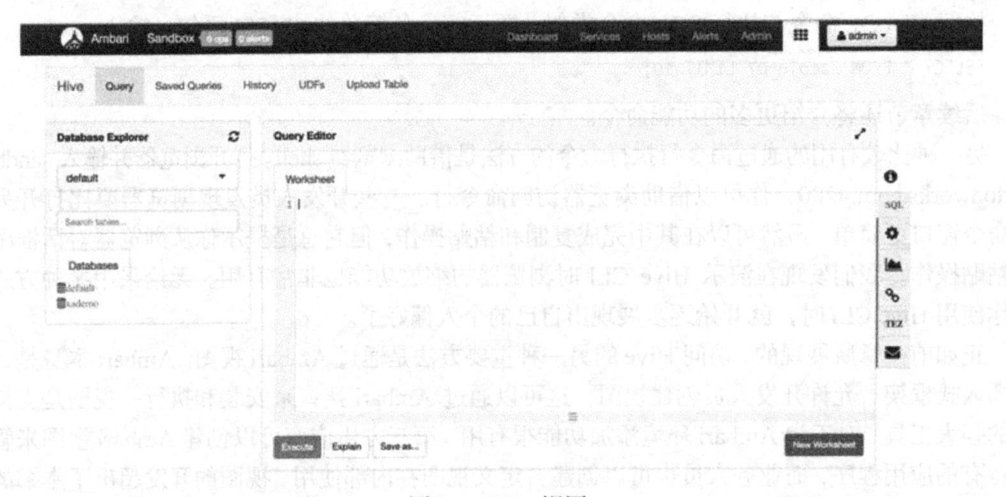

图 3-7 Hive 视图

与所有 Ambari 视图一样，Hive 视图是连接到 Hadoop 集群的客户端进程。作为最佳实践，Ambari 应在边缘节点上运行，也就是作为客户端节点，并且连接到运行 HDFS 的核心 Hadoop 集群。你也可以选择设置单独的服务器运行特定视图。例如在某一场景下，你可能有一台运行操作仪表板视图的 Ambari 服务器和一台运行 Hive 视图的服务器。当你拥有大量运维用户和大量业务用户时，这样就非常有用了。另一种供选方案是采用单个 Ambari 服务器，为特定用户或分组提供视图访问。为此，你可以点击用户按钮并选择 Ambari Manager。图 3-8 显示了 Manage Ambari 下拉选项。

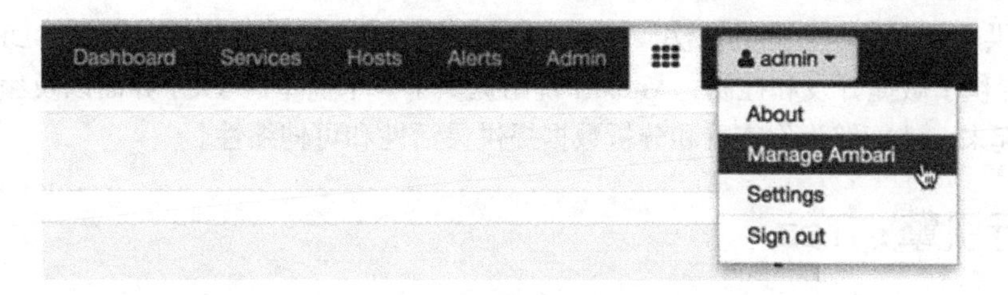

图 3-8 访问视图的配置

在此，单击屏幕左侧的 Views 菜单，然后选择 Hive View，如图 3-9 所示。

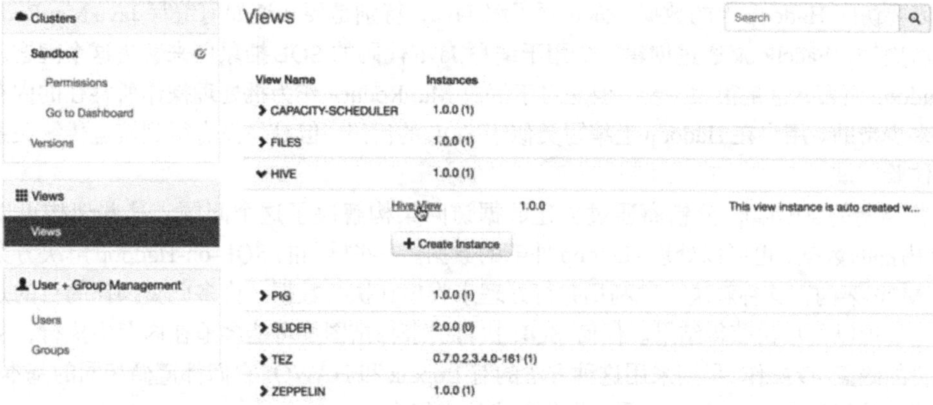

图 3-9 Hive View 的配置

在配置屏幕上，你可以向用户或分组授予视图访问权限。根据你的配置，这些用户和分组可以是本地、LDAP 或 Active Directory。当你设置权限时，用户将登录到 Ambari，只看到他们可以访问的视图，所有其他视图都将被隐藏。图 3-10 显示了 Hive 视图的配置。

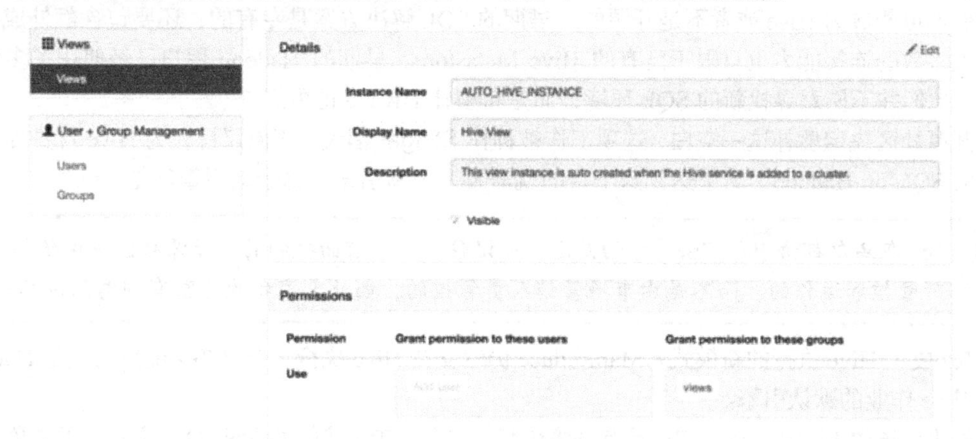

图 3-10 Hive 视图的配置

Hive提供了许多访问数据的方法。HiveServer2提供了安全的远程访问以及ODBC和JDBC连接，CLI提供了敏捷开发和控制，Ambari视图提供了一个简单的GUI界面以及额外的操作功能。它们合起来，就能够为你查看和分析数据提供灵活性和可伸缩性。

3.5 执行引擎：Tez

在构想Hadoop之时，只有一个用于处理数据的执行引擎。这个引擎就是MapReduce，它是一种批处理操作。这意味着它具备一种处理大量数据的独特能力。但是处理这样的数据是一项艰巨的任务，不仅要占用大部分集群资源，而且预计也不会很快完成。MapReduce是用Java编写的，所以要访问Hadoop上的数据，你必须了解Java，特别是要知道如何编写Java MapReduce代码。众所周知，Facebook通过创建一个用于编写Java代码的SQL抽象层来解决这个问题。对于访问Hadoop而言，这是很大一步，但是对于解决MapReduce作为批处理操作所存在的内在问题并没有多少帮助。用户在Hadoop上编写类似于SQL的代码，但是并没有得到接近传统关系系统性能的体验。

一些早期的Hadoop分销商通过创建数据访问架构解决了这个问题，这些架构可以访问Hadoop内部的数据，也可以处理Hadoop外部的数据。一些早期的SQL-on-Hadoop解决方案基于流行的MPP架构，这种解决方案利用并行处理来收集和执行数据。许多此类操作的目的是在内存中进行处理以便尽快获得结果。任何SQL执行引擎都试图尽可能多地在内存中执行，从而避免高代价的磁盘IO操作。早期采用这种方法的有Impala和HAWQ。它们都遵循相同的基本模式，即在集群中并行执行SQL命令以最大化分布式处理能力。

这些早期的SQL-on-Hadoop解决方案在MapReduce中克服了Hive表现出的许多缺陷，主要体现在性能和ANSI SQL合规性方面。早期解决方案的问题在于，它们无法在较大规模的数据集上执行。内存解决方案是针对性能的，直到数据集变得远远超出内存可以承受的规模为止。这是因为一旦内存容量占满，数据就需要溢出到磁盘，接着就开始触碰到IO瓶颈了。另一个问题在于它们不可能成为Hive或者不是开源的。早期的SQL解决方案是专有的，还要包含额外成本，其中大多数的连接能力也只限于已有的Hive Metastore。早期的Hadoop用户已经使用了多年的Hive，他们并不愿意寻找新的SQL环境，而是希望让Hive变得更好。

开源社区决定填补这一空白，这项工作被称作**Stinger倡议**。该倡议旨在为Hive自身提供交互式的SQL-on-Hadoop。为了达到这个目的就需要一个新引擎。这个新引擎就是Tez。

注意 Tez在乌尔都语中是“快速”的意思。请记住，正如前面提到的，开源社区是由软件工程师管控和运作的，而不是由市场营销人员管控的，因此大家都欢迎富有创意的命名。

Tez成了Hive执行的新模式。MapReduce仍然支持Hive执行，但是Tez现在已经是Hadoop运行Hive作业的默认引擎。

相比传统的MapReduce，Tez具有许多优势。首先，Tez避免了磁盘IO，这是由于避免了代价高昂的混洗过程，又采用了更高效的Map端连接。Tez还采用了基于代价的优化器，这有助于生成更快的执行计划。将 Tez 与针对 SQL 性能的 ORC 文件格式联合使用，查询引擎的执行速度将比本机 MapReduce 快 100 倍。图 3-11 展示了作为默认引擎的 Tez，而且基于代价的优化器是默认启用的。

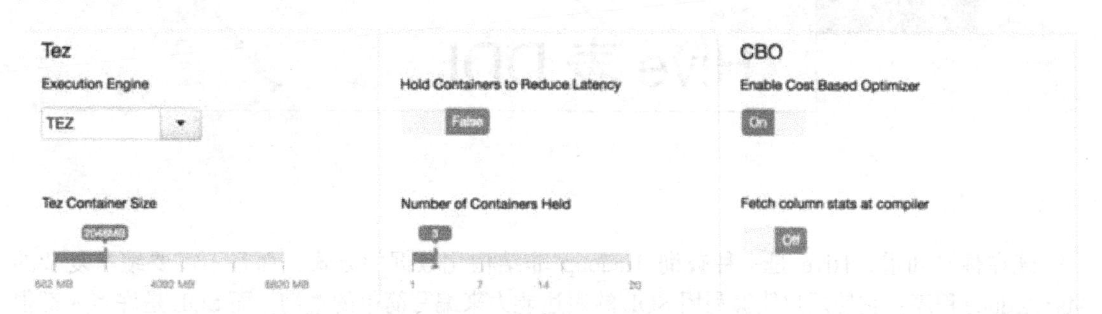

图 3-11　Tez 和基于代价的优化器

第 9 章将详细讨论 Tez 和性能调优，现在只需要知道目前很少有 SQL 作业仍然使用 MapReduce 作为执行引擎。你可以采取一些优化性能的措施来使每个查询的性能达到最优。这包括但不限于使用 ORC 文件格式和分区。还要记住，当前的 Hive 实现并不像其他数据访问工具那样只是一个内存中的过程。这是因为从设计上来看，一个专有的内存架构会限制数据集的大小，数据规模要适应内存大小。Hive 是 SQL-on-Hadoop 的主力，已被证明可以扩展到 PB 级数据规模。

本章重点介绍了 Hive 架构中的一些关键点。阅读本书，你将熟悉这些不同的组件，了解每个组件如何提供自己独特的价值。Hive 的开发仍在进行中，而且节奏很快。本书专注于 Tez，但实际上 Hive 也可以在 Spark 上运行。同样，在市场定位方面也存在一定的局限性，这些因素使最终选择变得困难。我们建议你自己认真调查一下。我们的重点是 Tez，因为 Tez 自始至终就是一个专门为 Hive 构建的执行引擎，它可以提供交互式 SQL 延迟处理。开源社区继续致力于实现越来越快的数据访问。开源的 Hive 架构为持续的开发和创新提供了灵活的基础，推动 SQL 分析在未来不断扩展。

第4章

Hive 表 DDL

现在你已知道，Hive 是一种查询 Hadoop 非结构化数据的方式，而且不需要编写复杂的 MapReduce 程序。它使用户能够利用 SQL 的表达能力来编写简单的查询，而 SQL 是许多人都很熟悉的语言。Hive 查询语言（如 HiveQL 或 HQL）基于 ANSI 标准 SQL，因此对于熟悉 SQL 的人来说很容易理解。用户还可以登录到 Hive 命令行界面查询 HDFS 上的数据。

Hive 提供了标准的 SQL 功能，包括 ANSI 2003 和 ANSI 2011 中的许多 SQL 分析特性。随着一个个版本的发布，Apache 社区为 HiveQL 添加了越来越多的特性，使它越来越接近 ANSI SQL。支持标准的 SQL 语法也扩展了 Hive 的可用性，使得它很容易与现有 BI 工具（如 QlikView、MicroStrategy、Microsoft Excel 和 Power BI 等）集成。这种集成是使用 Hive 的 ODBC/JDBC 驱动程序完成的。

本章将重点讨论 HiveQL 中可用的 DDL 命令。首先介绍 Hive 数据库和数据模型的概念，然后重点介绍它所支持的不同数据类型。大多数数据类型与关系数据库领域的都非常相似，不过我们也会讨论 Hive 直接从 Java 等编程语言继承的数据类型。

Hive 有一些不同类型的表，可以使你高效地访问结构化、半结构化和非结构化数据。我们将讨论的概念包括但不限于表、列、分区和桶的创建、修改和删除。

4.1 schema-on-read

Hadoop 的通用和强大体现在它能够存储和处理任何类型的结构化、半结构化或非结构化数据。Hive 允许用户在这些数据之上创建一个元数据层，并使用 SQL 接口访问该层。尽管最终用户非常熟悉其界面，但是它处理底层数据的方式有所不同。Hive 并不控制数据如何在磁盘上持久化，也不控制数据的生命周期。用户可以首先在 HDFS 中以其固有格式来存储任何类型的数据，然后定义元数据，而对这些元数据的读取则独立于原始数据。这种灵活性使得 Hive 可以利用多种工具更容易地进行数据的管理和处理。然而，由于底层数据可以是任何格式，因此 Hive 需要你在元数据中提供一些额外信息，以便准确解释所存储数据的格式。你会注意到，在 Hive 的大多数 `CREATE` 语句中，你都要提供额外的信息，比如底层数据的结构、记录的定义方式以及字段的分隔方式。类似地，当你在 Hive 中删除外部表时，它只会删除表的元数据，而不会删除原始数据或包含数据的 HDFS 文件。在大多数情况下，你可以直接管理底层数据文件。我想指出的是，用户应该记住，Hive 不是一个数据库，而是一个友好且为我们所熟悉的接口，可以查询存储在 HDFS 上的底层数据文件。

4.2 Hive 数据模型

数据模型提供了一种组织数据元素并将它们相互关联的方法。Hive 的数据模型和各种关系数据库非常类似。它由表、列、行和分区组成。这些对象是在名为 Hive Metastore 的元数据层中定义的逻辑单元。除了常见的数据段，Hive 还引入了一种名叫“桶”的结构。实际的数据文件和目录没有任何关于数据模型的信息。逻辑单元由各种数据类型组成，这些数据类型将文件中的实际数据与模式中的列关联起来。Hive 模式使 Hadoop 数据看起来具有人们熟悉的行和列，而不管底层数据是否以行和列的方式存储。这使得通过 ODBC/JDBC 解释 SQL 语言的常见应用程序都可以访问数据。

Hive 的元数据存储也被称为 Hive Metastore，它由命名空间、对象定义和底层数据的详细内容组成。目前，Hive Metastore 是在 RDBMS 中创建的，因为快速访问这些信息非常重要。

4.2.1 模式/数据库

与你已经熟悉的 RDBMS 领域的数据库相比，Hive 中数据库的概念可能略有不同。Hive 模式或数据库本质上是一个用于保存一组表的元数据信息的命名空间。对于 Hive 来说，模式和数据库是同义词。从文件系统层来看，模式就是一个目录，其中存储属于该命名空间的所有内部表。Hive 也有外部表的概念，其中文件可能存在于 HDFS 的其他位置。

Hive 所管理的所有数据都存储在使用 `hive` 定义的顶层目录下，即 hive-site.xml 文件中的 `metastore.warehouse.dir` 参数。该参数在 Hortonworks 沙箱安装时的默认值是 `/apps/hive/warehouse`。管理员可以将此参数更改为 HDFS 上的另一个位置。第一次安装 Hive 时，Hive 会创建一个名为 `default` 的默认数据库，它本身没有自己的目录。在 `default` 数据库中创建的所有内部表都存放在名为 `hive.metastore.warehouse` 的顶层目录下各自的子目录中。然而，所有外部表的数据都存放在 HDFS 的其他目录中，这些目录的相对位置存储在 Hive Metastore 之中。

4.2.2 为什么使用多个模式/数据库

在 Hive 增加数据库的概念之前，所有用户对象都是在单个命名空间中创建的。创建多个模式允许用户在不同的命名空间中创建对象。因此，它允许对各种对象进行逻辑分组。你还可以为不同的数据库指派不同的属性。例如，你可以为不同的数据库设定不同的所有者，还可以为它们设置不同的存库目录。从安全性的角度来看，你可以将命名空间中所有对象的权限授予某个角色/用户。

4.2.3 创建数据库

你可以使用 `CREATE DATABASE` 命令在 Hive 中创建一个数据库。该命令的简单示例如下。

```
CREATE DATABASE shopping;
```

该命令将在Hive Metastore中创建一个名为shopping的新命名空间。在本例中，由于我们没有在HDFS上指定该数据库的位置，它将在hive.metastore.warehouse.dir中定义的默认顶层目录下创建一个名为SHOPPING.db的目录。

CREATE DATABASE命令的完整语法如下。

```
CREATE (DATABASE | SCHEMA) [ IF NOT EXISTS ] database_name
[ COMMENT database_comment ]
[ LOCATION hdfs_path ]
[ WITH DBPROPERTIES (property_name = property_value,...) ] ;
```

下面是一个采用了完整语法的例子。

```
CREATE DATABASE  IF NOT EXISTS  shopping
COMMENT 'stores all shopping basket data'
LOCATION '/user/retail/hive/SHOPPING.db'
WITH DBPROPERTIES ('purpose' = 'testing') ;
```

该命令将创建一个名为shopping的新命名空间，以及一个名为/user/retail/hive/SHOPPING.db的目录。使用WITH DBPROPERTIES子句，可以将任何自定义属性指派给数据库。你可以使用DESCRIBE DATABASE EXTENDED命令来查看这些属性，如下所示。

```
hive> DESCRIBE DATABASE EXTENDED shopping;
OK
shopping stores all shopping basket data
        hdfs://sandbox.hortonworks.com:8020/user/retail/hive/SHOPPING.db root USER
        {purpose=testing}
Time taken: 0.295 seconds, Fetched: 1 row(s)
```

注意　要注意的关键一点是，CREATE DATABASE命令允许你指定将数据库的数据存储在某一特定位置。Hive允许在非数据库指定的顶层目录下的其他位置创建数据库目录。

4.2.4　更改数据库

一旦创建了数据库，就可以使用ALTER DATABASE命令修改其元数据属性（DBPROPERTIES）或OWNER属性，如下所示。

```
ALTER DATABASE shopping
SET DBPROPERTIES ('department' = 'SALES');
```

4.2.5　删除数据库

你可以使用DROP DATABASE命令来删除一个Hive数据库，格式如下。

```
DROP DATABASE database_name [RESTRICT|CASCADE];
```

下面是一个例子。

```
DROP DATABASE shopping CASCADE;
```

在这个命令中，CASCADE 的使用是可选的，这允许你删除数据库时将已有表一起删除。该命令将删除属于 shopping 数据库的所有内部表和外部表。

DROP DATABASE 命令的默认行为是 RESTRICT，这意味着如果数据库中有任何表，则执行该命令将失败。

4.2.6 列出数据库

你可以使用下述命令来查看 Metastore 中所有数据库的列表。

```
SHOW DATABASES [ LIKE 'identifier_with_wildcards' ];
```

例如，SHOW DATABASES LIKE 'S*'将会列出 shopping 数据库。

4.3 Hive 中的数据类型

Hive 中的数据类型可以分为基本数据类型和复杂数据类型。这些数据类型都是用 Java 实现的。在深入了解复杂数据类型的细节之前，让我们先看看 Hive 支持的基本数据类型。

4.3.1 基本数据类型

就像关系数据库一样，Hive 中的每个列值都有其数据类型，也有约束和有效取值范围。这些数据类型的行为类似于它们在 Java 中实现的底层数据类型。Hive 中各种基本数据类型如下。

- 数值型——存放正负数字和浮点数
- 日期/时间型——存放时间值
- 字符型——将字符和数字存放在字符串中
- 布尔型——True 或 False
- 二进制型——二进制数的可变长数组

Apache 网站上记录了基本数据类型的完整列表。如需了解 Hive 中任何基本数据类型的详细内容，可以访问 https://cwiki.apache.org/confluence/display/Hive/LanguageManual+Types。

4.3.2 选择数据类型

Hive 有很多基本数据类型，因此在创建表时使用正确的数据类型至关重要。从某种意义上讲，各个数据类型有所不同，其中有一些因为有固定长度而较为严格，例如 VARCHAR。在处理关系数据库时，使用已定义长度的数据类型来确保数据的完整性更为常见。对于 Hadoop 而言，你经常要处理各种类型的数据，而且有时你其实并不太了解那些将被推送到系统中的数据，因此采用这种具有限制性的数据类型可能并不总是有效。如果数据类型过于严格，Hive 会按照预定义列的宽度将数据截断而不做出任何警告。因此，建议在 Hive 中创建表时不要选择非常严格的数据类型。

例如，创建一个具有 STRING 型列的表要比将其创建为 VARCHAR(25)具有更好的灵活性。

4.3.3　复杂数据类型

除了已讨论的基本数据类型之外，Hive还包含一些关系数据库中不常见的数据类型。这些数据类型由多个基本数据类型组成，而且使用本地的序列化器和反序列化器在内部实现。它们允许你以集合格式存储数据，而不需要将数据进一步分解为多个单独的字段，就像关系数据库中对规范化模式所做的操作。但是由于Hadoop允许你将任何类型的数据存储到其文件系统中并且使用schema-on-read模式读取，因此传统的规范化规则并不总是适用于底层数据。复杂数据类型通常又称复合集（collection），它们对于将实际数据映射到模式层非常有用。

Hive有下述四种复杂数据类型。

- 数组
- Map
- 结构体
- 联合体

1. 数组

Hive中的数组是一个由数据类型相似的数据元素构成的有序复合集。这些元素可用从0开始的顺序下标值来表示。你可以使用方括号和相应的下标值来访问这些元素。与Java这样的编程语言中的数组不同，你不能在Hive数组中定义最大元素数。

例如，你可以声明一个ITEMS数组来保存字符串值，如下所示。

```
ITEMS ARRAY<"Bread" , "Butter" , "Organic Eggs">
```

字符串的复合集有一个预定义的排序（或者说顺序），因此可以通过从0开始的索引来访问这些字符串。

```
ITEMS[0] returns "Bread"
ITEMS[2] return "Organic Eggs"
```

2. Map

在Hive中，Map是一种无序的键/值对集合。Map中的键可采用前面讨论过的一种基本数据类型。然而，Map的值则可以是Hive支持的任何数据类型，包括复杂数据类型。与可以使用下标访问元素的数组不同，Map数据类型的元素需要使用键来访问。

例如，你可以声明一个包含商品项和数量的Basket集合，如下所示。

```
Basket MAP<'string','int'>
Basket MAP<"Eggs",'12'>
```

通过在Map函数中指定商品项，可以打印出该项商品对应的数量。

```
Basket("Eggs") returns 12.
```

3. 结构体

Hive结构体类似于一些编程语言中的结构体，例如C语言。结构体是一个对象，其中含有多个字段，而这些字段又可以是任何数据类型。

例如，你可以使用下面的 STRUCT 定义来声明客户的地址记录。

```
address STRUCT<houseno:STRING, street:STRING, city:STRING, zipcode:INT, state:STRING,
country:STRING>

address <"17","MAIN ST", "SEATTLE", 98104, "WA","USA">
```

你可以使用点号来访问某一 STRUCT 的字段。在前面的示例中，可以使用 address.zipcode 来访问各个地址的邮政编码。

4. 联合体

联合体提供了一种方法，可以将不同数据类型的元素存储在同一字段的不同行中。当字段的底层数据不同质的时候，这种方法很有用。

例如，如果数据文件中存放了客户的联系信息，但是每条联系信息中包含一个或多个电话号码，或者包含一个或多个电子邮件地址，那么可以声明一个 contact 变量来按下述方式存储信息。

```
contact UNIONTYPE <int, array<int>, string, array<string>>
```


4.4 表

既然你已经熟悉了 Hive 领域的各种数据类型，让我们看看如何使用它们来读取数据。Hive 数据模型包含一个关于数据的逻辑行/列视图，被称作**表**。就像关系数据库一样，Hive 表由一个关于数据的二维视图定义组成。然而，数据独立于表存在。Hive 表中的数据存在于 HDFS 目录中，而表的定义存储在一个名为 HCatalog 的关系数据库存储中。Hive 表和关系数据库的表之间存在一些重要区别。

- Hive 表中的数据与表的定义是松耦合的。在关系数据库中，删除一个表时可以从存储中删除表的定义和底层数据。然而在 Hive 中，如果将表定义为外部表，那么删除表定义和删除底层数据是相互独立的。
- Hive 中的单个数据集可以有多个表定义。
- Hive 表中的底层数据可以以多种格式存储。第 7 章将讨论其中的一些文件格式。

将实际数据与模式分离开来是 Hadoop 超越关系系统的重要价值主张之一。Hadoop 允许你甚至在模式存在之前加载数据。一旦创建了模式，你就可以修改模式并在几秒钟内确定如何将其映射到底层数据。在关系数据库中执行这样的操作需要对表的每一行进行更改，而且并不那么简单。Hive 模式只是一种元数据映射，这使得理解标准 SQL 的人和应用程序很容易查看底层数据。

4.4.1 创建表

你可以使用 CREATE TABLE 语句在 Hive 中创建表。Hive 版本的 CREATE TABLE 与标准 SQL 非常相似。然而，为了管理大数据领域中各种类型的数据，它提供了各种各样的选项以增加功能多样性。请记住，并非所有使用 Hive 访问和管理的数据都在本地存储为行和列。在创建表的过程中所指定的配置定义了Hive应该如何解释那些存储为HDFS数据文件的底层数据。Hive有许多内置的数据格式解释器，用Hive术语来说就是SerDe。Hive还允许你定义自己的序列化器和反序列化器，并插入到CREATE TABLE语句中，使Hive能够理解数据的格式。第7章将更详细地讨论SerDe。现在，让我们先看一个简单的CREATE TABLE语句。

```
CREATE EXTERNAL TABLE customers (
fname           STRING,
lname           STRING,
address         STRUCT <HOUSENO:STRING, STREET:STRING, CITY:STRING, ZIPCODE:INT,
                STATE:STRING, COUNTRY:STRING>,
active          BOOLEAN,
created         DATE
LOCATION '/user/demo/customers');
```

这个CREATE TABLE示例使用了前面讨论的一些数据类型。除非在运行此命令之前更改活动数据库，否则它将在default数据库中创建一个customers表。你还可以通过在表名之前加上“数据库名”前缀的方式，直接在某个数据库中创建一个表。示例如下。

```
CREATE EXTERNAL TABLE retail.customers (
fname           STRING,
lname           STRING,
address         STRUCT <HOUSENO:STRING, STREET:STRING, CITY:STRING, ZIPCODE:INT,
                STATE:STRING, COUNTRY:STRING>,
active          BOOLEAN,
created         DATE)
COMMENT "customer master record table"
LOCATION '/user/demo/customers/';
```

4.4.2　列出表

你可以使用SHOW TABLES命令列出现有的表。让我们看一下RETAIL数据库中当前的表清单。

```
hive> SHOW TABLES IN retail;
OK
customers
Time taken: 0.465 seconds, Fetched: 1 row(s)
```

如果数据库中有很多表，可以使用通配符来搜索特定的表。

4.4.3　内部表/外部表

Hive表可以创建为内部或外部的。Hive表的类型决定了Hive如何加载、存储和控制数据。

外部表

通过在CREATE TABLE语句中使用EXTERNAL关键字可以创建外部表。这是Hadoop所有生产部署中推荐的表类型。这是因为在大多数情况下，底层数据将被用于多个用例。即使并非如此，也不应该在删除表定义时删除底层数据。因此，对于外部表来说，Hive不会将数据从文件系统中删除，因为它无法控制这些数据。在下列情况下可使用外部表。

- 你想删除表定义而无须担心删除底层数据。
- 数据存储在文件系统而不是 HDFS 之上。例如，你可以使用亚马逊的 S3 或者微软 Azure 的 WASB 来存储数据，并且从多个集群访问这些数据。
- 你希望使用自定义位置存储表数据。
- 你不准备基于另一个表来创建表（CREATE TABLE AS SELECT）。
- 数据将被多个处理引擎访问。例如，你既希望使用 Hive 来读取表，又希望在 Spark 程序中使用该表。
- 你希望在同一数据集上创建多个表的定义。当你有多个表定义时，在删除其中一个定义时不应该删除底层数据，此时外部表就很重要了。

4.4.4 内部表/受控表

Hive 中的内部表是指数据由 Hive 管理的表。这意味着当你删除一个内部表时，Hive 也将删除它的底层数据。这类表在 Hadoop 中并不经常使用，因为在大多数环境中，即使是将表删除了，文件系统中的数据仍然需要保留。在 Hive 中，由于数据和元数据没有绑定在一起，因此它允许底层数据与其他工具/处理范式一起使用。在下列情况下可使用内部表。

- 数据是临时存储的。
- 访问数据的唯一方式是通过 Hive，而且你需要用 Hive 来完全管理表和数据的生命周期。

注意 请记住，当表为内部/受控型时，你总是可以直接在 HDFS 上修改/删除底层数据。这是因为 Hive 无法完全控制底层数据。内部表和外部表对数据控制的区别在于如何通过 Hive 删除数据，比如当你删除表时。

4.4.5 内部表/外部表示例

下面通过一个基本示例来说明外部表和内部表之间的区别。

将一个文件加载到 HDFS 并且验证它。

```
hadoop fs -put /tmp/states.txt /user/demo/states/
hadoop fs -ls /user/demo/states
Found 1 items
-rw-r--r--   3 demo hdfs         58 2016-07-02 21:02 /user/demo/states/states.txt
```

首先创建一个内部表来访问文件 states.txt 中的数据。

```
hive> CREATE TABLE states_internal (state string) LOCATION '/user/demo/states';
OK
Time taken: 8.918 seconds
```

Hive 将只输出处理这条命令所花费的时间。我们可以看到如下的表定义。

```
hive> DESCRIBE FORMATTED states_internal;
OK
```

```
# col_name              data_type               comment

state                   string

# Detailed Table Information
Database:               default
Owner:                  demo
CreateTime:             Sat Jul 02 21:05:14 UTC 2016
LastAccessTime:         UNKNOWN
Protect Mode:           None
Retention:              0
Location:               hdfs://sandbox.hortonworks.com:8020/user/demo/states
Table Type:             MANAGED_TABLE
Table Parameters:
        COLUMN_STATS_ACCURATE   false
        numFiles                1
        numRows                 -1
        rawDataSize             -1
        totalSize               58
        transient_lastDdlTime   1467493514

# Storage Information
SerDe Library:          org.apache.hadoop.hive.serde2.lazy.LazySimpleSerDe
InputFormat:            org.apache.hadoop.mapred.TextInputFormat
OutputFormat:           org.apache.hadoop.hive.ql.io.HiveIgnoreKeyTextOutputFormat
Compressed:             No
Num Buckets:            -1
Bucket Columns:         []
Sort Columns:           []
Storage Desc Params:
        serialization.format    1
Time taken: 0.559 seconds, Fetched: 31 row(s)
```

从上述输出，你可以看到该表的类型为MANAGED_TABLE，还可以看到它的位置。

你还可以查询该表中的数据，如下所示。

```
hive> SELECT * FROM states_internal;
OK
california
ohio
north dakota
new york
colorado
new jersey
Time taken: 1.834 seconds, Fetched: 6 row(s)
```

你还可以创建一个内部表而不指定任何位置。在这种情况下，Hive将在默认的Hive目录下存放该表的数据。

现在，将另一个文件添加到/user/demo/states目录下。

```
hadoop fs -put /tmp/morestates.txt /user/demo/states/
```

现在，再次查询states_internal表中的数据。

```
hive> SELECT * FROM states_internal;
OK
new mexico
hawaii
oregon
south dakota
california
ohio
north dakota
new york
colorado
new jersey
Time taken: 7.32 seconds, Fetched: 10 row(s)
```

正如你从上述输出中所看到的，现在/user/demo/states 目录下的两个文件都可以查询到。这是因为我们在创建表的时候指定该目录为存放数据的位置。

现在，让我们在同一数据集上创建一个外部表。

```
hive> CREATE EXTERNAL TABLE states_external (state string) LOCATION '/user/demo/states';
OK
Time taken: 2.57 seconds
```

来看看该表的模式。

```
hive> DESCRIBE FORMATTED states_external;
OK
# col_name              data_type               comment

State                   string

# Detailed Table Information
Database:               default
Owner:                  hdfs
CreateTime:             Sat Jul 02 21:19:31 UTC 2016
LastAccessTime:         UNKNOWN
Protect Mode:           None
Retention:              0
Location:               hdfs://sandbox.hortonworks.com:8020/user/demo/states
Table Type:             EXTERNAL_TABLE
Table Parameters:
        EXTERNAL                TRUE
        transient_lastDdlTime   1467494371

# Storage Information
SerDe Library:          org.apache.hadoop.hive.serde2.lazy.LazySimpleSerDe
InputFormat:            org.apache.hadoop.mapred.TextInputFormat
OutputFormat:           org.apache.hadoop.hive.ql.io.HiveIgnoreKeyTextOutputFormat
Compressed:             No
Num Buckets:            -1
Bucket Columns:         []
Sort Columns:           []
Storage Desc Params:
        serialization.format    1
Time taken: 0.469 seconds, Fetched: 27 row(s)
```

来查看一下该表中的数据。

```
hive> SELECT * FROM states_external;
OK
new mexico
hawaii
oregon
south dakota
california
ohio
north dakota
new york
colorado
new jersey
Time taken: 7.363 seconds, Fetched: 10 row(s)
```

现在，我们在同一数据集上就有了两个表。通过这种方式，你可以在同一数据集上创建多个表。

让我们在同一数据集上创建另一个外部表。

```
hive> CREATE EXTERNAL TABLE states_external2 (state string) LOCATION '/user/demo/states';
OK
Time taken: 2.548 seconds
```

现在，我们可以使用在本例中创建的3个表中的任何一个来查询同样的数据。

下面看看删除这些表的时候会发生什么。我们将删除第2个外部表。

```
hive> DROP TABLE states_external2;
OK
Time taken: 0.656 seconds
```

让我们看看是否仍然能够使用其他两个表来查询数据。

```
hive> SELECT * FROM states_internal;
OK
new mexico
hawaii
oregon
south dakota
california
ohio
north dakota
new york
colorado
new jersey
Time taken: 0.546 seconds, Fetched: 10 row(s)

hive> SELECT * FROM states_external;
OK
new mexico
hawaii
oregon
south dakota
california
ohio
north dakota
```

```
new york
colorado
new jersey
Time taken: 0.557 seconds, Fetched: 10 row(s)
```

正如你所看到的，删除一个外部表并不会影响底层数据。现在，删除内部表。

```
hive> DROP TABLE states_internal;
OK
Time taken: 0.571 seconds
```

让我们试着采用外部表来查询数据。

```
hive> SELECT * FROM states_external;
OK
Time taken: 0.545 seconds
```

因为 Hive 能够控制内部表和底层数据，所以当我们删除 states_internal 表时，Hive 也会删除底层数据。这就是我们通过 states_external 查询数据时不会有输出的原因。

4.4.6 表的属性

在创建表或者使用 TBLPROPERTIES 子句更改表的时候，你也可以在表层级上指定一些属性。Hive 有一些预定义的表属性，通过这些属性可以在表层级上定义一些配置，以供 Hive 管理表使用。然而，你也可以使用一种键/值对的格式来定义一些自定义属性，以便存储一些表层级的元数据或有关表的额外信息。

下面是 Hive 中一些重要的表层级属性。

- last_modified_user
- last_modified_time
- immutable
- orc.compress
- skip.header.line.count

在该列表中，前两个属性是可控的，由 Hive 自动增加。正如它们的名称所暗示的，Hive 通过它们将上次修改的用户和时间信息存放在 Metastore 中。

当 immutable 属性被设置为 TRUE 时，如果一个表中已经含有一些数据，则无法再向其插入新行。如果你试图将数据插入到一个不可更改的表中，那么就会出现下述错误。

```
hive> INSERT INTO test1 VALUES ('bacon');
FAILED: SemanticException [Error 10256]: Inserting into a non-empty immutable table is not
allowed test1
```

orc.compress 属性用于指定基于 ORC 的存储所采用的压缩算法。我们将在 4.4.13 节中深入讨论 ORC 文件。

skip.header.line.count 属性对于 Hive 中的外部表来说是最重要的属性之一。在大多数生产环境中，该属性都用得非常频繁。当处理真实数据时，你经常会发现，数据文件中的标题行永远都令人头痛。使用该属性，你可以跳过底层数据文件的标题行。

让我们通过一个例子来看如何使用该属性。

首先将一个文件复制到HDFS。

```
hadoop fs -put /tmp/states3.txt /user/demo/states3
```

然后列出该文件中的数据。

```
hadoop fs -cat /user/demo/states3/states3.txt
STATE_NAME
----------
california
ohio
north dakota
new york
colorado
new jersey
```

正如你从上述输出中看到的，该数据文件含有两个标题行。我们现在创建一个带有skip.header.line.count属性的外部表，通过它读取文件中的数据而不包含标题。

```
hive> CREATE EXTERNAL TABLE states3 (states string) LOCATION '/user/demo/states3'
TBLPROPERTIES("skip.header.line.count"="2");
OK
Time taken: 9.0 seconds
```

从表中查询数据。

```
hive> SELECT * FROM states3;
OK
california
ohio
north dakota
new york
colorado
new jersey
Time taken: 0.553 seconds, Fetched: 6 row(s)
```

没有该属性，Hive就会将前两行标题解释为常规字符串，并且会在SELECT命令的输出中显示它们。

4.4.7 生成已有表的CREATE TABLE命令

对于给定的表，你也可以使用SHOW CREATE TABLE命令来生成它的CREATE TABLE语句。

```
hive> SHOW CREATE TABLE states3;
OK
CREATE EXTERNAL TABLE `states3`(
 `states` string)
ROW FORMAT SERDE
  'org.apache.hadoop.hive.serde2.lazy.LazySimpleSerDe'
STORED AS INPUTFORMAT
  'org.apache.hadoop.mapred.TextInputFormat'
OUTPUTFORMAT
  'org.apache.hadoop.hive.ql.io.HiveIgnoreKeyTextOutputFormat'
```

```
LOCATION
  'hdfs://sandbox.hortonworks.com:8020/user/demo/states3'
TBLPROPERTIES (
  'COLUMN_STATS_ACCURATE'='false',
  'numFiles'='1',
  'numRows'='-1',
  'rawDataSize'='-1',
  'skip.header.line.count'='2',
  'totalSize'='80',
  'transient_lastDdlTime'='1467497215')
Time taken: 0.37 seconds, Fetched: 18 row(s)
```

4.4.8 分区和分桶

Hive 表可以进一步划分成若干逻辑块，以便于管理和改进性能。在 Hive 中有好几种可用于抽象数据的方式，参见图 4-1。

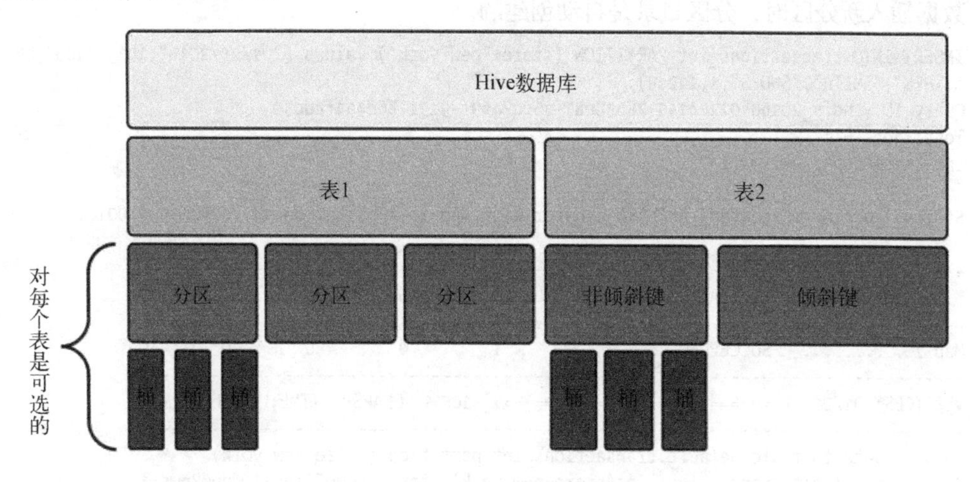

图 4-1 Hive 数据模型表示

分区

分区在关系数据库领域中通常用于提高性能和实现更好的数据管理。Hive 中分区的概念并无差别。

Hive 中的分区表有一个或多个分区键，基于这些键，数据被分割成若干逻辑块并存放在单独的路径中。每个分区键都为表的存储添加了一个目录层结构。让我们来看一个含有一些分区键的客户事务处理表。

```
CREATE EXTERNAL TABLE retail.transactions (
Transdate       DATE,
transid         INT,
custid          INT,
fname           STRING,
lname           STRING,
```

```
item            STRING,
qty             INT,
price           FLOAT
)
PARTITIONED BY (store STRING);
```

本例中的表基于一个名为 STORE（存放商店的名称）的字符串列进行分区。注意，在分区中用到的列实际上在 CREATE TABLE 结构中并不存在。这一点和大多数关系数据库不同。在关系数据库中，必须要将实际 CREATE TABLE 结构中的列或者分区键指定为表的一列。如果你的数据已经含有符合格式的分区键，那么将其删除可能并无意义。你可以给它一个不同的名称并且用一个视图来隐藏它。

当你查询一个分区表时，分区的值会作为该分区中所有行在这一列的值。例如，SELECT * FROM retail.transactions 将返回 STORE 列的值，即使数据文件中并没有存储这样的数据。

创建分区表需要你预先为底层分区创建目录结构。对于内部表的情形，当你使用 INSERT 命令将数据插入新分区时，分区目录是自动创建的。

```
INSERT INTO transactions_int PARTITION (store="new york") values ("01/25/2016",101,"A109","M
ATTHEW","SMITH","SHOES",1,112.9);
Query ID = hdfs_20160702224145_28638e82-a6cc-4f9f-9c91-86d4a4fadd39
Total jobs = 1
Launching Job 1 out of 1

Status: Running (Executing on YARN cluster with App id application_1467479265950_0010)

--------------------------------------------------------------------------------
        VERTICES      STATUS  TOTAL  COMPLETED  RUNNING  PENDING  FAILED  KILLED
--------------------------------------------------------------------------------
Map 1 ..........   SUCCEEDED      1          1        0        0       0       0
--------------------------------------------------------------------------------
VERTICES: 01/01  [==========================>>] 100%  ELAPSED TIME: 4.28 s
--------------------------------------------------------------------------------
Loading data to table default.transactions_int partition (store=new york)
Partition default.transactions_int{store=new york} stats: [numFiles=1, numRows=1,
totalSize=38, rawDataSize=37]
OK
Time taken: 11.081 seconds

hive> SHOW PARTITIONS transactions_int;
OK
store=new york
```

警告　如果你试图在实际的表定义中加入分区键列，将出现 FAILED: Error in semantic analysis: Column repeated in partitioning columns 错误。

4.4.9 分区注意事项

Hive分区对于非常特别的查询子集而言可以改进其性能，可以对不需要检索查询结果的分区进行剪枝。这个过程叫作分区消除。分区也是一种支持用户在HDFS上以更加分片化的方式组织数据的方式，这样可以改进可维护性。如果数据被分割存放在若干子目录下，你既可以将各分区指向各子目录，也可以采用递归分区使一个表访问所有子目录。如果你的子目录无法满足这两个选项中的任何一个，那么就会出现错误或者对Hive表的查询返回空数据集。

和关系数据库一样，如果使用不正确，分区也会导致性能下降。Hive分区很重要的一点是不要过度分区。分区会增加数据加载和数据检索的开销。如果你创建了很多分区且每个分区中都含有很多小数据块，那么你的文件就很可能会比较小。在Hadoop上存放大量小文件要比存放相对较少且体量较大的文件慢很多。在对Hive中的表进行分区时，应遵循下面这些最佳实践。

- 挑选一列作为分区键，其唯一值的个数应在较低值到中间值之间。
- 避免分区小于1GB（越大越好）。
- 当分区数量较多时，调整HiveServer2和Hive Metastore的内存。
- 当使用多列作为分区键时，对于每一个分区键列的组合都要创建一个子目录的嵌套树。应该避免深入嵌套，因为这会导致太多的分区，进而使创建的文件非常小。
- 当使用Hive流处理插入数据时，如果多个会话向相同的分区写入数据，那么就会导致锁闭。
- 你可以修改某一分区表的模式，然而，一旦结构发生改变，你就无法在已有分区中修改数据了。
- 如果你要将数据并行插入到多个分区，应该将`hive.optimize.sort.dynamic.partition`设置为`True`。

4.4.10 对日期列进行高效分区

日期型经常是分区键最常用的候选对象。要采用日期来对数据进行分区的用例有很多。最常见的一个例子就是，如果你正在将各种日志文件加载到HDFS中并且希望使用Hive来查询它们，那么你很可能希望按天来组织数据。当按照日期来创建分区时，按照“YYYY-MM-DD”格式的单个字符串进行分区，总是比使用年、月、日各自的值进行多深度分区更加高效。使用单个字符串的优势在于，它允许使用更多的SQL运算符，例如`LIKE`、`IN`和`BETWEEN`，但是如果你采用嵌套分区，就不太容易使用这些运算符了。

假设我们有表A，通过`DateStamp`字符串按照“YYYY-MM-DD”格式进行分区。可以使用不同的SQL运算符在该表上运行多种查询，如下所示。

查询选择特定日期

```
SELECT * FROM Table A WHERE DateStamp IN ('2015-01-01', '2015-02-03', '2016-01-01');
```

查询一年中所有的日期

```
SELECT * FROM TableA WHERE DateStamp LIKE '2015-%';
```

查询一年中特定月的所有日期

```
SELECT * FROM TableA WHERE DateStamp LIKE '2015-02-%';
```

查询所有以5开始/结束的日子

```
SELECT * FROM TableA WHERE DateStamp LIKE '%-%-%5';
```

查询2015年1月1日到2015年3月1日的所有日子

```
SELECT * FROM TableA WHERE DateStamp BETWEEN '2015-01-01' AND '2015-03-01';
```

分桶

Hive中的分桶是另一种将数据切分为更小片段的方式。到目前为止，我们已经知道分区如何帮助我们更高效地组织和访问数据。然而，高效的分区要求采用分区键，且不会导致出现大量非常小的分区。因此，如果你的分区键有很多不同的值，且分区键的每个值都没有多少行，那么分区并不是最佳选择。

分桶很适合用于上述情形。分桶让你可以为每个表的分桶列定义桶的最大数目。Hive中的一个分区就是一个目录，分区键的值存放在实际的分区目录名中，而分区键是表中的一个虚拟列。然而在分桶中，每个桶都是一个保存实际数据的文件，这些数据基于一种散列算法进行分割。分桶并不会为当前表添加一个虚拟列。

和分区一样，分桶有其自身的优势，最主要的一点就是能够提升多种查询的性能。下一节将深入介绍其中的一些优点。如果分桶所用的键是非倾斜的，那么你的数据将会均衡分布。这一点可以用于实现高效的数据抽样。

下面是一个创建表并且进行分桶的例子。我们创建了一个customers表，并且将创建的custid列作为一个分桶列，将其分割成了11个桶。

```
hive> CREATE EXTERNAL TABLE customers (
    > custid        INT,
    > fname        STRING,
    > lname        STRING,
    > city        STRING,
    > state        STRING
    > )
    > CLUSTERED BY (custid) INTO 11 BUCKETS
    > LOCATION '/user/demo/customers';
OK
Time taken: 1.22 seconds
```

现在，当你向该表中插入数据时，Hive将custid用于散列函数，将数据分发到11个桶当中。对于有些数据类型来说，这就意味着那些含有相同custid值的行将被存放在相同的桶中。

警告　要设置hive.enforce.bucketing=TRUE。没有这个参数，你就需要为表定义与桶的数量相同的映射器。

4.4.11 分桶的注意事项

对于高效抽样和改进某些查询的性能来说，分桶是一种很好的特性；然而，它也有自己的一些限制。非对称是真实数据最常见的问题之一，如果不能正确处理，会对分桶造成很大影响。为分桶选择正确的键也是非常重要的。

下面是在Hive中使用分桶时应该遵循的一些最佳实践。

- 选择唯一值的个数较多的桶键。这样会减小出现倾斜的可能性。
- 采用质数作为桶的编号。
- 如果桶键中的数据是倾斜的，为倾斜的值单独创建桶。这可以通过列表分桶来实现。
- 分桶对于通常连接在一起的事实表来说非常有用。
- 需要连接在一起的表，其桶的数目必须相同，或者一个表的桶数是另一个表的桶数的因子。
- 要仔细选择桶的数目。一个CPU核只会对一个桶进行写入操作，因此对于一个大型集群而言，如果桶的数目很小，则集群的利用严重不足。
- 一旦表建好，桶的数目就不能改变了。
- 仔细选择进行分桶的列，因为散列函数会引发倾斜。字符串散列更有这种倾向，因为通常使用的字符串子集很小。例如，如果桶键含有ABC789、ABC567和ABC123三个值，但是散列算法在计算候选桶时仅仅用到了前三个字符(ABC)，那么最后这三个值都会在同一个桶中。
- 你应该考虑到获取的桶文件大小至少是1GB。
- 通过设置hive.enforce.bucketing=TRUE实现强制分桶。
- 对于Map端连接，分桶表要比非分桶表的速度更快。在Map端连接中，映射器处理左侧表的某个桶时，知道右侧表中相匹配的行在其对应的桶中，因此只需要检索该桶即可，这只是右侧表中存储的全部数据中的一小部分。
- 分桶也允许你按照一列或多列对每个桶中的数据进行排序。这样就可以把Map端连接转换成排序-合并连接，使速度更快。

临时表

到Hive 0.14为止，Hive也支持临时表。临时表用于在某一会话存续期间保留数据。这对于那些需要在处理过程中存储中间数据并且在处理完毕后自动删除的应用程序来说非常方便。和内部表不同，临时表在用户临时目录下存放其数据。默认情况下，临时目录是/tmp/hive-username。不同的用户可以在同一命名空间内创建同名的临时表，就像在其私有的临时区域中创建表一样。

下面是一个创建临时表的例子，可以使用DESCRIBE EXTENDED命令来查看其属性。

```
hive> CREATE TEMPORARY TABLE states (state STRING);
OK
Time taken: 2.378 seconds
hive> DESCRIBE EXTENDED states;
OK
State                   string
```

```
Detailed Table Information     Table(tableName:states, dbName:default, owner:hdfs,
createTime:1467549942, lastAccessTime:0, retention:0, sd:StorageDescriptor(cols:[Field
Schema(name:state, type:string, comment:null)], location:hdfs://sandbox.hortonworks.
com:8020/tmp/hive/hdfs/bf1e3648-d165-47f7-b27e-1e1f488f29f7/_tmp_space.db/d494a62e-
c1a5-4609-a9f6-4a26e656eebb, inputFormat:org.apache.hadoop.mapred.TextInputFormat,
outputFormat:org.apache.hadoop.hive.ql.io.HiveIgnoreKeyTextOutputFormat, compressed:false,
numBuckets:-1, serdeInfo:SerDeInfo(name:null, serializationLib:org.apache.hadoop.hive.
serde2.lazy.LazySimpleSerDe, parameters:{serialization.format=1}), bucketCols:[],
sortCols:[], parameters:{}, skewedInfo:SkewedInfo(skewedColNames:[], skewedColValues:[],
skewedColValueLocationMaps:{}), storedAsSubDirectories:false), partitionKeys:[],
parameters:{}, viewOriginalText:null, viewExpandedText:null, tableType:MANAGED_TABLE, pri
vileges:PrincipalPrivilegeSet(userPrivileges:{hdfs=[PrivilegeGrantInfo(privilege:INSERT,
createTime:-1, grantor:hdfs, grantorType:USER, grantOption:true), PrivilegeGrantInfo(privile
ge:SELECT, createTime:-1, grantor:hdfs, grantorType:USER, grantOption:true), PrivilegeGrant
Info(privilege:UPDATE, createTime:-1, grantor:hdfs, grantorType:USER, grantOption:true),
PrivilegeGrantInfo(privilege:DELETE, createTime:-1, grantor:hdfs, grantorType:USER,
grantOption:true)]}, groupPrivileges:null, rolePrivileges:null), temporary:true)
Time taken: 0.176 seconds, Fetched: 3 row(s)
```

4.4.12 更改表

你可以使用 ALTER TABLE 命令来修改已有的表结构。该命令和标准 SQL 中的 ALTER TABLE 命令相似，只是在 Hive 中稍有不同。ALTER TABLE 中的所有选项都支持你修改表的结构，但是它们不能修改数据。

让我们看看 ALTER TABLE 中的一些选项。

1. 重命名表

你可以使用 ALTER TABLE RENAME 命令来重命名某个表。举个例子，我们将把 states 表重命名为 states_old 表，然后查看其属性。

```
hive> CREATE EXTERNAL TABLE states (state STRING) LOCATION '/user/demo/states';
OK
Time taken: 1.057 seconds
hive> ALTER TABLE states RENAME TO states_old;
OK
Time taken: 1.211 seconds
hive> DESCRIBE FORMATTED states_old;
OK
# col_name              data_type               comment

state                   string

# Detailed Table Information
Database:               default
Owner:                  hdfs
CreateTime:             Sun Jul 03 13:03:15 UTC 2016
LastAccessTime:         UNKNOWN
Protect Mode:           None
Retention:              0
Location:               hdfs://sandbox.hortonworks.com:8020/user/demo/states
```

```
Table Type:             EXTERNAL_TABLE
Table Parameters:
        COLUMN_STATS_ACCURATE   false
        EXTERNAL                TRUE
        last_modified_by        hdfs
        last_modified_time      1467551010
        numFiles                5
        numRows                 -1
        rawDataSize             -1
        totalSize               213
        transient_lastDdlTime   1467551010

# Storage Information
SerDe Library:          org.apache.hadoop.hive.serde2.lazy.LazySimpleSerDe
InputFormat:            org.apache.hadoop.mapred.TextInputFormat
OutputFormat:           org.apache.hadoop.hive.ql.io.HiveIgnoreKeyTextOutputFormat
Compressed:             No
Num Buckets:            -1
Bucket Columns:         []
Sort Columns:           []
Storage Desc Params:
        serialization.format    1
Time taken: 0.575 seconds, Fetched: 34 row(s)
```

2. 修改表的存储属性

你可以使用Hive中的ALTER TABLE命令修改表的存储属性。然而，更推荐的方法是抽取CREATE TABLE语句（或者如果版本控制中存放了相关信息，也可以取出来使用）、删除该表、修改CREATE TABLE语句中的存储属性，然后重新创建表。在大多数生产环境下，表定义都是通过版本控制来维护的，而且通过这种方式也可以维护执行变更的记录。

4.4.13 ORC文件格式

ORC文件格式用于减少要从磁盘读取的数据量。Hive中有很多新的性能优化都仅采用ORC文件，因此对于大多数用例来说，推荐将原始数据转换成ORC文件。第9章将详细解释这种格式。本节讨论一下将基于文本文件的外部表转换成ORC文件应该遵循的步骤。

让我们将states表转换成ORC格式并且查看其属性。

```
hive> CREATE TABLE states_orc STORED AS ORC TBLPROPERTIES("ORC.COMPRESS"="SNAPPY") AS SELECT *
FROM states;
Query ID = hdfs_20160703133105_d38ec632-7250-42ac-bb58-23e2ed2028ec
Total jobs = 1
Launching Job 1 out of 1
Tez session was closed. Reopening...
Session re-established.

Status: Running (Executing on YARN cluster with App id application_1467537169806_0004)

--------------------------------------------------------------------------------
        VERTICES      STATUS  TOTAL  COMPLETED  RUNNING  PENDING  FAILED  KILLED
```

```
--------------------------------------------------------------------------------
Map 1 .........  SUCCEEDED      1          1        0        0       0       0
--------------------------------------------------------------------------------
VERTICES: 01/01  [==========================>>] 100%  ELAPSED TIME: 4.90 s
--------------------------------------------------------------------------------
Moving data to: hdfs://sandbox.hortonworks.com:8020/apps/hive/warehouse/states_orc
Table default.states_orc stats: [numFiles=1, numRows=22, totalSize=364, rawDataSize=2024]
OK

Time taken: 14.461 seconds
hive> DESCRIBE EXTENDED states_orc;
OK
State                   string

Detailed Table Information    Table(tableName:states_orc, dbName:default, owner:hdfs,
createTime:1467552677, lastAccessTime:0, retention:0, sd:StorageDescriptor(cols:[Fiel
dSchema(name:state, type:string, comment:null)], location:hdfs://sandbox.hortonworks.
com:8020/apps/hive/warehouse/states_orc, inputFormat:org.apache.hadoop.hive.ql.io.
orc.OrcInputFormat, outputFormat:org.apache.hadoop.hive.ql.io.orc.OrcOutputFormat,
compressed:false, numBuckets:-1, serdeInfo:SerDeInfo(name:null, serializationLib:org.
apache.hadoop.hive.ql.io.orc.OrcSerde, parameters:{serialization.format=1}), bucketCols:[],
sortCols:[], parameters:{}, skewedInfo:SkewedInfo(skewedColNames:[], skewedColValues:[],
skewedColValueLocationMaps:{}), storedAsSubDirectories:false), partitionKeys:[],
parameters:{numFiles=1, ORC.COMPRESS=SNAPPY, transient_lastDdlTime=1467552677, COLUMN_
STATS_ACCURATE=true, totalSize=364, numRows=22, rawDataSize=2024}, viewOriginalText:null,
viewExpandedText:null, tableType:MANAGED_TABLE)
Time taken: 0.574 seconds, Fetched: 3 row(s)
```

合并表的文件

在 Hadoop 中处理小文件是永恒的挑战，因为它们需要耗费大量的 NameNode 元数据记录。将小文件组合成较大的文件经常是一种推荐做法。如果你有一个 ORC 文件格式的表，其中含有很多小文件，你可以将它们合并以充分利用 NameNode 中的 HDFS 元数据空间。可以使用 ALTER TABLE 命令来实现。HDFS 的 NameNode 进程维护了 HDFS 上所有文件的元数据。

对于以 RCFile 或 ORCFile 格式存储的 Hive 表，可以做如下操作。

```
ALTER TABLE states CONCATENATE;
```

该命令会将多个数据文件合并成较大的文件。

避免小文件的最佳方式是，在数据进入 Hadoop 之前，将它们合并成集群数据块数倍大小的文件，通常为好几 GB 或者更大。在数据进入 Hadoop 之后，有很多种方式可以将它们整合到一起，但是由于 Hadoop 在处理大量小文件方面并不在行，因此这样合并的过程速度会比较慢。

4.4.14　更改表分区

到目前为止，我们已经了解了如何使用 ALTER TABLE 命令修改某些表属性。你也可以使用该命令的一些附加选项来修改表分区。

1. 添加分区

你可以使用 ALTER TABLE ADD PARTITION 命令来为已有表添加新分区。因为新数据被加载到 HDFS 时会进入已有外部分区表的子目录下，所以你需要运行该命令来插入新分区。该命令允许你基于已有的分区键来为一个已有表添加一个或多个分区。

让我们看一个为已有表添加新分区的例子。我们首先为外部表创建一个目录，并且在 HDFS 上创建两个分区。

```
hadoop fs -mkdir /user/demo/ids
hadoop fs -mkdir /user/demo/ids/2016-05-31
hadoop fs -mkdir /user/demo/ids/2016-05-30
```

将数据复制到这些目录下。

```
hadoop fs -put /tmp/2016-05-31.txt /user/demo/ids/2016-05-31/
hadoop fs -put /tmp/2016-05-30.txt /user/demo/ids/2016-05-30/
```

创建外部表并且为其添加分区。

```
hive> CREATE EXTERNAL TABLE ids (a INT) PARTITIONED BY (datestamp STRING) LOCATION '/user/
demo/ids';
OK
Time taken: 1.009 seconds
```

为表添加分区。

```
ALTER TABLE ids ADD PARTITION (datestamp='2016-05-30') location '/user/demo/ids/2016-05-30';
hive> SELECT * FROM ids;
OK
11      2016-05-30
12      2016-05-30
13      2016-05-30
14      2016-05-30
15      2016-05-30
16      2016-05-30
Time taken: 1.011 seconds, Fetched: 6 row(s)
```

同样，我们可以为该表添加其他分区。

```
hive> ALTER TABLE ids ADD PARTITION (datestamp='2016-05-31') location '/user/demo/ids/2016-
05-31';
OK
Time taken: 0.438 seconds
hive> SELECT * FROM ids;
OK
11      2016-05-30
12      2016-05-30
13      2016-05-30
14      2016-05-30
15      2016-05-30
16      2016-05-30
1       2016-05-31
2       2016-05-31
3       2016-05-31
4       2016-05-31
```

```
5       2016-05-31
6       2016-05-31
Time taken: 0.649 seconds, Fetched: 12 row(s)
```

对于内部表，可以使用 MSCK REPAIR TABLE 命令来添加新分区。

让我们看一个这样的例子。首先创建一个名为 ids_internal 的内部分区表。

```
hive> CREATE TABLE ids_internal (a INT) PARTITIONED BY (datestamp STRING);
OK
Time taken: 2.422 seconds
```

为两个不同的分区插入几行数据。

```
hive> INSERT INTO ids_internal PARTITION (datestamp='2016-05-30') values (1);
Query ID = hdfs_20160703164138_82dfaa1f-e746-4c68-b694-0bb639af2961
Total jobs = 1
Launching Job 1 out of 1

Status: Running (Executing on YARN cluster with App id application_1467537169806_0011)

--------------------------------------------------------------------------------
        VERTICES      STATUS  TOTAL  COMPLETED  RUNNING  PENDING  FAILED  KILLED
--------------------------------------------------------------------------------
Map 1 ..........   SUCCEEDED      1          1        0        0       0       0
--------------------------------------------------------------------------------
VERTICES: 01/01  [==========================>>] 100%  ELAPSED TIME: 4.70 s
--------------------------------------------------------------------------------
Loading data to table default.ids_internal partition (datestamp=2016-05-30)
Partition default.ids_internal{datestamp=2016-05-30} stats: [numFiles=1, numRows=1,
totalSize=2, rawDataSize=1]
OK
Time taken: 11.108 seconds
hive> INSERT INTO ids_internal PARTITION (datestamp='2016-05-31') values (11);
Query ID = hdfs_20160703164158_8a2cb0c5-60ef-4212-832b-6cc933d31adf
Total jobs = 1
Launching Job 1 out of 1

Status: Running (Executing on YARN cluster with App id application_1467537169806_0011)

--------------------------------------------------------------------------------
        VERTICES      STATUS  TOTAL  COMPLETED  RUNNING  PENDING  FAILED  KILLED
--------------------------------------------------------------------------------
Map 1 ..........   SUCCEEDED      1          1        0        0       0       0
--------------------------------------------------------------------------------
VERTICES: 01/01  [==========================>>] 100%  ELAPSED TIME: 0.20 s
--------------------------------------------------------------------------------
Loading data to table default.ids_internal partition (datestamp=2016-05-31)
Partition default.ids_internal{datestamp=2016-05-31} stats: [numFiles=1, numRows=1,
totalSize=3, rawDataSize=2]
OK
Time taken: 5.683 seconds
hive> SHOW PARTITIONS ids_internal;
```

```
OK
datestamp=2016-05-30
datestamp=2016-05-31
Time taken: 3.684 seconds, Fetched: 2 row(s)
```

我们将在该表的目录下创建一个新的子目录并且为其添加一个文件。

```
hadoop fs -mkdir /apps/hive/warehouse/ids_internal/datestamp=2016-05-21
hadoop fs -put /tmp/2016-05-21.txt /apps/hive/warehouse/ids_internal/datestamp=2016-05-21
```

现在可以运行 MSCK REPAIR TABLE 命令来为该表添加新分区。

```
hive> MSCK REPAIR TABLE ids_internal;
OK
Partitions not in metastore:    ids_internal:datestamp=2016-05-21
Repair: Added partition to metastore ids_internal:datestamp=2016-05-21
Time taken: 1.821 seconds, Fetched: 2 row(s)
hive> SHOW PARTITIONS ids_internal;
OK
datestamp=2016-05-21
datestamp=2016-05-30
datestamp=2016-05-31
Time taken: 5.869 seconds, Fetched: 3 row(s)
```

MSCK REPAIR 命令为 ids_internal 表检查/apps/hive/warehouse/ids_internal 下的子目录，而且因为它找到了一个名为 datestamp=2016-05-21 的新子目录，所以它会将该子目录作为一个新分区添加到 ids_internal 表。当你添加了很多新的分区目录，并且想要一次性全部更新它们的表定义时，这种方式尤其有用。注意，这种方式仅对内部表有效。

2. 重命名分区

你甚至可以使用 ALTER TABLE 命令来对表的分区进行重命名。让我们对上例创建的分区重命名。

```
hive> ALTER TABLE ids PARTITION (datestamp='2016-05-31') RENAME to PARTITION
(datestamp='31-05-2016');
OK
Time taken: 1.155 seconds
hive> SHOW PARTITIONS ids;
OK
datestamp=2016-05-30
datestamp=31-05-2016
Time taken: 0.679 seconds, Fetched: 2 row(s)
```

在本例中，ALTER TABLE 命令仅仅更新 Hive Metastore 中的分区名称。

该命令只能用于修改外部表的分区。如果你想对内部表的分区重命名，就会出现下述错误。

```
FAILED: Execution Error, return code 1 from org.apache.hadoop.hive.ql.exec.DDLTask. Unable
to rename partition. table new location hdfs://sandbox.hortonworks.com:8020/apps/hive/
warehouse/retail.db/transactions/store=oakdrive is on a different file system than the old
location hdfs://sandbox.hortonworks.com:8020/apps/hive/warehouse/retail.db/transactions/
store=oakwood. This operation is not supported
```

4.4.15 修改列

你还可以使用ALTER TABLE命令来修改各列。让我们看几个操作。

添加列

随着大数据环境中的数据不断增长，对于schema-on-read架构产生的一个关键需求就是要能够修改模式或表的元数据。这种灵活性使用户可以在表之上定义各种类型的元数据，而且修改这些元数据时不需要担心修改底层的数据（只对外部表）。你可以使用 ALTER TABLE 命令更改一个表，为其添加新列。

```
hive> ALTER TABLE RETAIL.TRANSACTIONS ADD COLUMNS (loyalty_card boolean);
OK
Time taken: 0.278 seconds
```

新列将被添加到当前列之后、分区列之前。分区列的值来自于分区定义，并不是存放在数据文件本身之中，也不在 CREATE TABLE 命令中列的列表之中。虽然实际上分区列并没有嵌入到数据本身之中，但是当你执行SELECT *语句的时候，分区列总是会出现在列的列表的最后。

也可以使用 ALTER TABLE REPLACE COLUMNS 命令来替换表中列的整个列表。然而，在这种情况下，最好是删除并重建该表，因为这样你可以在源码控制中存放新的定义。

4.4.16 删除表/分区

1. 删除表

可以使用DROP TABLE命令删除Hive中的表。运行DROP TABLE命令时，表的元数据总会被删除。然而，Hive仅仅删除受控表中的数据。如果你已经使HDFS的trash特性可用，该表的数据文件就会被移动到/user/$USER/.trash文件夹下。可以通过在/etc/hadoop/conf/core-site.xml中设置fs.trash.interval参数来使该特性可用。

```
DROP TABLE <TABLE_NAME>;
```

如果你还想从trash中删除它，那么可以加入PURGE关键字，如下所示。

```
DROP TABLE <TABLE_NAME> PURGE;
```

2. 删除分区

还可以使用ALTER TABLE DROP PARTITION命令删除Hive中的分区。该命令从Hive Metastore中删除分区元数据。就像 DROP TABLE 命令一样，只有当表是受控表时，Hive才能删除真实的分区数据。下面给出一个删除分区的例子。

```
hive> ALTER TABLE transactions DROP PARTITION (store='oakdrive');
Dropped the partition store=oakdrive
OK
Time taken: 1.105 seconds
```

在本例中，数据仍然存放在HDFS上（假设你使用了一个外部表），但是针对该事务处理表的查询无法再读取该分区。因此，查询结果集中没有含有 store=oakdrive 的行，因为这个表中已经没有该分区了。

4.4.17 保护表/分区

你可以使用 ALTER TABLE ENABLE NO_DROP 命令来防止用户删除 Hive 中的表。在生产环境下，用户通常并没有删除表的特权。然而，当用户需要这样的特权，而你又想避免特定表被删除时，这一命令就很有用了。

下面的例子展示了如何在 Hive 中更改一个表，以避免它被删除。

```
hive> ALTER TABLE transactions ENABLE NO_DROP;
OK
Time taken: 0.239 seconds
hive> DROP TABLE transactions;
FAILED: Execution Error, return code 1 from org.apache.hadoop.hive.ql.exec.DDLTask. Table
transactions is protected from being dropped
```

你甚至可以使某个表处于离线状态，以防止该表的数据被用户查询到。这并不会对另一个访问同一底层数据的表造成影响。

```
hive> ALTER TABLE transactions ENABLE OFFLINE;
OK
Time taken: 0.285 seconds
hive> SELECT * FROM TRANSACTIONS;
FAILED: SemanticException [Error 10113]: Query against an offline table or partition Table
TRANSACTIONS
```

你可以运行这两个分区层命令，按照如下方式指定分区名称。

```
ALTER TABLE <TABLE_NAME> PARTITION <PARTITION_SPEC> ENABLE OFFLINE;
```

4.4.18 其他 CREATE TABLE 命令选项

1. CTAS 命令

你还可以使用 CREATE TABLE AS SELECT（CTAS）命令，利用其结果集和查询输出模式来创建一个内部表。

```
hive> CREATE TABLE retail.transactions_top100 AS SELECT * FROM retail.transactions WHERE
custid<101;
```

你可以使用这一特性来抽取某个表的子集，并且以另一种格式将该子集存放在一个新表中。下面给出另一个例子，它为目标表指定了一种新格式。

```
hive> CREATE TABLE retail.transactions _top100 STORED AS ORCFILE
    > AS
    > SELECT * FROM retail.transactions WHERE custid<101;
```

在 CTAS 命令中，Hive 对目标表的格式有一些限制。新的目标表不能是外部表、分区表或分桶表。

2. CREATE TABLE LIKE命令

如果想复制某个已有表的模式而不复制它的数据，可以使用CREATE TABLE LIKE命令。

```
hive> CREATE TABLE transactions_test LIKE transactions;
OK
Time taken: 0.291 seconds
```

第 5 章

数据操作语言

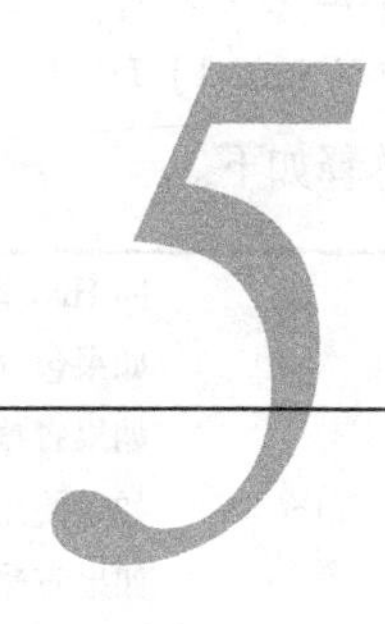

Hive 数据操作语言（DML）是 Hive 生态系统中所有数据处理的基础。

本章的目标如下。

- 了解 Hive DML 的基本组成模块
- 了解重要可选设置的影响
- 组合基本组成模块来实现数据处理

5

注意　为了获得最佳学习体验，你应该按照既定顺序完成本章的示例，因为后面的示例通常会用到前面示例中的数据结构。与本书的其他各章相比，本章的编排更为精心，这是为了解释每个 DML 主题所涉及的语法。

5.1　将数据装载到表中

处理数据并形成信息需要对数据进行呈现。Hive 环境可以接受任何可用分隔符来结构化的数据。

使用以下 DML 处理可以将数据装载到平台中。

要将数据装载到平台，你需要两个组件。

- 待装载数据的来源（源）
- 用于装载数据的表（目标）

注意　在将数据装载到表中时并没有进行转换操作，因为 Hive 对于系统准备使用的数据仅执行迁移/复制操作。

5.1.1　使用存储在 HDFS 中的文件装载数据

Hive 支持从 Hadoop 分布式文件系统（HDFS）上传文件。这是将数据迁移到 Hive 生态系统最基本的方法。

Hive 语法如下。

```
LOAD DATA [LOCAL] INPATH 'filepath' [OVERWRITE] INTO TABLE tablename
```

语法解释如下。

LOAD DATA	向 Hive 装载数据的关键字
LOCAL	如果包含该关键字，则支持用户从其本地文件装载数据
	如果省略该关键字，则从 Hadoop 配置变量 fs.default.name 中设定的路径加载文件
INPATH 'filepath'	如果使用 LOCAL：file:///user/hive/example
	如果省略 LOCAL：hdfs://namenode:9000/user/hive/example
OVERWRITE	如果包含，支持用户将数据装载到一个早已建好的表中并且替换原来的数据
	如果省略，支持用户将数据装载到一个早已建好的表中并且将新数据追加到原来的数据后面
INTO TABLE tablename	tablename 是 Hive 中已经存在的表的名称
	使用 CREATE TABLE tablename 语句

使用 Hive 上传数据文件

下面的 Hive 命令允许你将名为 Person001.csv 的数据文件上传到 census.person 表中。

> **注意**　该数据集可以从图灵社区下载：http://www.ituring.com.cn/book/1963。

就本章而言，你需要使用：

```
$HIVE_HOME/bin/hive
```

本例用到了名为 Script_PersonTable.txt 的示例脚本。

要用到的 Hive 脚本如下。

```
## 创建一个新数据库
CREATE DATABASE census;

## 使用该数据库
USE census;

## 创建一个新表
CREATE TABLE person (
  persid        int,
  lastname      string,
  firstname     string
)
ROW FORMAT DELIMITED FIELDS TERMINATED BY ',';

## 将数据从 csv 文件装载到该新表
LOAD DATA LOCAL INPATH 'file:///root/hive/example/person001' OVERWRITE INTO TABLE person;

## 查看表中是否有数据
SELECT persid, lastname, firstname
FROM person;
```

如果你在Hive命令行中使用上述脚本，将会出现下述情形。

```
hive> CREATE DATABASE census;
OK
Time taken: 1.486 seconds

hive> USE census;
OK
Time taken: 0.66 seconds

hive> CREATE TABLE person (
    >  persid         int,
    >  lastname       string,
    >  firstname      string
    >)
    >ROW FORMAT  DELIMITED  FIELDS TERMINATED BY ',';
OK
Time taken: 3.28 seconds

hive> LOAD DATA LOCAL INPATH 'file:///root/hive/example/person001' OVERWRITE INTO TABLE
person;
Loading data to census.person
Table census.person stats: (numFiles=1, numRows=0, totalSize=1265, rawDataSize=0)
OK
Time taken: 4.393 seconds
```

测试一下是否所有的数据都已经装载，结果应该是80条记录（这里仅显示前10条记录）。

```
hive> SELECT persid, lastname, firstname FROM person;
OK
2       SMITH          AARON
3       SMITH          ABDUL
4       SMITH          ABE
5       SMITH          ABEL
6       SMITH          ABRAHAM
7       SMITH          ABRAM
8       SMITH          ADALBERTO
9       SMITH          ADAM
10      SMITH          ADAN
11      JOHNSON        AARON
..
..
Time taken: 4.241 seconds, Fetched: 80 record(s)
```

5.1.2 使用查询装载数据

Hive支持将从已有表查询到的数据装载到Hive生态系统中。

Hive语法如下。

```
INSERT [OVERWRITE]
TABLE tablename [IF NOT EXISTS]
SELECT select_fields FROM from_statement;
```

语法解释如下。

INSERT	用于将数据装载到 Hive 表中的关键字
OVERWRITE	如果包含，支持用户将数据装载到已经建好的表中，并且替换之前的数据
	如果省略，支持用户将数据装载到已经建好的表中，并且将新数据追加到以前的数据之后
TABLE tablename	tablename 是 Hive 中已有的表名。使用 CREATE TABLE tablename 语句
IF NOT EXISTS	如果在命令中包含了 IF NOT EXISTS，那么 Hive 命令将在当前数据库中创建一个表
	如果省略，当该表不存在时将执行失败
SELECT	这可以是针对 Hive 生态系统的任何 SELECT 命令
select_fields	
FROM	
from_statement	

使用已有表创建新表

这个练习可以使你从名为 census.person 的表中查询数据，并且将结果上传到一个名为 census.personhub 的表中。

该示例使用了示例脚本 Script_PersonHub.txt。

完整的脚本如下。

```
## 使用已有数据库
USE census;

## 创建新表
CREATE TABLE personhub (
  persid         int

);

## 将数据插入新表，覆盖表中已有数据
INSERT OVERWRITE
TABLE personhub
SELECT DISTINCT personId FROM Person;

## 检查数据是否已在表中
SELECT
  persid
FROM
  personhub;
```

如果你在 Hive 命令行中运行该脚本，将得到如下结果。

```
hive> USE census;
OK
Time taken: 0.664 seconds

hive> CREATE TABLE personhub ( persid int );
OK
Time taken: 3.098 seconds

hive> INSERT OVERWRITE TABLE personhub SELECT DISTINCT personId FROM Person; );
Query ID = root_201606081616_9defdc9d-5d2d-46aa-87e1-a7e7247b2362
```

```
Total jobs = 1
Launching Job 1 out of 1

Status: Running (Executing on YARN cluster with App id application_1441527339718_004
--------------------------------------------------------------------------------
VERTICES          STATUS  TOTAL  COMPLETED  RUNNING  PENDING  FAILED  KILLED
--------------------------------------------------------------------------------
MAP 1 ........  SUCCEEDED   1        1          0        0       0       0
Reducer 2 ....  SUCCEEDED   1        1          0        0       0       0
--------------------------------------------------------------------------------
VERTICES: 02/02 [========================>>] 100% ELAPSED TIME: 31.84 s
--------------------------------------------------------------------------------
Loading data to table census.personhub
Table census.personhub stats: [numFiles=1, numRows=80, totalSize=232, rawDataSize=152]
OK
Time taken: 39.003 seconds
```

结果应该是 80 条记录（这里显示前 5 条）。

```
hive> SELECT persid FROM personhub;
OK
2
3
4
5
6
..
.. ( Only shown 5 record - 75 records removed ...)
Time taken: 2.7.64 seconds, Fetched: 80 record(s)
```

现在我们再次上传数据并测试去除 OVERWRITE 参数后的执行情况。

```
USE census;

INSERT OVERWRITE TABLE personhub SELECT DISTINCT persid FROM Person;
```

测试是否所有数据都已加载，而且没有删除之前的数据。

```
SELECT persid FROM personhub;
```

结果应该是 160 条（仅显示 5 条）。

```
hive> USE census;
OK
Time taken: 0.662 seconds

hive> INSERT OVERWRITE TABLE personhub SELECT DISTINCT personId + 1000 FROM Person; );
Query ID = root_201606081622_8defde9d-5d2d-46aa-87e1-a9e7247b2362
Total jobs = 1
Launching Job 1 out of 1

Status: Running (Executing on YARN cluster with App id application_1441527339718_005
--------------------------------------------------------------------------------
VERTICES          STATUS  TOTAL  COMPLETED  RUNNING  PENDING  FAILED  KILLED
--------------------------------------------------------------------------------
MAP 1 ........  SUCCEEDED   1        1          0        0       0       0
```

```
Reducer 2 .... SUCCEEDED   1        1          0         0        0        0
--------------------------------------------------------------------------------
VERTICES: 02/02 [======================>>] 100% ELAPSED TIME: 31.84 s
--------------------------------------------------------------------------------
Loading data to table census.personhub
Table census.personhub stats: [numFiles=1, numRows=80, totalSize=232, rawDataSize=152]
OK
Time taken: 41.411 seconds
hive> SELECT persid FROM personhub;
OK
2
3
4
1002
1003
..
..
Time taken: 2.7.64 seconds, Fetched: 160 record(s)
```

5.1.3 将查询到的数据写入文件系统

Hive支持将查询到的数据装载到Hadoop分布式文件系统中。

Hive语法如下。

```
INSERT [OVERWRITE]
DIRECTORY directoryname
SELECT select_fields FROM from_statement;
```

语法解释如下。

INSERT	用于将数据装载到Hive目录中的关键字
OVERWRITE	如果包含，支持用户将数据装载到一个已经建好的目录中并且替换之前的数据 如果省略，支持用户将数据装载到一个已经建好的目录中并且将新数据追加到之前的数据后面
DIRECTORY directoryname	directoryname是Hadoop分布式文件系统中已有的目录名称 使用hadoopfs -mkdir directoryname来创建一个目录
SELECT select_fields FROM from_statement	这可以是任何针对Hive生态系统的SELECT命令

使用已有表创建输出目录

本练习使你可以将查询person表得到的数据上传到输出目录。

本例使用了示例脚本Script_PersonDirectory.txt。

完整脚本如下。

```
hadoop fs -mkdir 'exampleoutput'
hive

USE census;
```

```
INSERT OVERWRITE DIRECTORY 'exampleoutput'
ROW FORMAT DELIMITED FIELDS TERMINATED BY ','
SELECT persid, firstname, lastname
FROM person;

exit;
```

测试一下是否所有数据都已装载。

```
hadoop fs -cat 'exampleoutput/000000_0'
```

如果在 Hive 命令行使用该脚本，将得到下述结果。

```
hive> INSERT OVERWRITE DIRECTORY 'exampleoutput'
    > ROW FORMAT DELIMITED FIELDS TERMINATED BY ','
    > SELECT persid, firstname, lastname FROM person;

Query ID = root_201606081622_8dedde9d-9d2d-46ab-89e1-a9e7249b2362
Total jobs = 1
Launching Job 1 out of 1

Status: Running (Executing on YARN cluster with App id application_1441527339718_012
--------------------------------------------------------------------------------
VERTICES      STATUS    TOTAL COMPLETED  RUNNING  PENDING  FAILED  KILLED
--------------------------------------------------------------------------------
MAP 1 ........ SUCCEEDED   1       1         0        0        0       0
--------------------------------------------------------------------------------
VERTICES: 01/01 [======================>>] 100% ELAPSED TIME: 22.05 s
--------------------------------------------------------------------------------
Loading data to table census.personhub
Table census.personhub stats: [numFiles=1, numRows=80, totalSize=232, rawDataSize=152]
OK
Time taken: 66.685 seconds

hive> exit;

> hadoop fs -cat 'exampleoutput/000000_0'

2       SMITH           AARON
3       SMITH           ABDUL
4       SMITH           ABE
5       SMITH           ABEL
6       SMITH           ABRAHAM
7       SMITH           ABRAM
8       SMITH           ADALBERTO
9       SMITH           ADAM
10      SMITH           ADAN
11      JOHNSON         AARON
..
..
```

5.1.4 直接向表插入值

Hive 支持用一系列静态值直接将数据装载到表中。

Hive 语法如下。

```
INSERT
INTO TABLE tablename
VALUES
(row_values1),
(row_values2);
```

语法解释如下。

INSERT	用于将数据装载到 Hive 目录的关键字
TABLE tablename	tablename 是 Hive 中已有表的名称。使用 CREATE TABLE tablename 语句
VALUES (row_values1), (row_values2)	值 row_values1 和 row_values2 是相同格式的单条记录，而不是表的记录

将额外记录添加到已有表中

本练习使你可以将一条记录直接插入到一个名为 personhub 的表中。

本例使用了示例脚本 Script_PersonValues.txt。

完整脚本如下。

```
USE census;

INSERT
INTO TABLE personhub
VALUES
(0);
```

测试一下是否所有数据都已加载。

```
USE census;

SELECT persid
FROM personhub
WHERE persid = 0;
```

如果在 Hive 命令行使用该脚本，则结果如下。

```
hive> USE census;
OK
Time taken: 0.662 seconds

hive> INSERT INTO TABLE personhub VALUES (0);
Query ID = root_20160608l622_8defde5d-5d2d-46aa-89e1-a9e7247b2362
Total jobs = 1
Launching Job 1 out of 1

Status: Running (Executing on YARN cluster with App id application_1441527339718_015
--------------------------------------------------------------------------------
VERTICES      STATUS    TOTAL COMPLETED  RUNNING  PENDING  FAILED  KILLED
--------------------------------------------------------------------------------
MAP 1 ........ SUCCEEDED     1       1        0        0       0       0
--------------------------------------------------------------------------------
VERTICES: 02/02 [======================>>] 100% ELAPSED TIME: 51.05 s
--------------------------------------------------------------------------------
```

```
Loading data to table census.personhub
Table census.personhub stats: [numFiles=1, numRows=80, totalSize=232, rawDataSize=152]
OK
Time taken: 41.411 seconds
```

结果应该是单条记录。

```
hive> SELECT persid FROM personhub WHERE persid = 0;
OK
0
Time taken: 5.493 seconds, Fetched: 1 record(s)
```

5.1.5 直接更新表中数据

Hive 支持直接将数据更新到表中。

Hive 语法如下。

```
UPDATE tablename
SET column = value
[WHERE expression];
```

语法解释如下。

UPDATE	用于更新表中值的关键字
tablename	tablename 是 Hive 中已有表的名称。使用 CREATE TABLE tablename 语句
SET column = value	SET 命令更新该列的一个值
[WHERE expression]	WHERE 可用于为不同的查询挑选特定列的值

已有表中的记录

本练习使你能够直接在名为 person20 的表中更新数据。

该示例使用脚本 Script_PersonUpdate.txt。

完整的脚本如下。

```
USE census;

CREATE TABLE census.person20 (
  Persid         int,
  lastname       string,
  firstname      string
)
CLUSTERED BY (persid) INTO 1 BUCKETS
STORED AS orc
TBLPROPERTIES('transactional' = 'true');

INSERT INTO TABLE person20 VALUES (0,'A','B'),(2,'X','Y');
```

测试一下数据是否已更新。

```
SELECT *
FROM
  census.person20;
```

结果应该有两行记录。

```
OK
0       A       B
2       X       Y
```

现在执行更新操作。

```
USE census;

UPDATE
  census.person20
SET lastname = 'SS'
WHERE
  persid = 0;

SELECT *
FROM
  census.person20;
```

结果应该有两行记录。

```
OK
0       SS      B
2       X       Y
```

5.1.6 在表中直接删除数据

Hive支持直接在表中删除数据。

Hive语法如下。

```
DELETE tablename
[WHERE expression];
```

语法解释如下。

DELETE	用于删除表中值的关键字
tablename	tablename是Hive中已有表的名称。使用CREATE TABLE tablename语句
[WHERE expression]	WHERE可以用于挑选查询要删除的特定列的值

在已有表中更新记录

本练习使你能够直接在名为person30的表中更新记录。

该示例使用了脚本Script_PersonDelete.txt。

完整的脚本如下。

```
USE census;

CREATE TABLE census.person30 (
  persid        int,
  lastname      string,
  firstname     string
)
```

```
CLUSTERED BY (persid) INTO 1 BUCKETS
STORED AS orc
TBLPROPERTIES('transactional' = 'true');

INSERT INTO TABLE census.person30
VALUES (0,'A','B'),(2,'X','Y');

SELECT *
FROM census.person30;
```

结果应该有两条记录。

```
OK
0       A       B
2       X       Y
```

删除一条记录。

```
USE census;

DELETE FROM census.person30
WHERE persid = 0;

SELECT *
FROM census.person30;
```

结果应该是一条记录。

```
OK
2       X       Y
```

5.1.7 创建结构相同的表

Hive 支持基于一个已有表的结构创建一个新表。

Hive 语法如下。

```
CREATE
TABLE blank_tablename
LIKE tablename;
```

语法解释如下。

CREATE TABLE	创建表的关键字
blank_tablename	待创建表的名称
LIKE	确保使用相同结构的关键字
tablename	该表名是 Hive 中已有表的名称。使用 CREATE TABLE tablename 语句

使用已有表来创建结构相同的新表

本练习使你能够使用 person 表的结构来创建一个名为 person40 的表。

该例用到了脚本 Script_PersonLike.txt。

完整脚本如下。

```
USE census;

CREATE TABLE person40 LIKE person;

SELECT * FROM person40;
```

测试数据是否已更新。

```
INSERT INTO TABLE person40 VALUES (0,'Bob','Burger'),(1,'Charlie','Clown');
SELECT * FROM person40;
```

结果应该有两行记录。

```
OK
0       A       B
2       X       Y
```

5.2 连接

5.2.1 使用等值连接来整合表

Hive支持表之间的等值连接，使你能够整合来自两个表的数据。

Hive语法如下。

```
SELECT table_fields
FROM table_one
JOIN table_two
ON (table_one.key_one = table_two.key_one
AND table_one.key_two = table_two.key_two);
```

语法解释如下。

SELECT table_fields	用于从两个表中选取一系列字段的关键字
FROM table_one JOIN table_two	罗列出两个为了检索 table_fields 而进行连接操作的表
ON (table_one.key_one = table_two.key_one AND table_one.key_two = table_two.key_two)	列出连接两个表的等值规则

连接Hive中的表

本练习使你能够在表census.personname和表census.address之间创建连接。

本例用到了脚本Script_EqualJoin.txt。

完整脚本如下。

```
USE census;
CREATE TABLE census.personname (
  persid        int,
  firstname     string,
  lastname      string
)
CLUSTERED BY (persid) INTO 1 BUCKETS
```

```
STORED AS orc
TBLPROPERTIES('transactional' = 'true');

INSERT INTO TABLE census.personname
VALUES
(0,'Albert','Ape'),
(1,'Bob','Burger'),
(2,'Charlie','Clown'),
(3,'Danny','Drywer');

CREATE TABLE census.address (
  persid        int,
  postname      string
)
CLUSTERED BY (persid) INTO 1 BUCKETS
STORED AS orc
TBLPROPERTIES('transactional' = 'true');
INSERT INTO TABLE census.address
VALUES
(1,'KA13'),
(2,'KA9'),
(10,'SW1');
```

现在你有了名为 census.personname 和 census.address 的两个表。

现在执行连接操作。

```
SELECT personname.firstname,
  personname.lastname,
  address.postname
FROM
  census.personname
JOIN
  census.address
ON (personname.persid = address.persid);
```

连接的结果如下所示。

```
OK
Bob        Burger        KA13
Charlie    Clown         KA9
```

5.2.2 使用外连接

Hive 支持采用 LEFT、RIGHT 和 FULL OUTER 等连接方式实现表之间的等值连接，这其中无匹配的键。

Hive 语法如下。

```
SELECT table_fields
FROM table_one
[LEFT, RIGHT, FULL OUTER] JOIN table_two
ON (table_one.key_one = table_two.key_one
AND table_one.key_two = table_two.key_two);
```

语法解释如下。

SELECT table_fields	用于从两个表选择一系列字段的关键字
FROM table_one	列出为了检索 table_fields 而进行连接操作的两个表
LEFT JOIN table_two	LEFT连接产生的结果包含表table_one中匹配where语句的字段值以及表table_two中匹配和不匹配 where 语句的字段值
FROM table_one	列出为了检索 table_fields 而进行连接操作的两个表
RIGHT JOIN table_two	RIGHT 连接产生的结果包含表 table_two 中匹配 where 语句的字段值以及表 table_one 中匹配和不匹配 where 语句的字段值
FROM table_one	列出为了检索 table_fields 而进行连接操作的两个表
FULL OUTER JOIN table_two	FULL OUTER 连接将返回表 table_two 和 table_one 中的字段值；当有不匹配 where 语句的行时，其字段值为 NULL
ON (table_one.key_one = table_two.key_one AND table_one.key_two = table_two.key_two)	列出连接两个表的等值规则

1. 使用左连接方式连接 Hive 中的表

Hive 支持表之间的等值连接，使你可以整合来自两个表的数据。

本例用到了脚本 Script_OuterJoin.txt。

完整脚本如下。

```
USE census;

SELECT personname.firstname,
  personname.lastname,
  address.postname
FROM
  census.personname
LEFT JOIN
  census.address
ON (personname.persid = address.persid);
```

结果应该是 4 条记录。

```
OK
Albert   Ape      NULL
Bob      Burger   KA13
Charlie  Clown    KA9
Danny    Drywer   NULL
```

2. 使用右连接方式连接 Hive 中的表

让我们做一次右连接操作。

```
SELECT personname.firstname,
  personname.lastname,
  address.postname
FROM
  census.personname
```

```
RIGHT JOIN
  census.address
ON (personname.persid = address.persid);
```

结果应该是 3 条记录。

```
OK
Bob      Burger        KA13
Charlie  Clown         KA9
NULL     NULL          SW1
```

3. 使用完全外连接方式连接 Hive 中的表

现在进行外连接操作。

```
SELECT personname.firstname,
  personname.lastname,
  address.postname
FROM
  census.personname
FULL OUTER JOIN
  census.address
ON (personname.persid = address.persid);
```

结果应该是 5 条记录。

```
OK
Albert          Ape            NULL
Bob             Burger         KA13
Charlie         Clown          KA9
Danny           Drywer         NULL
NULL            NULL           SW1
```

5.2.3 使用左半连接

Hive 支持表之间的嵌套连接。假设有如下这样的嵌套连接：

```
SELECT a.key, a.value
FROM a
WHERE a.key in
 (SELECT b.key
  FROM B);
```

由于采用分布式处理，该查询在 Hive 中会失败。

Hive 可以处理查询并且使用 SEMI JOIN 命令。

Hive 语法如下。

```
SELECT table_fields
FROM table_one
LEFT SEMI JOIN table_two
ON (table_one.key_one = table_two.key_one);
```

语法解释如下。

SELECT table_fields	用于从两个表中选择一系列字段的关键字
FROM table_one LEFT SEMI JOIN table_two	罗列为检索 table_fields 而进行半连接操作的两个表
ON (table_one.key_one = table_two.key_one);	罗列连接两个表所需的等值规则

执行半连接

Hive 支持表之间的半连接操作，使你能够对两个表中的数据进行整合。

本例使用了脚本 Script_SemiJoin.txt。

完整脚本如下。

```
USE census;

SELECT
  personname.firstname,
  personname.lastname
FROM
  census.personname
LEFT SEMI JOIN
  census.address
ON (personname.persid = address.persid);
```

结果应该是两条记录。

```
OK
Bob         Burger
Charlie     Clown
```

5.2.4 用单次 MapReduce 实现连接

如果在连接链中使用了公共键，Hive 还支持通过一次 MapReduce 来连接多个表。

Hive 语法如下。

```
SELECT table_one.key_one, table_two.key_one, table_three.key_one
FROM table_one JOIN table_two
ON (table_one.key_one = table_two.key_one)
JOIN table_three
ON (table_three.key_one = table_two.key_one);
```

语法解释如下。

SELECT table_one.key_one, table_two.key_one, table_three.key_one	从所有表中选取一系列字段的关键字
FROM table_one JOIN table_two	列出为检索 table_fields 所需连接的第 1 个表和第 2 个表
ON (table_one.key_one = table_two.key_one)	列出连接第 1 个表和第 2 个表的等值规则
JOIN table_three	列出检索 table_fields 所需连接的第 3 个表
ON (table_three.key_one = table_two.key_one)	列出连接第 3 个表的等值规则

在一次 MapReduce 中连接 3 个表

本练习可使你在一次 MapReduce 中连接 3 个表。

本例使用了脚本 Script_MultiJoin.txt。

完整脚本如下。

```
USE census;

CREATE TABLE census.account (
  persid      int,
  bamount     int
)
CLUSTERED BY (persid) INTO 1 BUCKETS
STORED AS orc
TBLPROPERTIES('transactional' = 'true');
INSERT INTO TABLE census.account
VALUES
(1,12),
(2,9);

SELECT
  personname.firstname,
  personname.lastname,
  address.postname,
  account.bamount
FROM
  census.personname
JOIN
  census.address
ON (personname.persid = address.persid)
JOIN
  census.account
ON (personname.persid = account.persid);
```

结果应该是两条记录。

```
OK
Bob        Burger     KA13    12
Charlie    Clown      KA9     9
```

5

5.2.5 最后使用最大的表

Hive 在实施连接时可先缓存前几个要连接的表，然后再针对它们映射最后一个表。总是将最大的表放在后面是一种比较好的实践方法，因为这样做会加速处理过程。

Hive 语法 1 如下。

```
SELECT table_one.key_one, table_two.key_one, table_three.key_one
FROM table_one JOIN table_two
ON (table_one.key_one = table_two.key_one)
JOIN table_three
ON (table_three.key_one = table_two.key_one);
```

语法解释 1 如下。

table_one and table_two	在内存中缓存
table_three	直接从硬盘映射

Hive语法2如下。

```
SELECT table_one.key_one, table_two.key_one, table_three.key_one
FROM table_one JOIN table_three
ON (table_one.key_one = table_three.key_one)
JOIN table_two
ON (table_two.key_one = table_three.key_one);
```

语法解释2如下。

table_one and table_three	在内存中缓存
table_two	直接从硬盘映射

5.2.6 事务处理

Hive支持合乎ACID规定的事务处理。这样通过在Hive数据库确保完整性，使得对事务处理的支持遵从完备性。

注意 对于大多数Hive安装环境来说，这并不是一种默认设置，因为这将带来性能方面的影响，原因在于为确保ACID合规性需要进行额外的处理。

5.2.7 ACID是什么，以及为什么要用到它

ACID代表数据库事务处理的4个特征。

- 原子性（A）：一个操作要么成功完成要么失败，操作不会在系统中留下未完成的数据。
- 一致性（C）：一个操作一旦完成，该操作的结果对随后的每个操作都是可见的。
- 隔离性（I）：一个用户完成的操作不会对其他用户造成不可预期的负面影响。
- 持久性（D）：当一个操作完成，即使机器或系统出现了故障，仍然会保留该操作的效果。

这些行为是强制实施的，用于确保事务处理的功能性。

如果你的操作合乎ACID规定，系统将确保你的处理能够在任何故障中得到保护。

5.2.8 Hive配置

Hive通过设置正确的参数来支持事务处理。

为了支持事务处理，需要设置如下配置。为了在Hive中开启事务支持，必须正确设置这些配置参数。

- hive.support.concurrency——true
- hive.enforce.bucketing——true

- hive.exec.dynamic.partition.mode——nonstrict
- hive.txn.manager——org.apache.hadoop.hive.ql.lockmgr.DbTxnManager
- hive.compactor.initiator.on——在 Thrift 元存储服务的一个实例上为 true
- hive.compactor.worker.threads——对于 Thrift 元存储服务的一个实例为 10

请使用如下表格式。

```
CREATE TABLE table_one (
  keyField          int,
  valueFieldOne     string,
  valueFieldTwo     string
)
CLUSTERED BY (keyField) INTO x BUCKETS
STORED AS orc
TBLPROPERTIES('transactional' = 'true');
```

5

第6章

将数据装载到Hive

6

假设你已经在自己的组织中构建了一个数据湖，并且其中一个业务领域已请求了一个新的待实现用例，例如一个360度的客户视图。在你考虑用例的细节时，会发现需要对所有驻留在现有作业系统、数据仓库中的客户数据进行分析，并且要对社交媒体、客户服务、呼叫中心产生的所有新数据进行分析，进而得到一个完整的客户画像。Hadoop作为一个通用的大规模分布式处理平台，非常适合这项工作。

然而，在该数据湖上进行任何类型的分析之前，首要任务是装载数据。以前，从作业系统中抽取数据并以批处理形式将数据装载到数据仓库是一种常见模式。但是就当前的特定用例而言，你需要装载来自关系数据库的结构化数据、Twitter上的推文数据、Facebook的动态消息，以及来自呼叫中心系统的音频电话记录。

以前，Hadoop生态系统中没有一种工具能够从所有系统装载数据集，也无法装载所有格式的数据。现在不同了，Hadoop社区编写了各种工具，它们在有些系统上运行得很好，而且能够以特定格式装载数据。正如你所想象的那样，用不同的工具装载来自不同系统且格式各异的数据很快就会成为一个复杂的问题。装载数据的复杂性还可能会受到其他一些因素的影响。而且从源系统装载数据的频率也可能会对最佳工具产生影响。Apache NiFi（Hortonworks数据流平台的一部分）正是针对这一问题，它已经成为这类综合工具的典范，可适用于各种类型的数据装载和摄入场景。

不管源的类型、数据的结构以及用于装载数据的工具如何，在基于Hadoop的平台上，所有数据都存放在HDFS中。由于Hive是Hadoop上的一个SQL层，因此所有的数据都需要先装载到HDFS中，然后才能通过Hive进行查询。

本章将介绍可将各种类型的数据装载到HDFS的常用工具。有些工具需要手动添加Hive元数据，另一些工具则可以自动更新Hive Metastore，以通过Hive对新添加的数据进行分析。

6.1 装载数据之前的设计注意事项

在开始向Hadoop中填充数据之前，你应该考虑如下一些要点。

- 必须设计HDFS文件系统布局，以便存储各种类型的数据。这将确保不同用户可以更加方便地进行数据管理、发现和访问控制。

- 如果从关系数据库加载结构化数据，则需要决定是否在 Hive 或不同的数据模型中创建相似的模式。
- 数据在 HDFS 中的存储格式（如 ORC 文件、RC 文件、AVRO、Parquet 等）会影响通过 Hive 运行查询的性能。Hive 中最近的性能优化大多要用到 ORC 文件；我们将在第 9 章中了解更多细节。
- 根据数据体量和访问模式的不同，你还应该决定最合适的压缩算法（例如 Snappy、Zlib、LZO 等），以便当数据被复制到 HDFS 时应用。
- 建议不要在 HDFS 中存储大量极小的文件。这将导致 NameNode 的命名空间使用效率低下。因此，确定恰当的文件大小并且对所有文件进行正确配置很重要。
- 数据的装载模式可以采用一次性批量、频繁批量或实时摄入。对数据装载工具的选择可以由装载模式来驱动。

6.2　将数据装载到 HDFS

本节介绍将数据迁移到 Hadoop 的技术和工具。从简单的 Hadoop shell 命令到更复杂的处理，Hadoop 收集数据的方法有多种。我们将讨论这些处理过程，也会举一些例子。这些方法都假定你对复制文件的 HDFS 目录拥有操作权限。

6.2.1　Ambari 文件视图

Ambari 文件视图是与 Ambari 一起发布的视图之一。该视图为浏览 HDFS、创建/删除目录、下载/上传文件等提供了一个 Web 用户界面。要使用 Ambari 文件视图，集群必须部署 HDFS 和 WebHDFS。

你可以使用 Ambari 文件视图将文件上传到 HDFS，如下所示。

(1) 登录 Ambari。

(2) 打开 Ambari 文件视图。将鼠标悬停在登录用户名左边的 Your Views 菜单上，可以查看含有所有可用视图实例的下拉列表（如图 6-1 所示）。

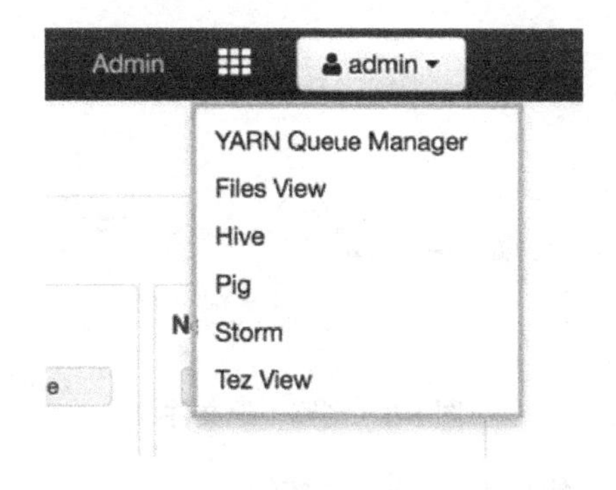

图 6-1　Ambari 视图列表

(3) 点击 Files View 选项浏览 HDFS 文件系统（如图 6-2 所示）。在你的集群中，Files View 实例的实际名称可能会不同。

Name	Size	Owner	Group	Permission
..				
app-logs Updated 2015-09-20 17:56	-	yarn	hadoop	-rwxrwxrwx
apps Updated 2015-08-19 13:36	-	hdfs	hdfs	-rwxr-xr-x
demo Updated 2015-08-19 13:59	-	hdfs	hdfs	-rwxr-xr-x
hdp Updated 2015-08-19 13:32	-	hdfs	hdfs	-rwxr-xr-x
mapred Updated 2015-08-19 13:32	-	mapred	hdfs	-rwxr-xr-x
mr-history Updated 2015-08-19 13:32	-	mapred	hadoop	-rwxrwxrwx
ranger Updated 2015-08-19 13:52	-	hdfs	hdfs	-rwxr-xr-x
tmp Updated 2015-08-21 14:57	-	hdfs	hdfs	-rwxrwxrwx
tweets Updated 2015-12-18 13:36	-	hdfs	hdfs	-rwxrwxrwx
user Updated 2015-09-23 01:57	-	hdfs	hdfs	-rwxr-xr-x

图 6-2　Ambari 文件视图

(4) 选择你想要上传文件的 HDFS 目录。

(5) 单击 Upload and Browse 按钮，打开文件浏览窗口进行浏览（如图 6-3 所示）。

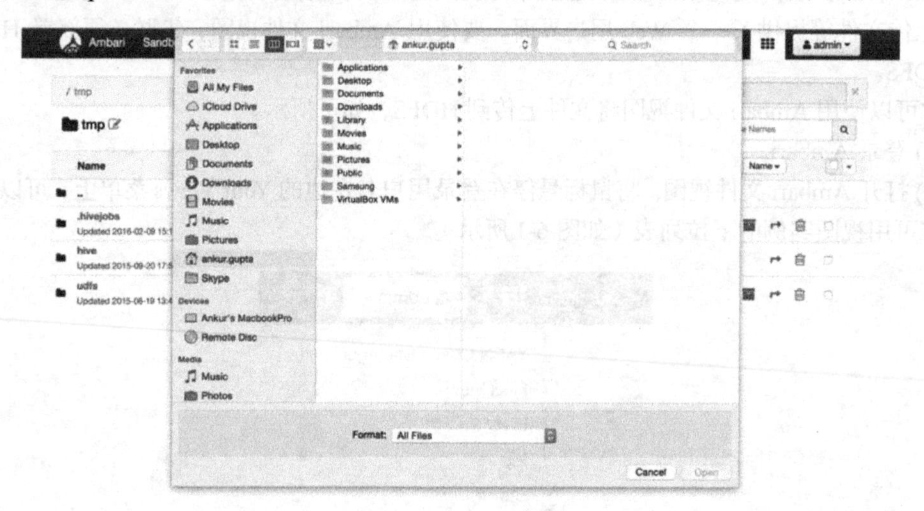

图 6-3　浏览本地文件

(6) 选择你想上传的文件，然后点击 Upload 按钮。

(7) 现在应该可以在当前目录下的文件列表中看到上传的文件（如图 6-4 所示）。

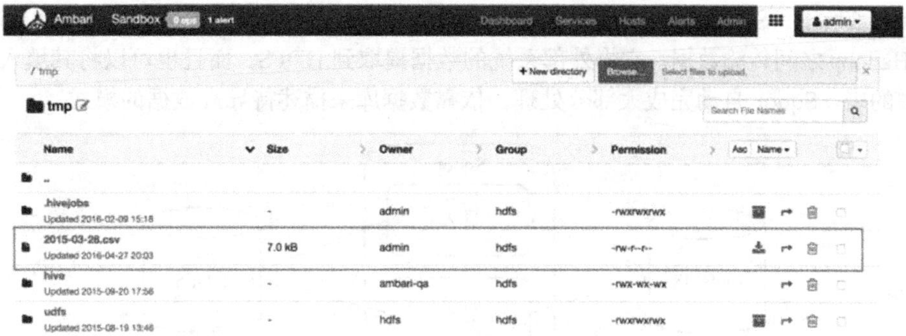

图 6-4　使用 Ambari 文件视图上传的文件

6.2.2　Hadoop 命令行

Hadoop 有一个内置的 hadoop 命令行，你可以使用它将文件从本地文件系统迁移到 HDFS。当你无法访问 Ambari 但是可以通过 shell 访问时，采用这个命令行工具非常方便。这个命令行脚本有许多命令可以用于在 HDFS 中执行其他操作。然而在本节中，我们只讨论将文件上传到 HDFS 的选项。其他所有命令都超出了本书的范畴。

下面是在 HDFS 中复制文件的语法。

```
hadoop fs  - put source_path hdfs_path
```

让我们看一个例子，它将另一个 CSV 文件复制到 HDFS /tmp 目录下。

```
[hdfs@sandbox tmp]$ hadoop fs -put /tmp/2014-01-28.csv /tmp/
[hdfs@sandbox tmp]$ hadoop fs -ls /tmp/
Found 6 items
drwxrwxrwx   - admin      hdfs          0 2016-05-01 21:48 /tmp/.hivejobs
-rw-r--r--   1 hdfs       hdfs       3864 2016-06-14 22:14 /tmp/2014-01-28.csv
-rw-r--r--   3 admin      hdfs       7168 2016-04-27 19:03 /tmp/2015-03-28.csv
drwx-wx-wx   - ambari-qa  hdfs          0 2015-09-20 16:56 /tmp/hive
drwxr-xr-x   - root       hdfs          0 2016-05-01 22:24 /tmp/root
drwxrwxrwx   - hdfs       hdfs          0 2015-08-19 12:46 /tmp/udfs
```

6.2.3　HDFS 的 NFS Gateway

NFS Gateway 是一个无状态的守护进程，它将 NFS 协议转换为 HDFS 访问协议。它允许客户端挂载 HDFS，并通过 NFS 与它进行交互，就好像它是本地文件系统的一部分。通过运行这种守护进程的多个实例，可以从多个客户端对 HDFS 进行高吞吐的读/写访问。在客户端使用 NFS Gateway 挂载 HDFS 之前，必须将 NFS Gateway 安装在 Hadoop 集群的一个数据节点或 NameNode 上。当使用 NFS Gateway 挂载 HDFS 之后，用户就可以使用操作系统的命令行将文件复制到 HDFS。

6.2.4 Sqoop

如图 6-5 所示，Sqoop 用于在结构化数据存储（例如关系数据库、企业数据仓库）与 NoSQL 系统和 Hadoop 之间传输数据。它将外部系统的数据提取到 HDFS，而且也可以将其填入 Hive 和 HBase 中的表。Sqoop 自动完成大部分处理，依靠数据库来描述待导入数据的模式。

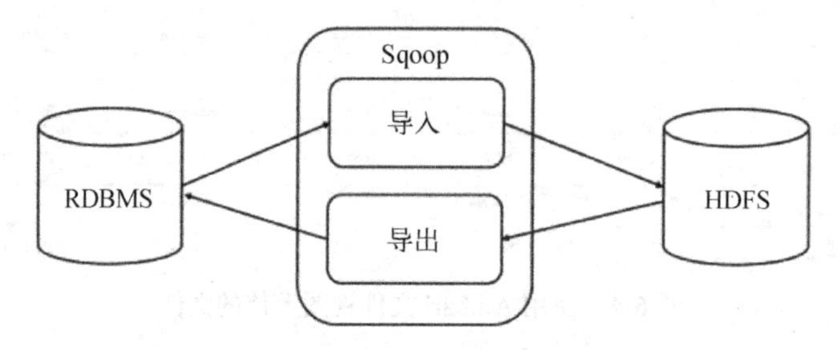

图 6-5 Sqoop 的工作流程

Sqoop 采用了基于连接器的架构，可以连接到各种外部系统。这些连接器使用一组 JDBC 驱动程序来与各种系统进行通信。对那些不提供 JDBC 接口的外部系统，也可以使用这些连接器来访问。不同的外部系统有着不同的连接器。根据可从 Sqoop 连接的不同外部系统，你可以添加适当的插件。Sqoop 中常见的一些连接器有 MySQL、Netezza、Oracle、PostgreSQL、Microsoft SQL Server 和 Teradata 等。

在本节中，我们将介绍 Sqoop 的总体架构，并且研究一些从 MySQL 数据库导入数据的示例。

1. Sqoop 如何工作

Sqoop 用于数据的大批量传输。在内部，它使用 MapReduce 从 HDFS 读取数据和向其中写入数据。当运行 Sqoop 命令时，需要传输的数据集被分成多个块，且为每个数据块分配一个 Map 作业。这些数据分片可以并行工作，这就是 Sqoop 能够高效地传输大批量数据的原因。

图 6-6 描述了一个含有 4 条并行路线的 Sqoop 导入作业，它将数据装载到 HDFS 中。

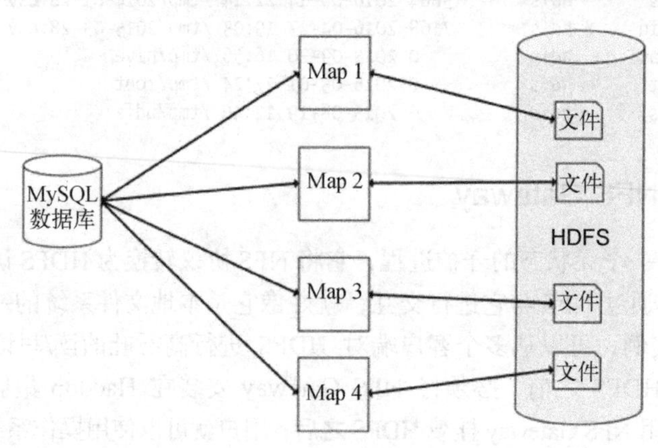

图 6-6 Sqoop 导入架构

2. Sqoop 示例

让我们看几个使用 Sqoop 来迁移数据的例子。

- **将表导入 HDFS**

```
sqoop import --connect jdbc:mysql://localhost/test --table TEST1 --username root --m 1
```

该命令将从 MySQL 数据库 test 中导出表 TEST1，并且将其存放在 HDFS 的/user/<user>/TEST1/part-m-00000 中。

- **将表导入 HDFS 的特定目录下**

```
sqoop import --connect jdbc:mysql://localhost/test --table TEST1 --username root --m 1
--target-dir /hive/tables/TEST1/
```

在本例中，表 TEST1 的内容将存放在 HDFS 的/hive/tables/TEST1 目录下。

- **将数据库中的表全部导入 HDFS**

```
sqoop import-all-tables --connect jdbc:mysql://localhost/test --username root
```

该命令将 test 数据库中的所有表导入到 HDFS 中。Sqoop 导入作业在/user/root 目录下为每个表都创建了一个目录。我们可以看到如下所示的导入表列表。

```
[root@sandbox ~]# hadoop fs -ls /user/root
Found 5 items
drwx------   - root hdfs          0 2016-04-30 21:18 /user/root/.Trash
drwxr-xr-x   - root hdfs          0 2015-09-20 16:56 /user/root/.hiveJars
drwx------   - root hdfs          0 2016-04-30 22:05 /user/root/.staging
drwxr-xr-x   - root hdfs          0 2016-06-14 22:24 /user/root/TEST1
drwxr-xr-x   - root hdfs          0 2016-06-14 22:24 /user/root/TEST2
```

- **将表导入 Hive**

```
sqoop import --connect jdbc:mysql://localhost/test --table TEST1 --username root --m 1
--hive-import
```

该命令将把表 TEST1 导入到 HDFS 中，同时也会将其元数据添加到 Hive 中。我们可以对 Hive 中的数据进行如下验证操作。

```
 hive> use default;
OK
Time taken: 1.453 seconds
hive> select count(*) from test1;
Query ID = root_20160614222847_b86f0300-0a22-49fe-a56f-e997c3e7e0e2
Total jobs = 1
Launching Job 1 out of 1

Status: Running (Executing on YARN cluster with App id application_1465942169140_0009)

--------------------------------------------------------------------------------
        VERTICES      STATUS  TOTAL  COMPLETED  RUNNING  PENDING  FAILED  KILLED
--------------------------------------------------------------------------------
Map 1 ..........   SUCCEEDED      1          1        0        0       0       0
```

```
Reducer 2 ......  SUCCEEDED      1         1        0        0        0        0
-----------------------------------------------------------------------------------
VERTICES: 02/02  [==========================>>] 100%  ELAPSED TIME: 4.98 s
-----------------------------------------------------------------------------------
OK
3145728
Time taken: 13.049 seconds, Fetched: 1 row(s)
```

- **将表导入 Hive 并且将数据存储为 ORC 表**

```
sqoop import --connect jdbc:mysql://localhost/test --table TEST10 --username root --m 1
--hcatalog-database default --hcatalog-table TEST10_ORC --create-hcatalog-table --hcatalog-
storage-stanza "stored as orcfile"
```

该命令将在默认数据库中创建一个名为 TEST10_ORC 的新表，并且以 ORC 文件格式存储数据。在大多数情况下，将 Hive 表数据存储为 ORC 格式是为了利用最新的性能优化，例如矢量化。该命令非常方便，可以创建表定义并且用单个步骤将数据装载成 ORC 格式。一旦数据装载完毕，就可以按照如下方法验证其格式。

```
hive> describe extended test10_orc;
OK
a                       int
b                       int

Detailed Table Information Table(tableName:test10_orc, dbName:default, owner:root,
createTime:1465946427, lastAccessTime:0, retention:0, sd:StorageDescriptor(cols:[Field
Schema(name:a, type:int, comment:null), FieldSchema(name:b, type:int, comment:null)],
location:hdfs://sandbox.hortonworks.com:8020/apps/hive/warehouse/test10_orc, inputFormat:org.
apache.hadoop.hive.ql.io.orc.OrcInputFormat, outputFormat:org.apache.hadoop.hive.ql.io.
orc.OrcOutputFormat, compressed:false, numBuckets:-1, serdeInfo:SerDeInfo(name:null,
serializationLib:org.apache.hadoop.hive.ql.io.orc.OrcSerde, parameters:{serialization.
format=1}), bucketCols:[], sortCols:[], parameters:{}, skewedInfo:SkewedInfo(skewedColNam
es:[], skewedColValues:[], skewedColValueLocationMaps:{}), storedAsSubDirectories:false),
partitionKeys:[], parameters:{transient_lastDdlTime=1465946427}, viewOriginalText:null,
viewExpandedText:null, tableType:MANAGED_TABLE)
Time taken: 0.585 seconds, Fetched: 4 row(s)
```

- **导入所选择的数据**

```
sqoop import --connect jdbc:mysql://localhost/test --table TEST1 --username root --m 1
--where "a>1"
```

通过该命令，可以导入表 TEST1 中列 a 的所有值大于 1 的数据。该选项提供了一种方法，可导入任何表的一个子集。

- **导入增量数据**

你还可以使用 Sqoop 执行增量导入操作。增量导入是只向表中导入新增行的一种方法。需要添加 incremental、check-column、last-value 等选项来执行增量导入。

- incremental：Sqoop 使用它来判断哪一行是新的。该模式的合法值包括追加的和最近修改的行。

- check-column：提供需要检查确定候选行的列。
- last-value：执行上一次导入操作的最大值。

```
sqoop import --connect jdbc:mysql://localhost/test --username root --table TEST1 --m 1
--incremental append --check-column id -last-value 1000
```

6.2.5 Apache NiFi

到目前为止，我们讨论的工具都要求编写脚本、命令行管理，而且在数据被迁移到 Hadoop 时并不提供任何跟踪数据的方法。Apache NiFi 提供了一种非常易用、强大、安全并且可跟踪的方式来处理和分发数据。它采用了一种非常易用的 Web 用户界面，提供了对数据传输作业进行设计、控制、管理和监视的无缝体验。这些作业都被称为数据流程，而与传统流式解决方案不同，它们都能以双向方式运作。这些数据流程包含了多个处理程序，它们根据需要对数据执行的操作来提供逻辑。

Apache NiFi 以压缩文件的形式进行发布，而安装时只需要将该文件解压缩到某个目录中。为了便于后续探讨，假设你已经在自己的环境中安装了 Apache NiFi。

我们将创建一个简单的数据流程来读取 Twitter 数据并且将其写入 HDFS 的一个文件中。

(1) 浏览网址 http://<nifihost>:9090/nifi，登录到 Apache NiFi。图 6-7 展示了 Apache NiFi 的用户界面。

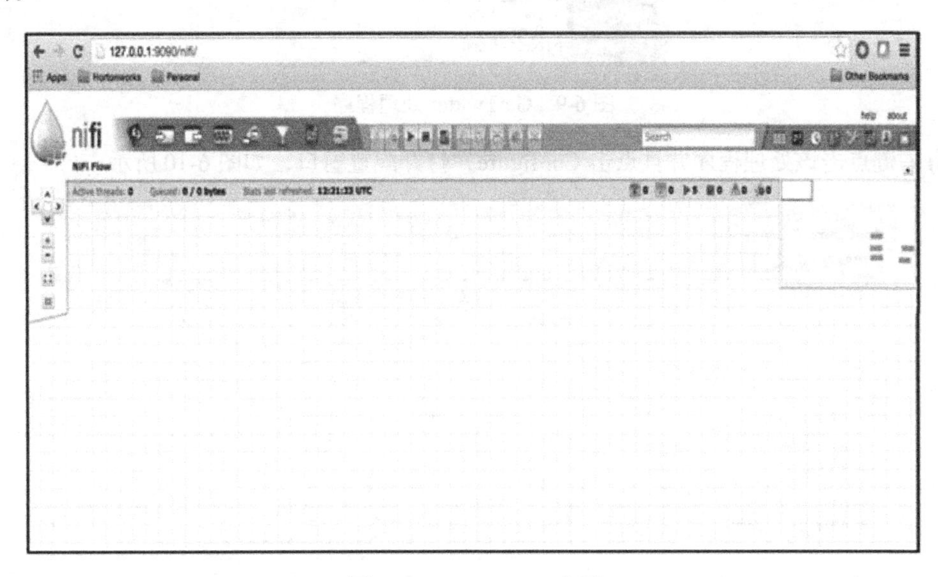

图 6-7 Apache NiFi 主页

(2) 从工具栏中将处理程序图标拖到表格中，打开 Add Processor 窗口，如图 6-8 所示。

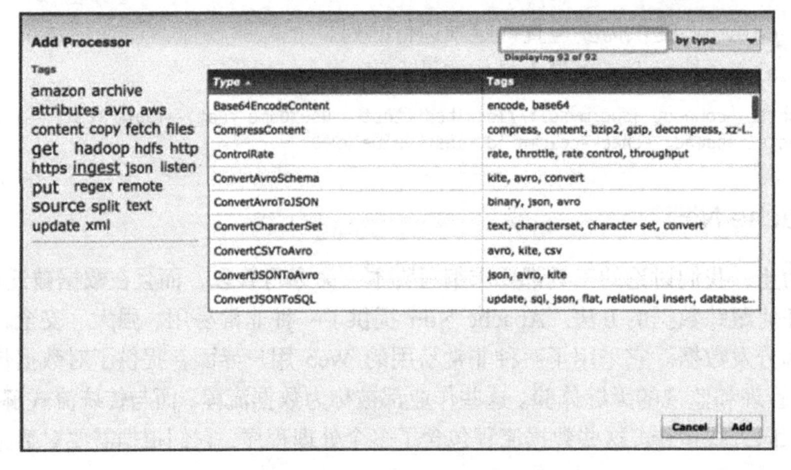

图 6-8　添加处理程序

(3) 选择 GetTwitter 处理程序（如图 6-9 所示）并且点击 Add。该处理程序用于从 Twitter 的 Gardenhose 中读取数据。在读取数据之前，我们需要为其添加一些属性。

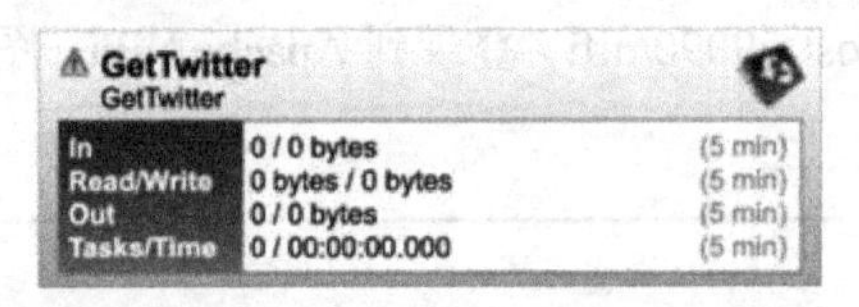

图 6-9　GetTwitter 处理程序

(4) 右键点击该处理程序并且点击 Configure，打开配置窗口，如图 6-10 所示。

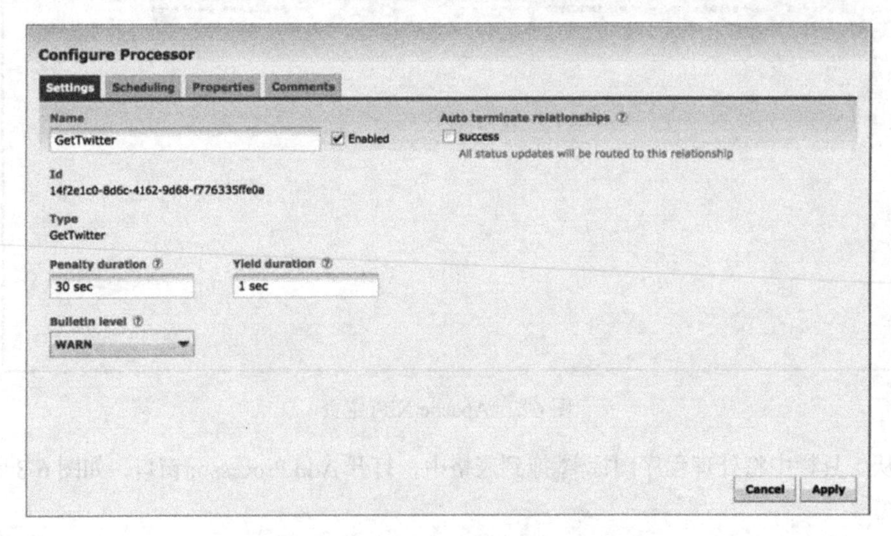

图 6-10　GetTwitter 处理程序的配置窗口

(5) 点击 Properties 选项卡并且指定 Consumer Key、Consumer Secret、Access Token、Access Token Secret 和 Terms to Filter On 等参数。例如，将 Terms to Filter On 指定为 Hadoop（如图 6-11 所示）。

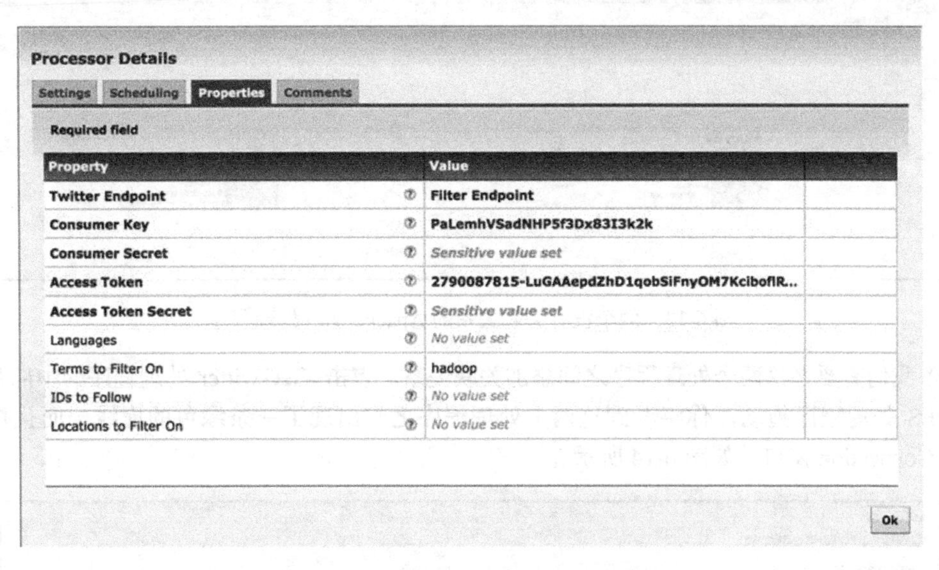

图 6-11　GetTwitter 处理程序的配置属性页

(6) 现在，添加 PutHDFS 处理程序，并且打开其配置属性页（如图 6-12 所示）。你需要指定 hdfs-site.xml 和 core-site.xml 文件的位置，以及你要存放推文的 HDFS 目录。

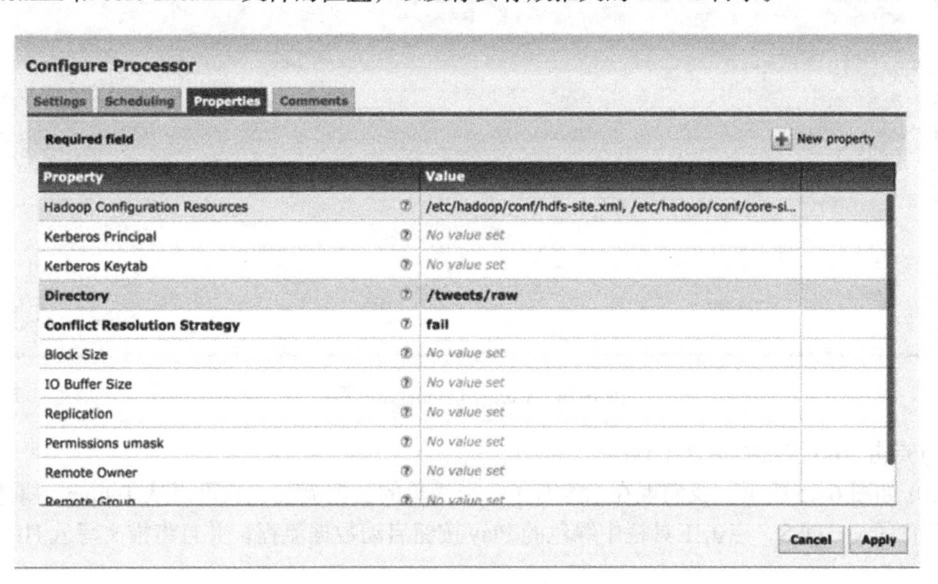

图 6-12　PutHDFS 处理程序的属性

(7) 当你添加了两个处理程序之后，应该会得到如图 6-13 所示的界面。

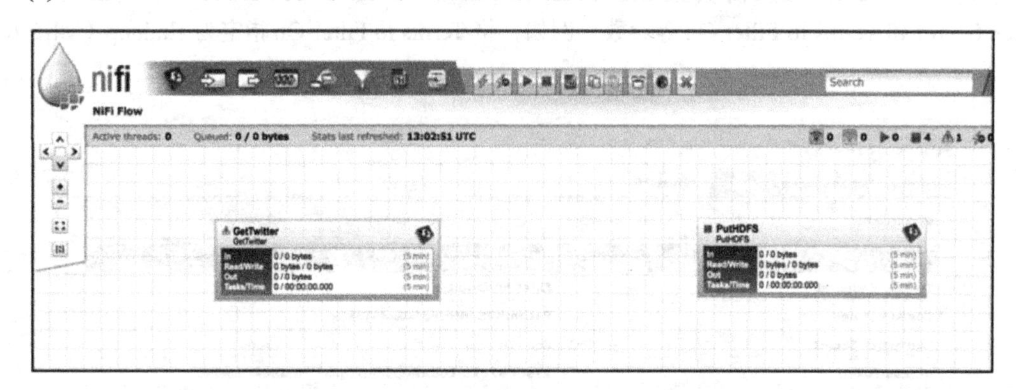

图 6-13　两个没有关联关系的 Apache NiFi 处理程序

(8) 我们需要在这两个处理程序之间添加关联关系。点击 GetTwitter 处理程序的中部并且向 PutHDFS 处理程序拖动。你将看到这两个处理程序之间出现了一条绿色的虚线，而且打开了 Create Connection 窗口（如图 6-14 所示）。

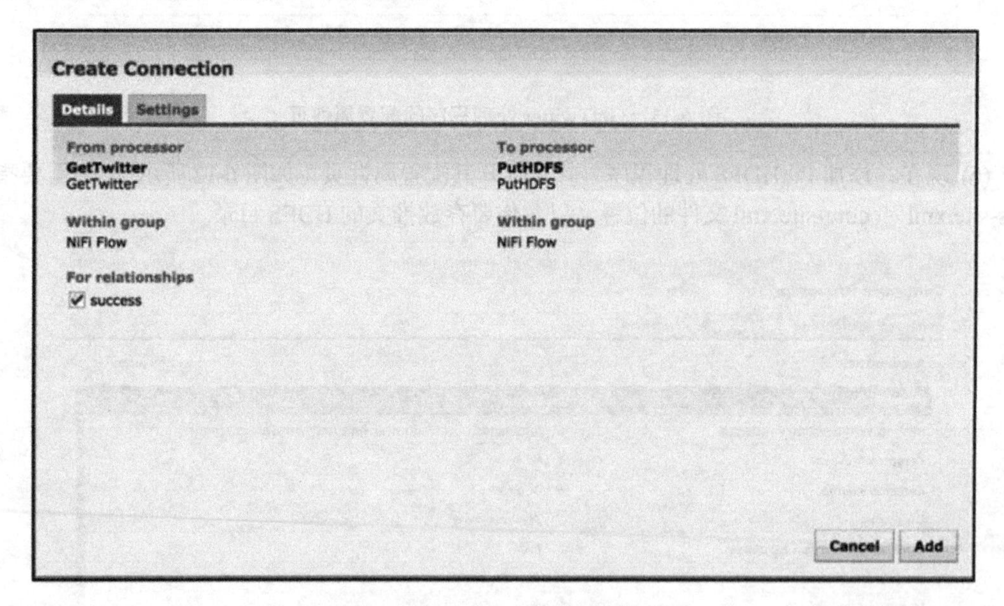

图 6-14　Create Connection 窗口

(9) 点击 Add 按钮添加这个连接。

(10) 如图 6-15 所示，我们现在已经有了一个简单的数据流程，它可以从 Twitter 读取推文并且将它们写入 HDFS。点击工具栏中绿色的 Play 按钮启动数据流程，并且将推文写入 HDFS。

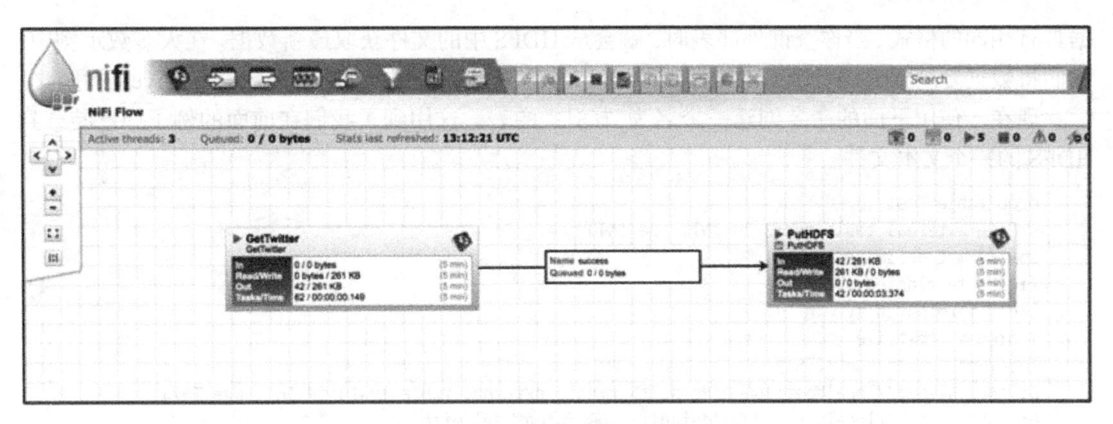

图 6-15 一个简单的数据流程示例

(11) 我们可以验证 HDFS 中的数据，如下所示。

```
[root@sandbox ~]# hadoop fs -ls /tweets/raw | wc -l
20574
[root@sandbox ~]# hadoop fs -ls /tweets/raw | head -10
Found 20573 items
-rw-r--r--   1 root hdfs      13929 2016-05-18 09:47 /tweets/raw/10005654822649.json
-rw-r--r--   1 root hdfs       2287 2016-05-18 09:47 /tweets/raw/10006656905343.json
-rw-r--r--   1 root hdfs       2528 2016-02-08 11:05 /tweets/raw/10011382997542.json
-rw-r--r--   1 root hdfs       6469 2016-01-31 08:33 /tweets/raw/10018657101686.json
-rw-r--r--   1 root hdfs       5254 2016-01-31 08:33 /tweets/raw/10021683146427.json
-rw-r--r--   1 root hdfs       9242 2016-05-18 09:48 /tweets/raw/10024390262882.json
-rw-r--r--   1 root hdfs       2580 2016-01-31 08:33 /tweets/raw/10026695152597.json
-rw-r--r--   1 root hdfs       6254 2016-01-31 08:33 /tweets/raw/10029702254017.json
-rw-r--r--   1 root hdfs       7410 2016-01-31 08:33 /tweets/raw/10029707961511.json
[root@sandbox ~]#
```


6.3 用 Hive 访问数据

现在，你应该熟悉了可以将数据装载到 Hadoop 中的各种工具。这些工具中的大多数以 HDFS 文件的形式存储数据。将数据装载到 HDFS 中并不能使之自动地被 Hive 访问。Hive 依赖于表定义来访问来自 HDFS 的底层数据，而表定义存储在 Hive Metastore 中。让我们看看如何使 HDFS 中存储的数据对 Hive 可用。

6.3.1 外部表

外部表的元数据存储在 Hive Metastore 中，但外部表无法完全控制底层数据。外部表的数据都存储在 HDFS 中，但它可以位于任何目录下。当你删除外部表时，底层数据并不会从 HDFS 中删除。

当你需要经常在 HDFS 的某个目录下获取相似类型的文件时，这些表非常有用。只要底层数据具有相同的格式，当你查询外部表时，就会从 HDFS 中的文件获取最新数据。在大多数示例中，我们将数据复制到 HDFS 中，在这些文件之上创建一个外部表，可使这些数据对 Hive 可用。

现在，使用下面的命令创建一个名为 TEST3 的表，这用到了我们在前面的例子中已装载到 HDFS 的一个文本文件。

```
drop table test3;
create external table test3(id INT, age INT)
row format delimited
fields terminated by ','
lines terminated by '\n'
stored as textfile
location '/user/root/TEST3';
0: jdbc:hive2://localhost:10000/default> create external table test3(id INT, age INT)
0: jdbc:hive2://localhost:10000/default> row format delimited
0: jdbc:hive2://localhost:10000/default> fields terminated by ','
0: jdbc:hive2://localhost:10000/default> lines terminated by '\n'
0: jdbc:hive2://localhost:10000/default> stored as textfile
0: jdbc:hive2://localhost:10000/default> location '/user/root/TEST3';
No rows affected (2.029 seconds)
0: jdbc:hive2://localhost:10000/default> select count(*) from TEST3;
INFO  : Tez session hasn't been created yet. Opening session
INFO  :

INFO  : Status: Running (Executing on YARN cluster with App id
application_1465942169140_0016)

INFO  : Map 1: -/-      Reducer 2: 0/1
INFO  : Map 1: 0/1      Reducer 2: 0/1
INFO  : Map 1: 0(+1)/1  Reducer 2: 0/1
INFO  : Map 1: 1/1      Reducer 2: 0/1
INFO  : Map 1: 1/1      Reducer 2: 0(+1)/1
INFO  : Map 1: 1/1      Reducer 2: 1/1
+--------+--+
| _c0    |
+--------+--+
| 32770  |
+--------+--+
1 row selected (13.368 seconds)
0: jdbc:hive2://localhost:10000/default>
```

6.3.2 LOAD DATA 语句

如果要将数据复制到 Hive 中已有的表定义，可以使用 LOAD DATA 语句。LOAD DATA 语句仅仅是文件层的一种复制/移动操作。下面是 LOAD DATA 命令的语法。

```
LOAD DATA INPATH 'filepath' [OVERWRITE] INTO TABLE tablename [PARTITION clause];
```

当执行 LOAD DATA 命令时，存储在 filepath 中的文件被复制到目标表的表定义中指定的目录。首先创建一个 TEST4 表，然后使用 LOAD DATA 命令加载该文件。

```
0: jdbc:hive2://localhost:10000/default> CREATE TABLE TEST4(id INT, age INT) STORED AS
TEXTFILE LOCATION '/tmp/root/TEST4';
No rows affected (1.974 seconds)
0: jdbc:hive2://localhost:10000/default> LOAD DATA INPATH '/user/root/TEST3/test.csv' into
TABLE TEST4;
INFO  : Loading data to table default.test4 from hdfs://sandbox.hortonworks.com:8020/user/
root/TEST3/test.csv
INFO  : Table default.test4 stats: [numFiles=0, numRows=0, totalSize=0, rawDataSize=0]
No rows affected (2.412 seconds)
0: jdbc:hive2://localhost:10000/default> SELECT COUNT(*) FROM TEST4;
INFO  : Session is already open
INFO  : Tez session was closed. Reopening...
INFO  : Session re-established.
INFO  :

INFO  : Status: Running (Executing on YARN cluster with App id
application_1465942169140_0017)

INFO  : Map 1: -/-      Reducer 2: 0/1
INFO  : Map 1: 0/1      Reducer 2: 0/1
INFO  : Map 1: 0(+1)/1 Reducer 2: 0/1
INFO  : Map 1: 1/1      Reducer 2: 0/1
INFO  : Map 1: 1/1      Reducer 2: 0(+1)/1
INFO  : Map 1: 1/1      Reducer 2: 1/1
+--------+--+
| _c0    |
+--------+--+
| 32770  |
+--------+--+
1 row selected (12.613 seconds)
0: jdbc:hive2://localhost:10000/default>
```

6.4 在 Hive 中装载增量变更数据

将数据装载到 Hadoop 中是一项连续性的任务。当你装载了大量来自某一源系统的数据之后，可以以常规批处理的形式进行更改。对于 Hive 而言，这个过程就是以增量文件的形式引入新数据并且为该表添加新分区。但是，你不能修改现有分区中的数据。作为 Stinger.next 倡议的一部分，本社区将为 Hive 增加 ACID 功能。对于像插入和更新这样的核心功能，我们还有一组流 API，它们允许将数据连续摄入到 Hive 的表中。

6.5 Hive 流处理

Hive 的流 API 主要作为 Hive Bolt 与 Storm 一起使用。它将一个数据流分解成若干更小批量的数据。到达的数据可以连续以小批量记录的形式提交到已有 Hive 分区或表中。当数据被提交后，马上对此后发起的所有 Hive 查询可见。如前所述，这种流式功能是基于插入和更新支持的。

Hive 流 API 目前还存在一些限制。

- 目标表必须进行分桶处理。
- 流 API 只支持含有分隔符的流式输入数据（如 CSV、Tab 分隔符等）和 JSON（严格语法）格式的数据。
- 目标表必须以 ORC 格式存储。
- 你必须设置如下所需参数以支持 ACID 功能。
  - `hive.txn.manager = org.apache.hadoop.hive.ql.lockmgr.DbTxnManager`
  - `hive.compactor.initiator.on = true`
  - `hive.compactor.worker.threads > 0`

实际上，Hive 流处理的实现需要用 Java 编写的 Storm Bolt，这一内容超出了本书的范畴。

6.6 小结

在本章中，我们研究了将数据装载到 Hive 中的各种情况。大多数情况下，在 Hive 中装载数据是一个两阶段的过程。所有数据首先被摄取到 HDFS，然后其元数据被添加到 Hive Metastore 中。用于将数据摄取到 HDFS 中的工具有很多种，它们都是针对不同用例构建的。现在，Apache NiFi 通常被用来摄取几乎所有类型的数据。它开箱即用的独特功能（例如来源、安全性和易于管理等方面）使它成为非常适合企业将数据摄取到 Hadoop 数据湖的一种工具。现在，越来越多的公司使用 Hadoop 来构建实时处理用例，而这样的用例通常需要从作业系统连续摄取数据。尽管 Hive 流处理尚未完全准备好进入生产环境，但是仍然可以通过 Hive ACID 来提供这一功能。一些 RDBMS 供应商还创建了面向变化数据捕捉（Change Data Capture，CDC）技术（如 Oracle GoldenGate、Attunity 等）的插件，以便将持续的变更加载到 Hive 表中。然而，要实现变更的实时访问和生效，在这一领域还有很多工作需要做。

第7章 查询半结构化数据

如果没有查询数据的能力，Hive 将不会成为有用的数据仓库工具。幸运的是，Hive 用例的核心基础是查询和提供大规模 schema-on-read 功能。强大的 Hive 提供了转换多种数据格式的能力，以及为满足独特业务需求而定制转换的能力。Hive 可以适应你的数据格式，而不是相反。这是数据驱动型组织的核心基础。

如前所述，Hive 可以通过 HCatalog 实现此功能，不过这也可以通过特有的存储和装载功能实现。如果你已经精通现有的查询语言，那么将会发现 Hive 中的许多部分都很熟悉，不过你也会发现它对传统 RDBMS 提供的查询功能和模式进行了扩展，与之存在一些细微差别。

Hadoop 这个广受关注的平台通常把数据区分为结构化的、半结构化的和非结构化的。结构化数据通常是指用行和列表示的数据。这是数据分析师最熟悉的，尤其是那些与传统的事务处理系统（如销售点或库存管理）打交道的专业人士。半结构化数据通常是介于列和行之间的一种数据，它可能是一些更奇特的东西，比如键/值对、数组或嵌套数据。对于这类数据而言，可能数据结构中列的数目是动态的，抑或可能一列有多个值。这些数据很像传统数据，但其表现形式大不相同。这类数据的例子有 XML、HL7 和 JSON 等。这里给出一个用 JSON 文件表示的真实推文（文件太长，不能完整显示，所以给出的是一个精简版本）。

```
{
  "created_at": "Wed Sep 23 01:19:54 +0000 2015",
  "id": 646494164109029400,
  "id_str": "646494164109029376",
  "text": "@StarksAndSparks \"I'm not!\" He laughs and shrugs. \"I'm all bone.\"",
  "source": "<a href=\"http://twitter.com/download/iphone\" rel=\"nofollow\">Twitter for
  iPhone</a>",
  "truncated": false,
  "in_reply_to_status_id": 646222681067622400,
  "in_reply_to_status_id_str": "646222681067622400",
  "in_reply_to_user_id": 3225146093,
  "in_reply_to_user_id_str": "3225146093",
  "in_reply_to_screen_name": "StarksAndSparks",
  "user": {
    "id": 3526755197,
    "id_str": "3526755197",
    "name": "smoll steve",
    "screen_name": "hellatinysteve",
    "location": "",
```

```
    "url": null,
    "description": "like a chihuahua who thinks he's a pitbull. did someone say napoleon
    complex?",
    "protected": false,
    "verified": false,
    "followers_count": 117,
    "friends_count": 56,
    "listed_count": 3,
    "favourites_count": 155,
    "statuses_count": 1831,
    "created_at": "Wed Sep 02 20:26:36 +0000 2015",
    "utc_offset": null,
    "time_zone": null,
    "geo_enabled": true,
    "lang": "en",
    "contributors_enabled": false,
    "is_translator": false,
    "profile_background_color": "CODEED",
    "profile_background_image_url": "http://abs.twimg.com/images/themes/theme1/bg.png",
    "profile_background_image_url_https": "https://abs.twimg.com/images/themes/theme1/bg.png",
    "profile_background_tile": false,
    "profile_link_color": "0084B4",
    "profile_sidebar_border_color": "CODEED",
    "profile_sidebar_fill_color": "DDEEF6",
    "profile_text_color": "333333",
    "profile_use_background_image": true,
    "profile_image_url": "http://pbs.twimg.com/profile_images/639178684478394368/0f3yigOF_
    normal.jpg",
    "profile_image_url_https": "https://pbs.twimg.com/profile_images/639178684478394368/
    0f3yigOF_normal.jpg",
    "profile_banner_url": "https://pbs.twimg.com/profile_banners/3526755197/1441227570",
    "default_profile": true,
    "default_profile_image": false,
    "following": null,
    "follow_request_sent": null,
    "notifications": null
  },
  "geo": null,
  "coordinates": null,
  "place": null,
  "contributors": null,
  "retweet_count": 0,
  "favorite_count": 0,
  "entities": {
    "hashtags": [],
    "trends": [],
    "urls": [],
    "user_mentions": [
      {
        "screen_name": "StarksAndSparks",
        "name": "Tony Stark.",
        "id": 3225146093,
        "id_str": "3225146093",
        "indices": [
```

```
                0,
                16
              ]
            }
          ],
          "symbols": []
        },
        "favorited": false,
        "retweeted": false,
        "possibly_sensitive": false,
        "filter_level": "low",
        "lang": "en",
        ...
```


正如你所看到的，每条推文都有大量的信息。Hadoop的强大之处就在于，它可以像在任何文件系统中那样存储像JSON推文这样的原始文件，而之后又可以使用Hive在该目录上创建一个模式，使你可以查询该原始数据的各个属性。你可以存储所有数据，但只需要查询自己所需的数据。

对于半结构化数据，还可以联想到系统日志或应用程序的事件日志文件等。最后，以图像、OCR、PDF或空间数据等形式存在的数据则是非结构化数据。非结构化数据是复杂的数据，可能其结构无法用列、行或数组来描述，而是以字节模式存放的，例如互联网上一幅猫的图像或者一根肋骨的X射线图像。事实上，没有数据是没有模式的。关键在于用于发现模式的算法。诚然，数据的模式可能会在摄取数据的时候被改变，也可能并不容易被发现，但是所有的数据都是有模式的，需要由开发人员使用自己可掌控的各种工具来收集这些模式，而分析这些数据的工具也需要具有一定的灵活性，以便适应各种潜在的模式。

本章主要关注半结构化数据，以及如何在Hive中利用这些数据进行制表和分析。我们将剖析一些实际的数据，如点击流数据、JSON数据和服务器日志数据。学完本章，你应该掌握如何在这些数据上使用和创建模式，并且理解在Hive中扩张数据要用到的摄入工具和转换工具。

7.1 点击流数据

常见的用例之一就是利用点击流数据来分析和预测客户行为。你可以通过这些数据回答下述问题。

- 哪个页面最受欢迎？
- 大多数用户从哪个页面离开？
- 用户在某个特定页面上停留的时间比在其他页面上长吗？
- 最常用的导航路径是什么？

作为业务人员，你可以使用这些问题的答案来帮助推广某些项目，或定制你的Web页面以适应行为模式。此外，如果你能够实时捕获这些数据，就能够立即得到反馈，并且在必要之时进行更正。市场营销部门和内容创作者也可以得到关于变化情况和促销情况的即时反馈，并且近实时地做出反应。将这些数据存储在HDFS中，通过Hive进行查询，也可以提供预报趋势分析和预测分析。

从来都不缺可用的点击流工具，而其中许多工具都是基于云计算的，例如Google Analytics。使用这样的工具，可以通过预置的图表来收集数据和查看结果。Hive+HDFS这样的选项使你能够拥有属于自己的数据，并且还能使用内部产品或销售数据等内部数据来丰富这些数据。我们将看到，数据摄取、存储和可视化方面的工作相对容易，这是许多公司在开始其Hadoop之旅时都要着手干的事情。

点击流数据通常以日志文件的形式存储在Web服务器的目录下。摄取这些文件最常见的方法是利用Apache Flume或Apache NiFi这样的工具。安装和配置Apache Flume已经超出了本章的范畴，因此我们将主要关注手动将日志复制到HDFS。本示例将使用原始的Wikipedia点击流数据。你可以通过网址https://figshare.com/articles/Wikipedia_Clickstream/1305770下载数据。有多个数据集，无论选择哪个都可以，选择所有数据集也可以。

注意　Apache Flume是一种将运行日志文件摄取到HDFS的常用方法。Flume以Agent方式运行，而且在其中可以创建用于日志处理的源。你可以有多条渠道，它们既可用于执行处理，也可作为多个保证交付的Agent。欲了解更多信息，请访问Apache Flume网站。

Wikipedia的数据包含了2015年1月的网站流量。数据主要聚焦于页面引用，即当前用户所在的页面和用户将要访问的页面。页面引用可以使用搜索引擎或者点击页面上的链接来实现。让我们看其中一个数据集的样例。

```
1758827  2516600   154  !Kung_people                            !Kung_language
22980    2516600   74   Phoneme                                 !Kung_language
         2516600   20   other                                   !Kung_language
261237   2516600   21   The_Gods_Must_Be_Crazy                  !Kung_language
247700   2516600   12   Xu_language                             !Kung_language
         2516600   29   other-wikipedia                         !Kung_language
1383618  2516600   33   Mama_and_papa                           !Kung_language
7863678  2516600   12   List_of_endangered_languages_in_Africa  !Kung_language
524854   2516600   20   Alveolar_clicks                         !Kung_language
34314219 2516600   11   Ekoka_!Kung                             !Kung_language
27164415 2516600   100  Contents_of_the_Voyager_Golden_Record   !Kung_language
524853   2516600   21   Palatal_nasal                           !Kung_language
17333    2516600   45   Khoisan_languages                       !Kung_language
713020   2516600   56   Jul'hoan_dialect                        !Kung_language
         29988427  300  other-empty                             !Women_Art_Revolution
         29988427  93   other-google                            !Women_Art_Revolution
         29988427  24   other-wikipedia                         !Women_Art_Revolution
420777   29988427  14   Zeitgeist_Films                         !Women_Art_Revolution
6814223  29988427  23   Lynn_Hershman_Leeson                    !Women_Art_Revolution
1686995  29988427  27   Carrie_Brownstein                       !Women_Art_Revolution
         64486     650  other-empty                             !_(disambiguation)
         64486     226  other-google                            !_(disambiguation)
         64486     23   other-wikipedia                         !_(disambiguation)
600744   64486     14   !!!                                     !_(disambiguation)
7712754  64486     237  Exclamation_mark                        !_(disambiguation)
```

该完整数据集包含2200万篇参引文章对，但这还只是对1月份40亿次请求进行抽样的结果！该数据集有6个字段。

- prev_id：如果参引位置并未对应英语版Wikipedia主命名空间中的某篇文章，则其取值为空。否则，该取值中含有与参引位置相对应的文章的唯一MediaWiki页ID，也就是客户端浏览的上一篇文章。
- curr_id：客户端所请求的文章的唯一MediaWiki页ID。
- n：（**参引位置，资源**）对所出现的次数。
- prev_title：将参引位置的URL映射到前述固定值集所得到的结果。
- curr_title：客户端所请求的文章标题。
- type：
  - 如果参引方和请求方都是文章页且参引方链接到请求方，则为link型；
  - 如果参引方是一篇文章并且链接到请求方，但是请求方并不在enwiki.page表中，则为redlink型；
  - 如果参引方和请求方都是文章，但是参引方并未链接到请求方，则为other型；当客户端搜索或出现欺骗参引方的行为时，会发生这种情况。

如果你注意一下，会发现并非所有字段都在数据的每一行中出现，在通过传统ETL处理过程来摄取数据时可能会出现这种问题。本来为NULL的数据仍然需要加以考虑，而你的表需要定义所有可能字段，而不管这些字段是否有数据。在使用HDFS和Hive时，我们首先要摄取数据。在摄取数据后，我们将创建模式。这就是schema-on-read的价值所在，它的出现使Hive数据仓库开发比传统数据仓库开发更加敏捷。

7.1.1 摄取数据

正如前面提到的，第一步是摄取数据，我们将手动模拟常见日志流的摄取过程。你应该已经下载了名称类似于2015_01_clickstream.tsv.gz的压缩文件。如果你只下载一个数据集，压缩文件约为330MB，如果解压该文件，其大小会扩张到1GB以上。像点击流这样的文件的压缩率很高，通常可以超过70%。很有用的一点是，当将这些文件存储在HDFS时，并不需要解压。

警告 在Hadoop本地访问压缩文件时，主要针对GZIP扩展名而不是ZIP扩展名。如果你尝试查询存储在扩展名为.ZIP的文件中的数据，只会得到空值。如果你需要使用.ZIP文件，还可以针对MapReduce InputFormat打包一个ZIP文件阅读器。

要开始摄取数据，首先进入Ambari并在HDFS中创建一个临时目录。我们将在这里上传文件，然后在Hive中创建一个表。我们可以通过Ambari的HDFS视图来完成此项工作。图7-1展示了如何进入HDFS视图。

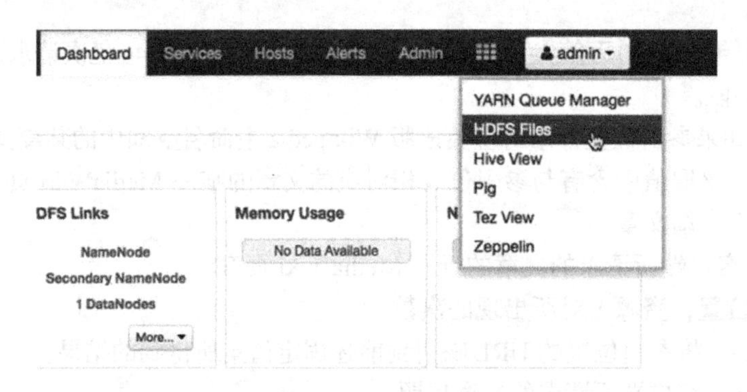

图 7-1　HDFS 视图

进入 HDFS 视图，导航到/tmp 目录下。你可以在任何地方创建 Wiki 点击流数据目录，但是为了便于练习，我们在此使用/tmp。在/tmp 中，单击 New directory 创建一个名为 wikiclickstream 的目录。图 7-2 显示了 New directory 选项。

/ tmp　　+ New directory　Upload

tmp　　Search File Names

Name	Size	Last Modified	Owner	Group	Permission
..					
entity-file-history	-	2016-03-14 09:19	hdfs	hdfs	-rwxr-xr-x
hive	-	2016-04-20 09:14	ambari-qa	hdfs	-rwx-wx-wx
tweets_staging	-	2016-04-20 14:49	nifi	hdfs	-rwxr-xr-x

图 7-2　创建一个新的目录

按照提示，你现在应该可以在/tmp 目录下看到一个名为 wikiclickstream 的目录。单击 wikiclickstream 目录。我们现在可以通过点击 Upload 按钮来上传压缩的点击流数据，并且浏览之前下载的文件。图 7-3 显示了 Upload 按钮和已下载的文件。注意，文件仍然是带有.GZ 扩展名的压缩文件。

/ tmp / wikiclickstream　　+ New directory　Upload

wikiclickstream　　Search File Names

Name	Size	Last Modified	Owner	Group	Permission
..					
2015_01_clickstream.tsv.gz	313.3 MB	2016-04-30 13:28	admin	hdfs	-rw-r--r--

图 7-3　上传一个点击流文件

数据现在已经装载到 HDFS 中。我们的数据集很小，这里也可以通过自动批处理或实时流处理装载数 TB 大小的文件。点击该文件以查看内容示例。注意，HDFS 会自动将文件解压缩以供查看。图 7-4 显示了文件的内容。

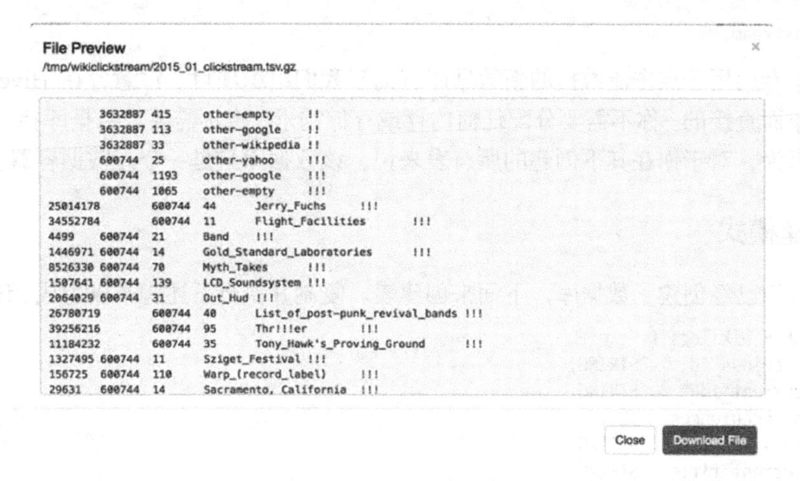

图 7-4 点击流文件的内容

剩下的工作就是在该文件上创建元数据。从本质上看，我们将构建一个指向该文件的视图或虚拟表，这样就可以对这些数据运行 Hive 查询了。为此，我们可以创建表的 DDL 脚本，并且在 HiveCL 中运行它。既可以直接在 HiveCL 中运行我们的 DDL，也可以在 Hive 视图中执行该脚本。对于该数据，我们将使用 Hive 视图进行操作。导航到 Hive 视图，它和 HDFS 视图在相同位置。在查询编辑器中，执行以下命令。

```
CREATE DATABASE clickstream;
```

图 7-5 显示了命令和新创建的数据库。你需要刷新 Database Explorer 以查看 clickstream 数据库。

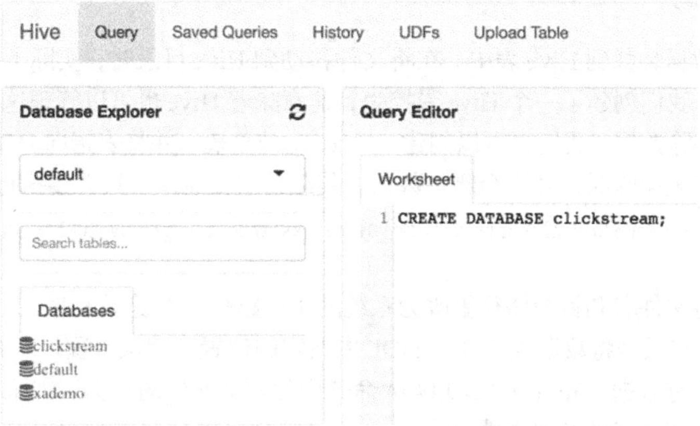

图 7-5 创建 clickstream 数据库

当你看到该数据库时，将数据库从 default 数据库更改为 clickstream 数据库。可以通过从下拉菜单中选择数据库，或在查询编辑器中执行以下命令来实现。

```
USE clickstream;
```

创建一个专门用于点击流数据的新数据库有助于我们组织项目。注意，在 Hive 中创建一个数据库是简单而直接的。你不需要分配任何内存或存储需求，也不需要与数据库相关联的文件或设置。这是因为，对于你在其下创建的所有表来说，该数据库只是一个元数据容器。

7.1.2 创建模式

现在，我们已经创建了数据库，下面来创建表。复制并执行下述脚本以生成 wikilogs 表。

```
CREATE TABLE wikilogs (
        previous_id     STRING,
        current_id      STRING,
        no_occurences   INT,
        previous_title  STRING,
        current_title   STRING,
        type            STRING)
ROW FORMAT DELIMITED
FIELDS TERMINATED BY '09'
STORED AS textfile;
```

对于了解 SQL 的人来说，应该很熟悉 Hive 的 CREATE TABLE 语句。SQL 与 Hive 在 CREATE TABLE 上的主要区别在于最后 3 个命令。ROW FORMAT DELIMITED 命令让 Hive 知道文件中有一个分隔字符，每个字段由一个 Tab 字符（09 是制表符命令的 ASCII 值）分隔。字段几乎可以用任何字符分隔，而这一点将在 CREATE TABLE 语句中加以描述。STORED AS 命令告诉 Hive 如何存储文件。在本例中，我们将它存储为最基本的文本文件。在真实环境中，可以将数据存储为更高效的文件格式，比如 ORC 文件。关于性能调优的章节将讨论这些文件格式。

7.1.3 装载数据

下一步是将数据装载到 Hive 表中。在将文件移动到 Hive 目录时，实际上并没有装载那么多的数据。本例中，我们创建了一个 Hive 受控表，这意味着 Hive 也可以管理这些数据，如果删除该表，同时也将删除数据。我们也可以创建一个 Hive 外部表，并将表指向 HDFS 中的某个位置。对于外部表，当表被删除时，并不会删除数据。装载数据很简单，只需要执行 LOAD DATA 语句。

```
LOAD DATA INPATH '/tmp/wikiclickstream/2015_01_clickstream.tsv.gz' OVERWRITE INTO TABLE
wikilogs;
```

你一定希望将文件名和目录路径更改为系统的正确路径。关键要理解 LOAD DATA 命令不对数据执行任何转换，它只是将数据复制到表 DDL 中指定的位置或默认位置。OVERWRITE 命令直接删除与该表关联的所有数据，并且在 LOAD DATA 命令中使用新文件的数据。如果存在一个相同名称的旧文件，那么新文件将替换旧文件。

7.1.4 查询数据

执行 LOAD DATA 命令后，现在 wikilogs 表中有了可用的数据。我们首先做点清理工作，消除一些不必要的列。对于我们来说，并不需要前两列，因为它们都是没有价值的页面标识。对于所有用户，我们主要关注用户所在的页面、他到达的页面，以及他此后访问的次数。我们原本可以定义没有列的表格，但是可能公司的另一个小组也需要这些数据。对于我们的小组，我们将创建一个简单视图来限制这两列。在查询编辑器窗口中执行以下 HiveQL 语句。

```
CREATE VIEW wikilogs_view (no_occurences, previous_title, current_title)
AS SELECT no_occurences, previous_title, current_title FROM wikilogs;
```

现在我们有了一个视图，可以开始探讨一些关于数据的问题了。我们首先找到出现次数最多的链接。执行下述查询，但请记住，由于数据集规模大小不同，可能需要一段时间才能返回结果。直到现在，我们还没有进行性能调优，这是因为我们在沙箱上操作，还没有利用任何分布式的并行处理。

```
SELECT * FROM wikilogs_view
SORT BY no_occurences DESC;
```

图 7-6 给出了执行结果。

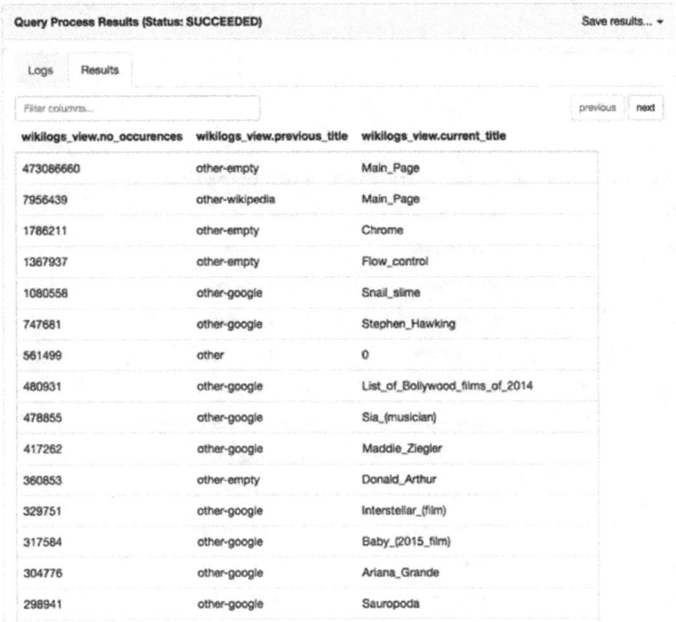

Query Process Results (Status: SUCCEEDED) Save results...

Logs Results

Filter columns... previous next

wikilogs_view.no_occurences	wikilogs_view.previous_title	wikilogs_view.current_title
473086660	other-empty	Main_Page
7956439	other-wikipedia	Main_Page
1786211	other-empty	Chrome
1367937	other-empty	Flow_control
1080558	other-google	Snail_slime
747681	other-google	Stephen_Hawking
561499	other	0
480931	other-google	List_of_Bollywood_films_of_2014
478855	other-google	Sia_(musician)
417262	other-google	Maddie_Ziegler
360853	other-empty	Donald_Arthur
329751	other-google	Interstellar_(film)
317584	other-google	Baby_(2015_film)
304776	other-google	Ariana_Grande
298941	other-google	Sauropoda

图 7-6 按照 no_occurences 排序的结果

数据告诉我们，到目前为止最常出现的链接是 Wiki 主页。这对于探究数据的本质是有意义的。previous_title 字段包括常见的搜索源，它可以帮助我们确定人们在 Wikipedia 中使用最多的搜索工具。这些值的定义如下。

- 位于英文版 Wikipedia 主命名空间中的文章➤文章标题
- 不在英文版 Wikipedia 主命名空间中的 Wikipedia 页面➤other-wikipedia

- 空参引➤other-empty
- 来自其他 Wikimedia 项目的页面➤other-internal
- Google ➤other-google
- Yahoo ➤other-yahoo
- Bing ➤other-bing
- Facebook ➤other-facebook
- Twitter ➤ other-twitter
- 其他➤ Other-Other

基于这些值，我们可以回答如“Facebook 上链接频次最高的 Wiki 页面是什么？”之类的问题。让我们通过执行以下 SQL 语句来寻找答案。

```
SELECT * FROM wikilogs_view
WHERE previous_title = 'other-facebook'
SORT BY no_occurences DESC;
```

图 7-7 展示了查询结果。

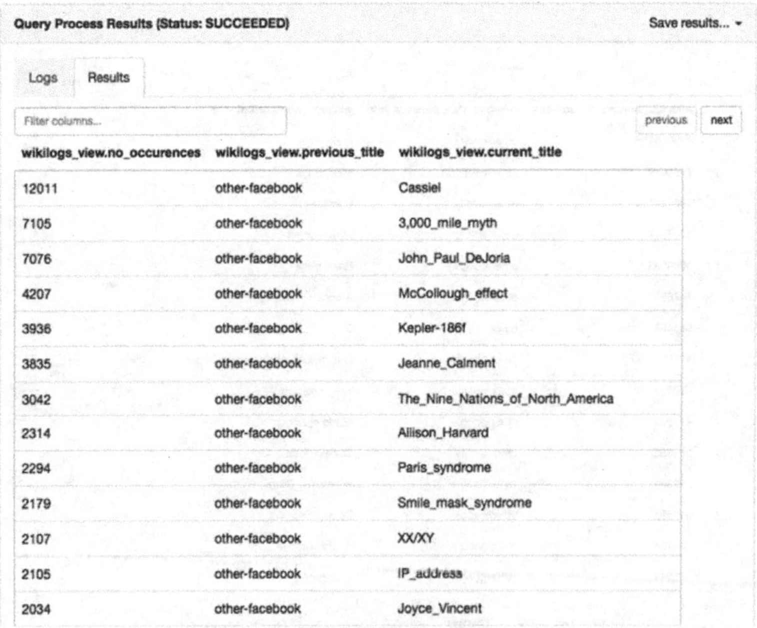

Query Process Results (Status: SUCCEEDED)　Save results...

Logs　Results

Filter columns...　previous　next

wikilogs_view.no_occurences	wikilogs_view.previous_title	wikilogs_view.current_title
12011	other-facebook	Cassiel
7105	other-facebook	3,000_mile_myth
7076	other-facebook	John_Paul_DeJoria
4207	other-facebook	McCollough_effect
3936	other-facebook	Kepler-186f
3835	other-facebook	Jeanne_Calment
3042	other-facebook	The_Nine_Nations_of_North_America
2314	other-facebook	Allison_Harvard
2294	other-facebook	Paris_syndrome
2179	other-facebook	Smile_mask_syndrome
2107	other-facebook	XX/XY
2105	other-facebook	IP_address
2034	other-facebook	Joyce_Vincent

图 7-7　Facebook 上排名靠前的链接

前 3 个链接是 Cassiel、3000_mile_myth 和 John_Paul_DeJoria。基于这样的数据，我们很难推测为什么 Facebook 上的这些链接会在 2015 年 1 月份如此流行，但是通过深入研究这一阶段的其他数据，可以进一步确定为什么排名第一的快照的出现次数明显高于它之后的两个。通过其他数据可以帮助我们发现有关个人 Facebook 帖子的细节，这包括来自 Google 或 Twitter 等数据源的数据，以及地理数据等。

当然，你所处行业里的点击流数据可能包含比这里给出的 Wikipedia 示例多得多的字段，但是摄入、存储和查询过程是一样的。许多公司都会用到点击流数据，将其与内部的营销数据加以整合，进而定制广告投放或战略推广服务。另一个用例是加入来自应用程序服务器的系统日志数据，这样运营团队就可以更好地识别应用程序或硬件故障导致的 Web 页面错误。能够以更快的速度存储更多数据，为预先进行高效而主动的维护打开了大门，同时也驱动获得更快且性价比更高的商业决策。

7.2 摄取 JSON 数据

本节将快速介绍一种更复杂的数据类型。我们要摄取 JSON 数据，这是众所周知的 Twitter 数据格式。JSON（JavaScript 对象表示法）是传输应用程序数据时使用最广泛的格式之一。它是一种流行的开放标准，类似于 XML。与 XML 一样，它也基于属性/值对。该值几乎可以是任何内容，包括单个元素、长文本，甚至映射和数组。JSON 既可以多级嵌套，也可以有动态属性，而这对于标准 ETL 过程来说可能会引发问题。JSON 的流行导致出现了大量读取和解析 JSON 数据的应用程序和编程语言。一些数据流程产品甚至会在所有摄入数据进入 HDFS 或 NoSQL 数据库之前，将其转换成 JSON 格式。

注意 要了解更高级并且更有趣的 Twitter 简讯示例，推荐阅读使用 Apache NiFi 连接 Twitter Garden Hose 的教程。推文被发送到 NiFi，并被推送到一个 Solr Banana 仪表盘，然后再进入 HDFS 进行长期存储。所有工作可以在一小时内完成。通过链接 https://community.hortonworks.com/content/kbentry/1282/sample-hdfnifi-flow-to-push-tweets-into-solrbanana.html，可以找到所有关于 Hortonworks Community Connection 的指令。

本章中使用的例子包括：摄入随机 JSON 文件，然后在 Hive 中构建一个表，这样就可以查询数据了。摄入阶段很简单，但在构建表和查询数据时还需要考虑一些事情。我们所做的决策将影响查询性能。我们将通过该示例讨论所有可能选项。

我们做任何事情都需要数据。幸而，获取 JSON 数据很简单。我们在本例中采用了 http://json-generator.com 上的 JSON 生成器。该网站为你上传的任何 JSON 模板随机创建数据。为了简单起见，我们将使用默认模板。当你生成数据时，它将创建一个由多个 JSON 元素构成的列表。每个元素（或块）都以_id 开头。我们继续行动，将它们划分到不同的 JSON 文件中，分别命名为 json1、json2 和 json3。json1 的内容如下。

```
{
  "_id": "5774245438f862f0b8121f41",
  "index": 5,
  "guid": "580ff472-9036-40b2-aa3c-9085f305d6b4",
  "isActive": false,
  "balance": "$2,252.98",
  "picture": "http://placehold.it/32x32",
```

```
  "age": 36,
  "eyeColor": "brown",
  "name": {
    "first": "Lori",
    "last": "Pacheco"
  },
  "company": "LUDAK",
  "email": "lori.pacheco@ludak.net",
  "phone": "+1 (891) 415-2253",
  "address": "290 Rochester Avenue, Cannondale, Guam, 7856",
  "about": "Qui fugiat nostrud qui laborum Lorem excepteur. Minim exercitation esse mollit
  irure fugiat eiusmod proident sit Lorem incididunt. Dolor ex ipsum tempor est eu duis
  exercitation. Enim ea ullamco mollit proident labore eiusmod excepteur magna Lorem anim.",
  "registered": "Tuesday, February 10, 2015 8:07 AM",
  "latitude": "75.805649",
  "longitude": "138.091539",
  "tags": [
    "ullamco",
    "in",
    "voluptate",
    "reprehenderit",
    "sunt"
  ],
  "range": [
    0,
    1,
    2,
    3,
    4,
    5,
    6,
    7,
    8,
    9
  ],
  "friends": [
    {
      "id": 0,
      "name": "Byrd Meyers"
    },
    {
      "id": 1,
      "name": "Weeks Miles"
    },
    {
      "id": 2,
      "name": "Marquez Pace"
    }
  ],
  "greeting": "Hello, Lori! You have 6 unread messages.",
  "favoriteFruit": "banana"
}
```

注意，诸如 name、friends 和 range 等内容的值都为列表或元素数组。正是这种灵活的结构使得 JSON 如此强大，却又难以进入关系系统。关系系统也在为查询这种类型的数据而不懈努力，而且关系系统很难针对这种数据进行性能调优。考虑到 HDFS 是一个文件系统，至少就本书而言数据摄取并不那么重要，因为我们不需要任何实时或自动化的过程。

注意　在创建用于查询用途的 JSON 数据时，最好确保从文件中删除所有不必要的字符数据，并且正确形成 JSON 模式。正如前面所提到的，我们发现使用 JSON 生成器有助于生成随机 JSON 数据，之后可将生成的 JSON 数据粘贴到 JSON 编辑器中，进行格式验证和“扁平化”处理。在 http://jsoneditoronline.org/上可以找到一个很好的在线编辑器。

就像点击流数据一样，我们将在 HDFS 中创建一个目录来存储 JSON 数据。同样，我们选择了 tmp 目录，并额外创建了一个名为 json_data 的目录。创建后，要打开目录并添加 json1、json2 和 json3 文件。图 7-8 显示了 json_data 目录下的文件。

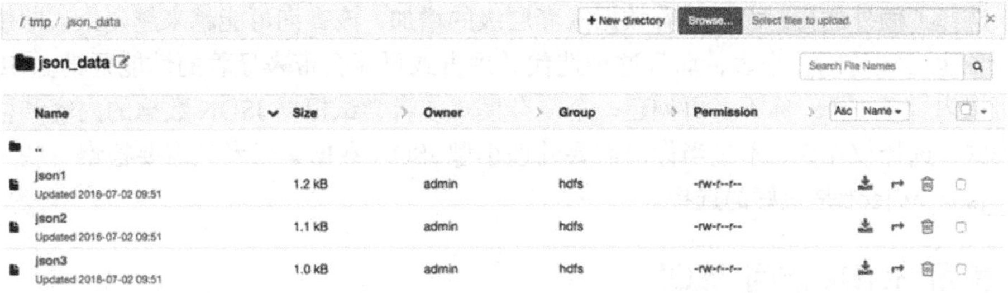
/ tmp / json_data
+ New directory
Browse...
Select files to upload.
json_data
Search File Names
Name
Size
Owner
Group
Permission
Asc
Name
..
json1
Updated 2016-07-02 09:51
1.2 kB
admin
hdfs
-rw-r--r--
json2
Updated 2016-07-02 09:51
1.1 kB
admin
hdfs
-rw-r--r--
json3
Updated 2016-07-02 09:51
1.0 kB
admin
hdfs
-rw-r--r--

图 7-8　向 HDFS 添加 JSON 文件

7.2.1　使用 UDF 查询 JSON

添加文件之后，下一步就是在数据上创建一个模式。从这里开始就变得有意思了，你需要决定如何查询数据。访问 JSON 数据主要有两种方法。你可以使用内置的 UDF（用户定义函数），也可以使用内置的或可公开获得的 JSON SerDe。你所选定的 JSON 访问方法决定了存储数据的方式和应用于数据的模式。

我们先使用 UDF 方法。UDF 方法是最简单的，因为它使用本地 Hive 函数，而且只需要一个简单的模式。第一步是创建表来存储 JSON 数据。此表仅由一个字符串型的列组成，它表示整个 JSON 数据。我们创建了一个名为 `json_data` 的数据库，并且将在该数据库中创建此表。你也可以使用任何自选的数据库。在 Hive 视图或命令行中执行以下命令。

```
CREATE TABLE json_table (
json string);
```

如你所见，该表只有一列，而且我们将该列定义为字符串类型。下一步是将 JSON 数据装载到这个表中，并且将所有数据存储到一个字符串型的列中。从 Hive 视图或命令行执行以下命令。

```
LOAD DATA INPATH '/tmp/json_data/json1' INTO TABLE json_table;
```

在本例中，我们在 tmp 目录下创建了一个名为 json_data 的目录，并且上传了 json1 文件。上述 LOAD 语句将该文件装载到一个名为 json_table 的表中。要查询 json_table 表中的所有数据，执行下述查询，该查询使用了名为 get_json_object 的 UDF。

```
select get_json_object(json_table.json, '$') from json_table;
```

该语句将返回 json_table 表中的所有数据。如果要选择多个值，则需要为每个值都执行一条 SELECT 语句。下面是一个选择多个值的例子。

```
select get_json_object(json_table.json, '$.balance) as balance,
          get_json_object(json_table, '$.gender) as gender,
          get_json_object(json_table.json, '$.phone) as phone,
          get_json_object(json.table.json, '$.friends.name) as friendname
          from json_udf;
```

该查询将获得 json_table 表中好友的资产余额、性别、电话和姓名。你应该已经开始注意到，由于选择了额外的行，而且随着数据嵌套层级的增加，该查询可能越来越复杂。即使每次只需要一行，也必须访问整个表，而且这种迭代处理方式可能会带来显著的性能开销。UDF 的优点是它可以内置于 Hive，你不必再创建一个复杂模式或者尝试根据 JSON 数据的内容和格式来定义一个模式。选择权在你，不过当你只需要处理小型 JSON 数据集或者只需要检索一些关键属性时，get_json_object 是很好的选择。

7.2.2 使用 SerDe 访问 JSON

到目前为止，最灵活和可伸缩性最好的方法是通过 SerDe 访问 JSON 数据。SerDe 是“serializer\deserializer”的缩写，是 Hive 从表中读取数据并以任何自定义格式编写的一种方法。开发人员编写了各种 SerDe，因而 Hive 能够解释不同的文件格式。

其中一种格式就是 JSON。虽然有好几种，但是在 Hive 中读取 JSON 数据最常用的 SerDe 是由 Roberto Congiu 编写的，可以在 GitHub 上找到它。你需要按照说明来编译 JAR 文件，或者直接下载二进制文件。无论如何，你需要将 JAR 文件放置在可从 Hive 环境中直接访问的位置。在本例中，JAR 文件位于/usr/local/Hive-JSON-Serde/json-serde/target/json-serde-1.3.8-SNAPSHOT-jar-with-dependencies.jar。

一旦 JAR 文件到位，就可以通过命令行或 Ambari 视图启动 Hive 了。在 Hive 启动且执行查询之前，必须使用 ADD 命令告诉 Hive 要使用的 SerDe。在你的 Hive 里输入以下命令并执行。

```
ADD JAR /usr/local/Hive-JSON-Serde/json-serde/target/json-serde-1.3.8-SNAPSHOT-jar-with-
dependencies.jar;
```

你还可以将该命令添加到\hiverc 文件，这样每次 Hive 启动时该 JAR 文件都可用了。

现在，Hive 已经感知到了 SerDe，你可以创建一个表来保存 JSON 数据。从命令行或 Ambari 视图运行下述 DDL（最好的方法是引用 HiveQL 文件）。

```
CREATE TABLE json_serde_table (
  id string,
```

```
    about string,
    address string,
    age int,
    balance string,
    company string,
    email string,
    eyecolor string,
    favoritefruit string,
    friends array<struct<id:int, name:string>>,
    gender string,
    greeting string,
    guid string,
    index int,
    isactive boolean,
    latitude double,
    longitude double,
    name string,
    phone string,
    picture string,
    registered string,
    tags array<string>)
  ROW FORMAT SERDE 'org.openx.data.jsonserde.JsonSerDe'
  WITH SERDEPROPERTIES ( "mapping._id" = "id" )
```

该表有一些有趣的特性。首先，它与我们在 UDF 示例中使用的单列的表极为不同。这意味着我们更容易在单条 Hive 语句中选择单个行。我们也有一些复杂的映射，例如结构和数组。这些对于表示 JSON 文档中的嵌套结构非常有用。接下来，我们引用在执行 DDL 之前添加的 SerDe。最后，我们添加了一个 SERDEPROPERTIES 命令。这可能并非对所有 JSON 文档都必需，但就我们用到的文档来说，这一点是必要的，因为我们的第一列有一个不合法的下划线。SERDEPROPERTIES 命令告诉 Hive 将不合法的 ID 映射到合法 ID，进而防止发生错误。

7

提示 一些 JSON 文件异常冗长和复杂。这使得表结构的创建具有挑战性。幸运的是，Michael Peterson 创建了一个程序，它可以根据 JSON 文件推断出一个模式。你可以从 GitHub 页面 https://github.com/quux00/hive-json-schema 下载代码。

我们现在可以将数据装载到表中，就和我们在前面的 UDF 例子中装载数据一样。

```
LOAD DATA INPATH '/tmp/json_data/json1' INTO TABLE json_serde_table;
```

执行下面的查询获取一些数据。

```
SELECT address, friends.name FROM json_serde_table;
```

注意，我们可以直接使用点符号来访问 friends 数组中的 name 值。这是访问嵌套数据的一种简单而明智的方法。

许多人喜欢的另一种方法是使用 Hive 内置的 JSON SerDe。其步骤与 GitHub 版本类似，只是不需要在创建表之前添加 JAR。同样，如果你将 ID 留在原始 JSON 文件中，那么查询 ID 值结果为 NULL。执行以下 DDL 来创建表。

```
CREATE TABLE json_serde_table (
  id string,
  about string,
  address string,
  age int,
  balance string,
  company string,
  email string,
  eyecolor string,
  favoritefruit string,
  friends array<struct<id:int, name:string>>,
  gender string,
  greeting string,
  guid string,
  index int,
  isactive boolean,
  latitude double,
  longitude double,
  name string,
  phone string,
  picture string,
  registered string,
  tags array<string>)
ROW FORMAT SERDE 'org.apache.hive.hcatalog.data.JsonSerDe'
STORED AS TEXTFILE;
```

访问本地的 SerDe 表与前面的示例完全相同。

我们已经研究了在 Hive 中访问 JSON 数据的两种方法。这不是一个详尽的列表，但是使用 SerDe 或 UDF 展示了访问 JSON 数据最常见和最简单的方法。JSON 是一种常见的数据格式，它有着惊人的功能，而 Hive 提供了一种简单的方法来访问这种数据，可以快速地从其内容中洞察到有用的信息。

第8章

Hive分析

分析是通过实施增值决策将数据转化为知识的科学过程。那么什么是Hive分析呢？Hive分析是指实际应用Hive系统来实现业务价值。

本章的目标如下。

- 了解Hive分析的基本组成部分
- 了解基本的业务设计工具
- 使用Hive创建数据仓库
- 组合基本组成部分以成功实现分析处理

为了取得最大收获，你应该按照顺序完成本章示例，因为本章总体形成了分析结构，这是熟练掌握必备处理技能所必需的。

8.1 构建分析模型

分析模型是执行查询的基本结构，用于将数据转化为知识。通过明确地表达数据结构就可以获得智慧，而这些数据结构也会作为业务过程决策的来源。

注意 没有效果的分析就是浪费！

8.1.1 使用太阳模型获取需求

需求可以通过一组太阳模型来表达。找出你计划要达到的分析目标。

注意 计划，再计划，然后执行。用80%以上的时间来设计，然后开始！

1. 业务太阳模型

业务太阳模型是业务查询需求的图形表示。

业务分析人员从关键业务流程收集完整的分析需求集，并将其从图形格式的报表转换为待开发成Hive代码的太阳模型。

通过独立研究每个报表需求，可以形成一个太阳模型，它代表了为在 Hive 数据仓库中应对特定报表需求所需的分析结构。

提示　保持最简法则，每次只研究一份专项报表。

让我们从一个简单的模型开始。

● **条形图**

让我们以条形图为例，来看一个处理需求的示例（如图 8-1 所示）。

你能从条形图中提取出什么呢?

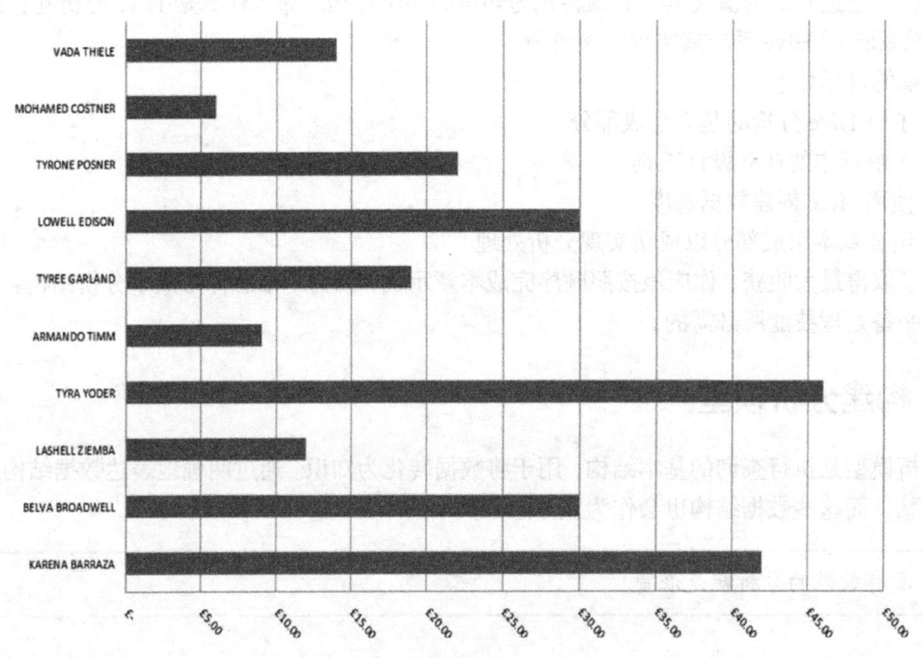

图 8-1　余额排名前 10 位的客户

- 需要一个针对客户的选择器
- 选择器由两个组件构建
  - First Name
  - Last Name
- 需要一种针对余额的度量
  - 余额是以英镑为标准单位计量的
- 需要筛选返回“余额排名前 10 位的客户”
- 需要按降序对余额排序

● **带有下拉选项的条形图**

通过添加偏好可以增强该图，用一系列筛选器来细分数据集（如图 8-2 所示）。

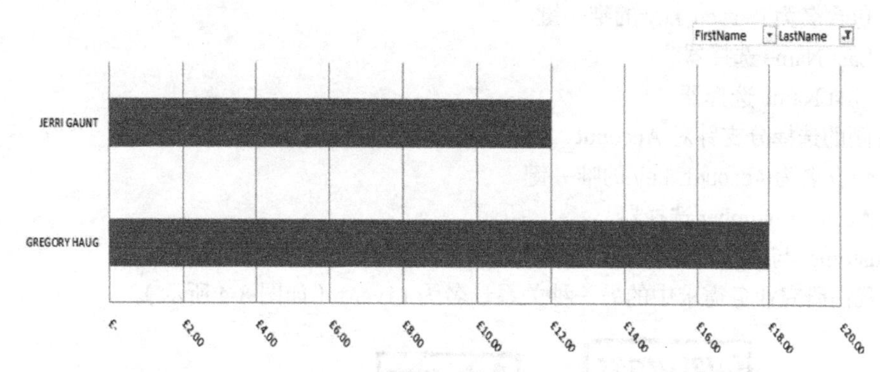

图 8-2 带有下拉列表（FirstName 和 LastName）的前 10 名客户

● **太阳模型**

太阳模型是一种业务友好型的设计工具，它使业务分析人员能够以业务人员和技术人员可理解的格式来记录需求。

太阳模型包含两个基本组成部分。

- **维度**：维度可以用来查询分析模型。在该太阳模型中有两个维度：Customer 和 Account（如图 8-3 所示）。
- **事实**：事实具有统计功能。
  - Sum：计算所选记录的余额总和。
  - Average：计算所选记录的平均余额。
  - Maximum：从所选记录中返回最大余额。
  - Minimum：从所选记录中返回最小余额。
  - 所选记录中两组余额的皮尔逊相关系数。
  - 来自所选记录集合的余额的第 N 个百分点。
  - 绘制所选记录中全部余额的直方图。

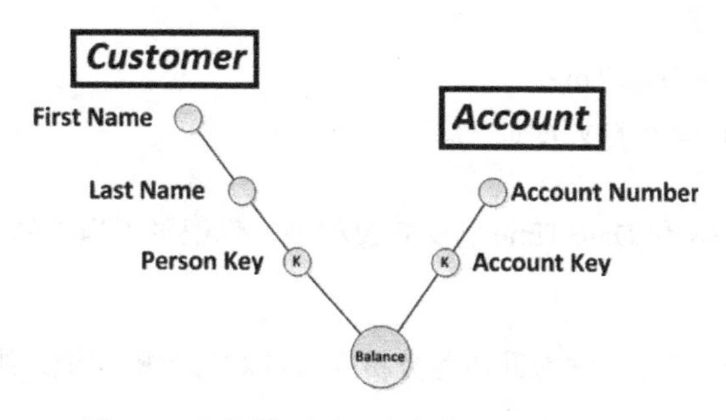

图 8-3 太阳模型（一个事实，两个维度）

下面是对该太阳模型的简要解释。

- ❑ 左侧的选择分支针对 Customer
  - ■ 包含名为 Person Key 的唯一键
  - ■ Last Name 选择器
  - ■ First Name 选择器
- ❑ 右侧的选择分支针对 Account
  - ■ 包含名为 Account Key 的唯一键
  - ■ Account Number 选择器

在 Customer 与 Account 的交互过程中，你记录了当前的 Balance 度量。

现在我们研究业务需求中的另一种关系，名为 LiveAt（如图 8-4 所示）。

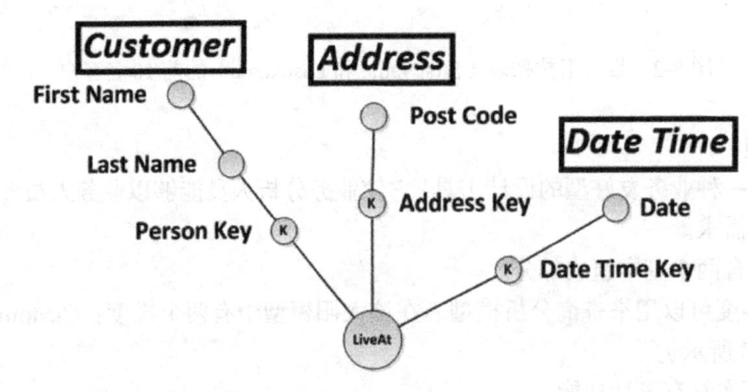

图 8-4　太阳模型（一个事实，三个维度）

- ❑ 左侧选择分支针对 Customer
  - ■ 包含名为 Person Key 的唯一键
  - ■ Last Name 选择器
  - ■ First Name 选择器
- ❑ 中间的选择分支针对 Address
  - ■ 包含名为 Address Key 的唯一键
  - ■ Post Code 选择器
- ❑ 右侧选择分支针对 Date Time
  - ■ 包含名为 Date Time Key 的唯一键
  - ■ Date 选择器

在 Customer、Address 和 Date Time 的交互过程中，你记录了当前的 LiveAt 关系。

2. 内联矩阵

内联矩阵是一种设计工具，它帮助业务分析人员针对每个模型记录维度和事实之间的关系。

你必须创建这样一个矩阵：矩阵的左边是完整的唯一维度列表，而矩阵的顶部是完整的事实列表。然后在矩阵的每个交叉点记录一个指示符，这表示特定维度和特定事实一起构成了数据中的关系。

图 8-5 展示了一个内联矩阵示例。很显然，两个太阳模型都用到了 Person。这表明 Person 是一个公共维度。

	Balance	Live At
Time		x
Person	x	x
Account	x	
Address		x

图 8-5　内联矩阵

注意　作为一般性规则，最好不要在单个度量上使用 15 个以上的维度，以确保针对数据库结构有良好的查询性能。这样可以通过减少每个度量的维度来减少查询中的连接量。

维度的一般性规则是：它应该是“宽”型结构，也就是说可以有很多选择器，甚至可能有数百个选择器。记录数是“浅”型的，也就是说没有太多记录，因为它必须作为选择器中的列表。一个维度会有数百条记录。

事实的一般性规则是：它应该是“窄”型结构，也就是说可以有 1 ~ 15 个键，再加上一个度量。记录数是“深”型的，也就是说可以有大量记录，因为它捕获了该事实在业务中的每一次交互。一个事实可能有数十亿条记录。

内联矩阵必须精简整齐，以确保形成最佳解决方案。该矩阵是通过把整个维度列表放在矩阵的左边而形成的。对其按字母顺序进行排列，并且将指示符转换为矩阵中一个单独的维度行，借此消除重复项。该操作为你提供了公共维度。

矩阵的首行是你为分析模型建立的所有事实或度量。按字母顺序对该行进行排序，并且将指示符转换为矩阵中一个单独的事实列，借此消除重复项。该操作为你提供了公共事实。

8.1.2　将太阳模型转换为星型模式

通过添加创建物理模型所需的技术细节，可将太阳模型集转换为星型模式。其方法是基于太阳模型，为每个选择器和度量都添加一个字段类型的描述。

First Name 现在演变为 First Name Varchar (200)，如图 8-6 所示。

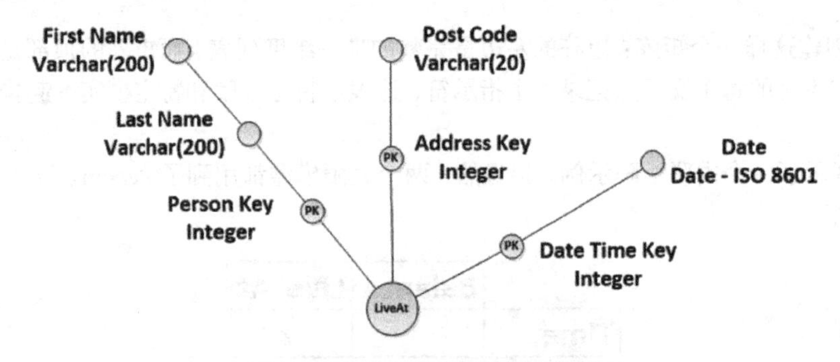

图 8-6　源自太阳模型的星型模式

1. 维度

现在已经有了维度结构，让我们更加深入地研究基本维度。

2. 基本维度

维度是数据仓库的一部分，能够对数据进行“切片和分割”操作。它们用于将数据集细分为所需的筛选集。

- **常见维度类型**

有一组特定类型的维度可以帮助你整理数据并形成数据仓库模型。

每种维度类型都将特定行为添加到维度中，并且支持选择器为分析模型实现所需的业务需求。

不同的结构被描述为类型。

注意　关于哪些类型应该存在，设计社区有各种各样的讨论。我们只讨论类型 0、类型 1、类型 2 和类型 3，以及其他一些用于增强性能的特殊结构。

下面更深入地讨论各种不同的维度类型。

提示　获得准确而高效的维度是需要一些练习的，不过，你可以不断重复，直到凭直觉就知道哪种维度适用于哪种数据为止。

- **类型 0：保护第一个值**

仅当新值在维度表中不存在时，类型 0 维度记录才添加该值；如果该值存在，则保留添加到其字段中的原始值。

当你希望将记录的值保持为首次接收时的值，不进行后续更新时，就可以采用这种维度类型。在业务实践中，当业务实体的原始值应该受到保护时，就可以使用这种维度类型。

图 8-7 给出了一个例子，说明每条人员信息的第一个邮政编码是受保护的。

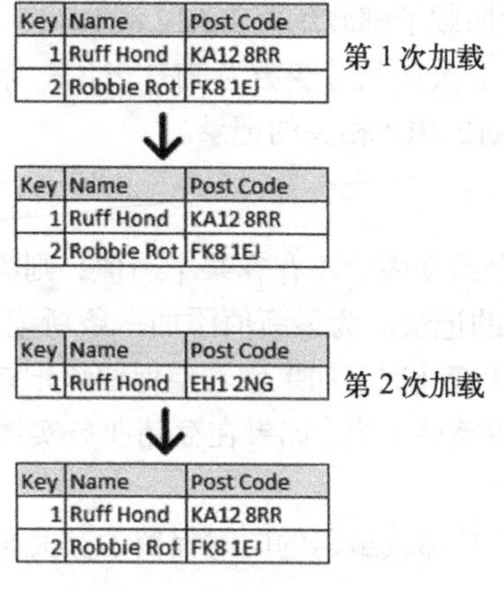

图 8-7 类型 0 维度

Ruff Hond 在第 1 次加载时的邮政编码为 KA12 8RR。

Ruff Hond 在第 2 次加载时的邮政编码变更为 EH1 2NG，但是系统没有改变邮政编码。它的值保持为 KA12 8RR。

- **类型 1：保留最新值**

如果维度表中不存在某个新值，类型 1 维度将添加该值；如果该值存在，那么它将更新到最新值。

当你希望记录值与最新值保持一致，且不再保留以前的值时，可使用这种类型的维度。

加载的最终结果是最后一次上传数据的快照。

在实际业务中，当存储业务实体最后一次更新的值而不保留以前的历史值时，就可以使用这种类型的维度。

图 8-8 展示的是存储某人最新的邮政编码时没有保留其历史记录。

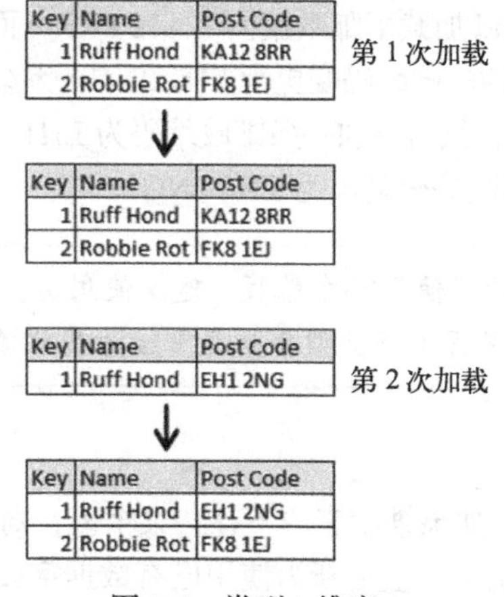

图 8-8 类型 1 维度

Ruff Hond 在第 1 次运行时加载了邮政编码 KA12 8RR。

Ruff Hond 的邮政编码在第 2 次加载时变更为 EH1 2NG。系统将邮政编码更改为 EH1 2NG，并且没有保留其与邮政编码 KA12 8RR 相关的记录。

● **类型 2：保留完整历史**

类型 2 维度的特点是：如果维度表中不存在某个新值，则添加该新值；如果存在该新值，则用有效的日期/时间值更新此前的记录。为最新值添加一条新记录。

当数据在其生命周期中发生变化时，如果你希望保留该记录的所有值，那么就可以使用这种维度。它为你提供了数据上传的完整历史。如果在存储业务实体最新值的同时还要保存所有的历史值，就可以使用这种维度。

图 8-9 展示了在存储某人最新邮政编码的同时保留了其完整的历史记录，而且这里的日期值也是有效的。

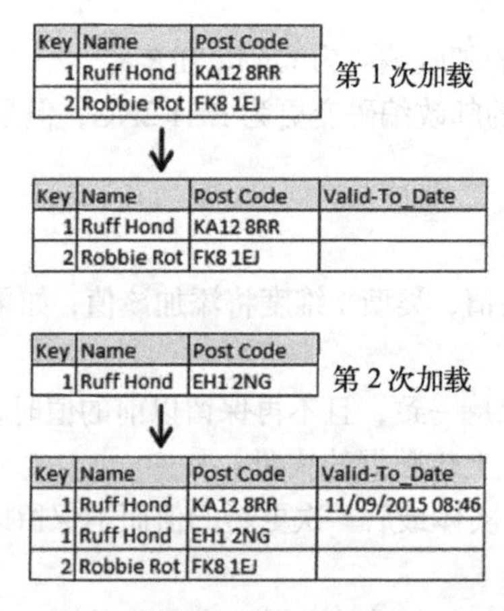

图 8-9 类型 2 维度

在第 1 次运行时，Ruff Hond 加载了邮政编码 KA12 8RR，而 `Valid-To_Date` 字段为空值。

第 2 次加载时，Ruff Hond 的邮政编码变更为 EH1 2NG。系统更新此前邮政编码为 KA12 8RR 的那条记录的 `Valid-To_Date` 值，然后添加一条邮政编码为 EH1 2NG 的新记录（其 `Valid-To_Date` 取值为空），通过这种方式将邮政编码更改为 EH1 2NG。

注意 根据经验，如果你无法确定使用哪个维度，建议使用类型 2。你可以将类型 2 维度转换为任何其他维度，因为它保存了将类型 2 维度重组为其他维度类型所需的每个数据项。

● **类型 3：记录变迁**

对于类型 3 维度记录来说，如果维度表中不存在某个值，则添加该值；如果存在，则前一字段值更新为当前字段值，而当前字段值更新为使用已有数据字段的最新值。

当数据在其生命周期中发生变化时，如果你希望保留该记录的前一个值，就可以采用这种维度。这让你可以直接引用此前的数据上传历史。如果存储业务实体最新值的同时，需要在同一记录的“前一值”字段中保留变迁信息，则可以使用这种维度。

图 8-10 说明了一个人的最新邮政编码是如何与“前一”邮政编码一起存储的。

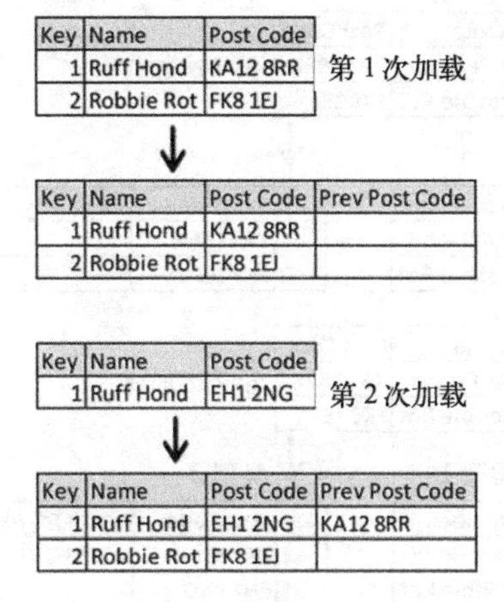

图 8-10 类型 3 维度

Ruff Hond 在第 1 次运行时加载了邮政编码 KA12 8RR，而且其 `Prev Post Code` 为空值。

之后，Ruff Hond 的邮政编码变更为 EH1 2NG。系统将该记录的 `Prev Post Code` 值更新为 KA12 8RR，然后将 `Post Code` 的值更新为 EH1 2NG，通过这种方式将 Ruff Hond 的邮政编码更新为 EH1 2NG。

- **微型维度**

微型维度是维度的扩展，如图 8-11 所示。它支持对维度细分，在以下情况下可辅助数据查询字段：

- 当模型中所有查询过程都没有使用字段时；
- 在一个查询操作中，不可能返回某个维度中的所有字段时。

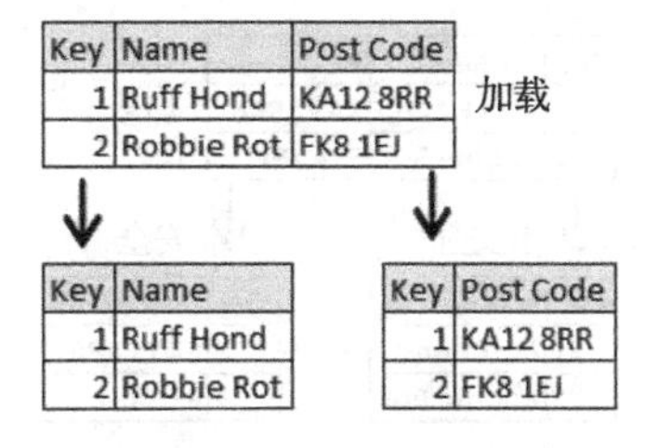

图 8-11 微型维度

将字段划分为两个维度可以减小查询所必须处理的数据规模。如果你通常只需要字段的一部分，这种方式就很有效。这并不会改变记录的值，只是提高了查询的处理速度。

- **面向类型 2 维度中快速变化值的微型维度**

如果维度包含了经历快速变更的特殊字段，进而导致该维度占用的磁盘空间增长过快，那么就可以拆分这些快速变化的字段（如图 8-12 所示），以便对数据仓库重新建模。采用这种方式很容易使磁盘规模的增长最小化。

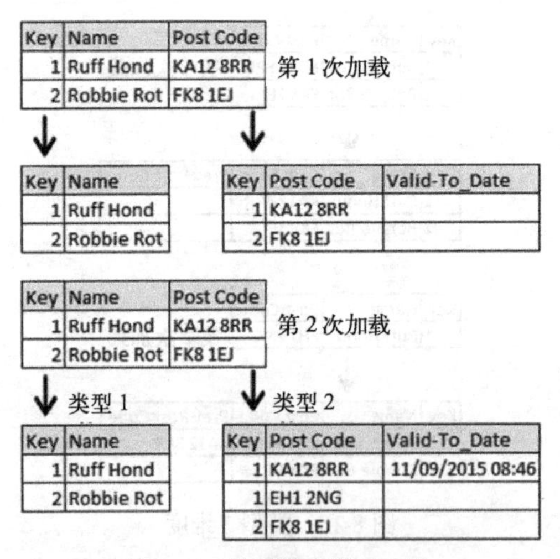

图 8-12 微型维度快速变化

将字段划分为两个维度会减少存储历史数据记录所需的数据规模。

这不会改变记录的值，它只会改进数据的存储和查询过程。

注意 需要在磁盘空间增长和查询时间影响之间寻求平衡。建议你随时间推移不断地调整这些结构，以保持良好的性能。

- **面向因安全约束出现的分隔值的微型维度**

经常强制性要求对某些值进行隔离，以确保符合安全性需求。在这种结构中，你需要将安全性敏感的字段分隔为独立的维度，如图 8-13 所示。

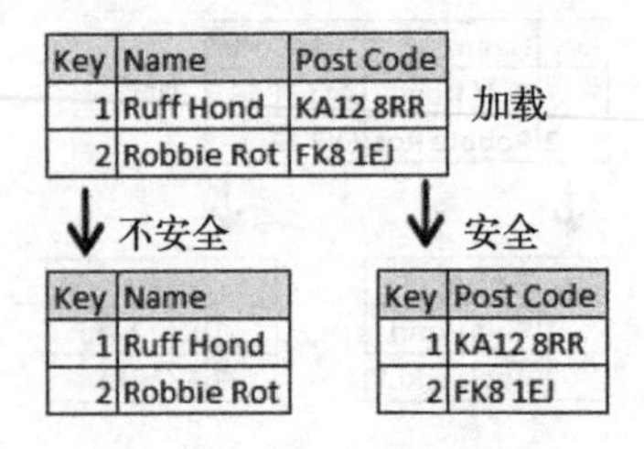

图 8-13 安全性微型维度

将字段划分为两个维度，可以将字段隔离在两个维度上，以使数据被隔离保护。（参见第 10 章，了解 Hive 的安全性。）

警告 要确保在整个数据集中保持键的同步。如果失去了这些关系，则整个结构将变得无效。

- **面向因语言差异出现的分隔值的微型维度**

在分析模型中，需要用不同的语言呈现相同的维度。这通过为每种语言在单独维度上复制这些维度来实现。这使得该过程比将所有语言的值集中到一个大型维度上更加容易，如图 8-14 所示。

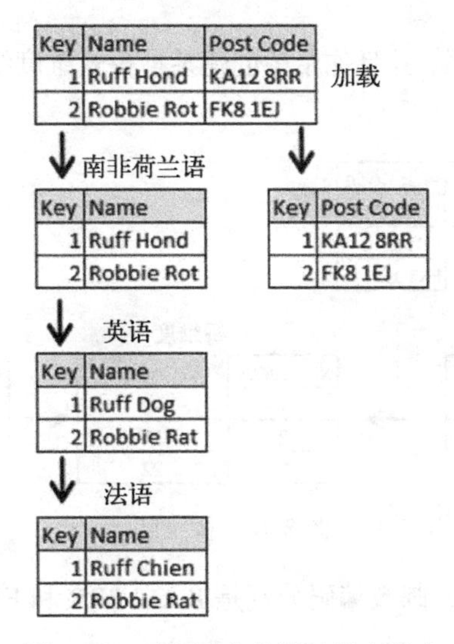

图 8-14 面向语言差异的微型维度

通过将字段划分为多个微型维度，查询可以生成不同语言的版本。你只需为所需语言整合正确的数据查询表。

- **支撑维度**

当已经有一个包含所需值的维度时，就要用到支撑维度了，你只需在你构造的维度中添加一个键来链接到已有维度，如图 8-15 所示。

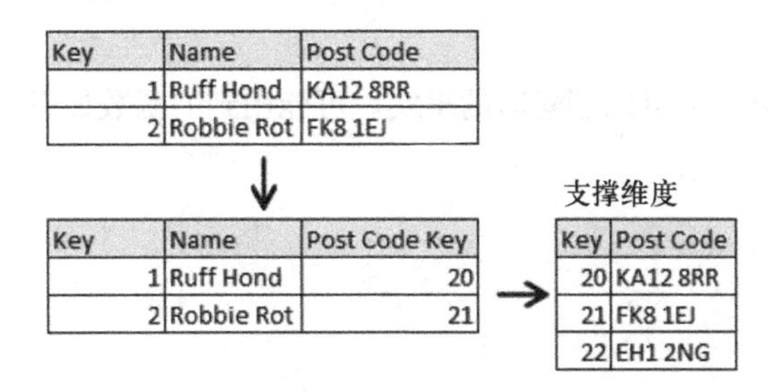

图 8-15 支撑维度

图中创建了用于描述所需数据的 3 个表。

警告　当你创建支撑维度时要注意，在当前和未来的变化过程中，不要将变更实施到支撑结构中。这将对支撑维度的主要用途造成影响，使支撑关系和该维度的主要用途失效。

最常见的错误是在支撑维度上使用自动化键生成器。每当你重建该键时，就会破坏其支撑关系。

- **桥维度**

当两个维度具有多对多关系，并且你希望创建某种桥式维度结构时，可以使用桥维度来描述所创建的关系，如图 8-16 所示。

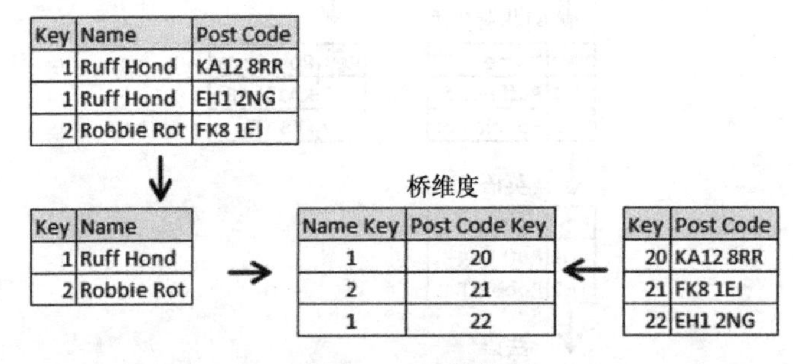

图 8-16　桥维度

Ruff Hond 在两个地方生活，邮政编码分别是 KA12 8RR 和 EH1 2NG。通过添加桥，这种关系被转换成两个一对多关系。

警告　如果你要创建桥维度，应该保持其数量最少，因为当你查询这些结构时，需要涉及很复杂的关系。这些数据结构会在查询中创建大规模数据集。

3. 事实

事实是对分析模型的度量。为了能够应用数学函数和聚合函数，数据字段应该是数值型的。

- **计算事实**

使用数学函数和聚合函数可以创建新的事实。可能用到的函数如下。

- 求和
- 求平均值
- 求最小值
- 求最大值
- 计数
- 综合事实来创造一个新的计算事实

你还可以应用许多其他函数，但是在此不再罗列。（详情请参阅附录 B。）

图 8-17 显示了如何应用求和函数来创建一个名为“当前余额”的新计算事实。

Key	Name	Post Code	Transaction
1	Ruff Hond	KA12 8RR	£ 100.60
2	Ruff Hond	KA12 8RR	£ 20.00
3	Ruff Hond	KA12 8RR	-£ 10.00
4	Robbie Rot	FK8 1EJ	£ 200.00
5	Robbie Rot	FK8 1EJ	-£ 30.00

↓

Key	Name	Post Code	Balance
1	Ruff Hond	KA12 8RR	£ 110.60
2	Robbie Rot	FK8 1EJ	£ 170.00

图 8-17 计算事实

- **非事实型事实**

非事实型事实是一种数据结构，它描述了一种保存不同维度之间关系的结构。

没有度量的实体之间是存在关系的。客户与其家庭地址间的关系就是这样一个例子，如图 8-18 所示。

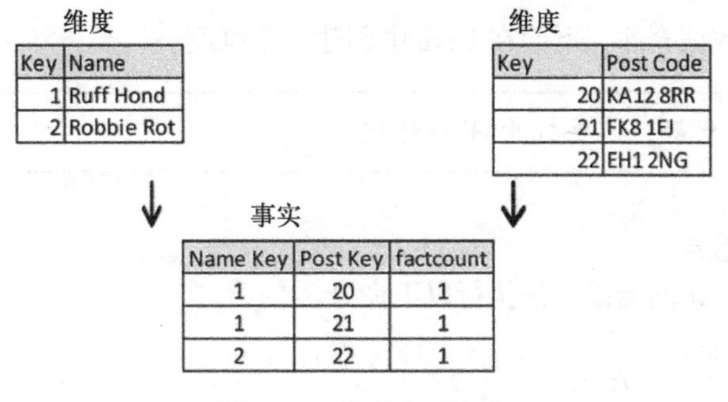

维度

Key	Name
1	Ruff Hond
2	Robbie Rot

维度

Key	Post Code
20	KA12 8RR
21	FK8 1EJ
22	EH1 2NG

事实

Name Key	Post Key	factcount
1	20	1
1	21	1
2	22	1

图 8-18 非事实型事实

在这个事实表中只有客户和地址之间的关系。因此，没有任何事实或度量与键一起存储。

注意 建议你在创建事实时，总是添加一个名为 factcount = 1 的标准字段，因为这样可以更容易地在查询中使用数学函数和聚合函数。

8.1.3 构建数据仓库

通过将太阳模型转换成星型模式可以构建数据仓库。你可以为数据类型提供字段，然后将星型模式转换为 Hive 代码，通过这种方式构建 Hive 数据仓库结构。

在进行物理构建之前，让我们先做一次验证性检查。

重新访问内联矩阵和为业务准备的所有太阳模型。

- 构成矩阵时将维度置于矩阵的左侧。按字母顺序对这些维度排序，并且删除所有重复项。现在你就有了公共维度。
- 矩阵的顶部是你为分析模型构建的所有事实和度量。按字母顺序对它们排序，并且删除所有重复项。现在你就有了公共事实。
- 确定维度是否匹配业务所需的类型。
  - 类型0维度
  - 类型1维度
  - 类型2维度
  - 类型3维度
  - 微型维度
    - 快速变化
    - 安全性
    - 语言
  - 支撑维度
  - 桥维度

既然你已验证了数据仓库，下面在Hive中创建一个维度。

注意 为了执行Hive代码，需要打开Hive终端。

---

1. 以根用户身份登录

如果你收到根用户访问错误，请执行以下命令。

```
hadoop fs -mkdir /user/root
hadoop fs -chmod 777 /user/root
```

这将解决访问问题。

2. 维度

维度是数据仓库的核心选择器。维度是通过使用带有 dim 前缀的表创建的。

- **典型维度**

以下是一个典型的维度结构。

- 它有一个名为 personkey 的唯一键
- 它有名为 firstname 和 lastname 的选择器

构建一个简单的Hive维度需要两个关键部分：数据库和表。

(1) 要创建一个转换数据库，可以在你的Hive终端上执行以下操作。

```
CREATE DATABASE IF NOT EXISTS transformdb;
```

上述 Hive 代码将创建一个名为 transformdb 的数据库，同时检查它是否已经存在。

注意 如果你想知道为什么取名为 transformdb，请参见 8.3 节。在此之前只要按照说明使用即可。

(2) 创建一个维度表。

维度包括：

- personkey，即该维度的键；
- firstname 和 lastname，即该维度的属性。

在你的 Hive 终端中，执行以下操作。

```
USE transformdb;
```

这将通知 Hive 使用你刚刚创建的数据库。

在你的 Hive 终端中，执行以下步骤来创建维度表。

```
CREATE TABLE IF NOT EXISTS transformdb.dimperson (
  personkey  BIGINT,
  firstname  STRING,
  lastname   STRING
)
CLUSTERED BY (firstname, lastname,personkey) INTO 1 BUCKETS
STORED AS orc
TBLPROPERTIES('transactional' = 'true','orc.compress'='ZLIB','orc.create.index'='true');
```

这段 Hive 代码创建了一个名为 transformdb.dimperson 的表，它有 3 个字段。

注意 如果你并不确定 Hive 命令的全部含义，可阅读第 4 章获取更多信息。

- **公共维度**

公共维度是你的分析模型所需的公共选择器。

这是所有可应用于模型的下拉列表和筛选器的基础。

到此为止，你将不再创建剩下的维度，因为我们将在 8.3.5 节中创建它们。

3. 事实

事实是分析模型的度量。

对于事实而言，你创建的表带有前缀 fct。

- **典型事实**

以下是一个典型的事实结构。

- 一组键，每一个与该事实相关联的维度都有一个键
- 单一事实，即度量

要创建事实表，可以在你的 Hive 终端中执行以下操作。

8

```
CREATE TABLE IF NOT EXISTS transformdb.fctpersonaccount (
  personaccountkey      BIGINT,
  personkey             BIGINT,
  accountkey            BIGINT,
  balance             DECIMAL(18, 9)
)
CLUSTERED BY (personkey,accountkey) INTO 1 BUCKETS
STORED AS orc
TBLPROPERTIES('transactional' = 'true','orc.compress'='ZLIB','orc.create.index'='true');
```

上述 Hive 代码创建了一个名为 fctpersonaccount 的表，其中含有连接 3 个维度（personaccount、person 和 account）的键，还有一个名为 balance 的事实。

● **公共事实**

公共事实是分析模型所需要的公共度量。该事实可以用在 Hive 的任何一个数学函数和聚合函数中。

注意　参看附录 B，详细了解你可以使用哪些函数。

在查询之时，还存在多种创建额外计算事实的可能性，它们是公共事实的补充。

这样的例子如下。

- 最终余额：使用 sum()函数。
- 最大余额：使用 max()函数。
- 账户数量：使用 count()函数。
- 余额方差：使用 variance()函数。
- 余额百分位数：使用 percentile_approx()函数。

8.2　评估分析模型

现在你已经构建了一个基本的分析模型。下一步是用查询来评估模型，实现业务需求。

8.2.1　评估太阳模型

一个很好的测试就是评估每个太阳模型，并且创建查询来按照所需格式将信息发送到业务社区。

通过这种方式，你可以针对协商好的太阳模型创建一对一的交付检查，而这些太阳模型是你在业务用户的帮助下构建的。

在你的 Hive 终端中，执行以下操作来创建所需的额外 Hive 结构。

现在这应该很简单了，因为你已经掌握了所需的 Hive 技能。

1. 再创建两个数据库

在下一阶段，你还需要额外的数据库和表。现在，直接创建它们即可；相关业务解释将在

8.3 节进行介绍。

```
CREATE DATABASE IF NOT EXISTS organisedb;
CREATE DATABASE IF NOT EXISTS reportdb;
```

2. 创建额外的表

现在，添加更多的表以构建额外的结构，从而进一步巩固你的 Hive 技能。熟能生巧，请遵循以下 8 个步骤。

(1) 使用数据库 transformdb。

```
USE transformdb;
```

(2) 创建表 transformdb.dimaccount。

```
CREATE TABLE IF NOT EXISTS transformdb.dimaccount (
  accountkey      BIGINT,
  accountnumber   INT
)
CLUSTERED BY (accountnumber,accountkey) INTO 1 BUCKETS
STORED AS orc
TBLPROPERTIES('transactional' = 'true','orc.compress'='ZLIB','orc.create.index'='true');
```

(3) 使用数据库 organisedb。

```
USE organisedb;
```

(4) 创建表 organisedb.dimaccount。

```
CREATE TABLE IF NOT EXISTS organisedb.dimaccount LIKE transformdb.dimaccount;
```

你有没有发现创建新表时用到了 LIKE？这是一个很有用的命令，用于确保两个表的结构相匹配。

(5) 创建表 organisedb.fctpersonaccount。

```
CREATE TABLE IF NOT EXISTS organisedb.fctpersonaccount (
  personaccountkey     BIGINT,
  personkey            BIGINT,
  accountkey           BIGINT,
  balance              DECIMAL(18, 9)
)
CLUSTERED BY (personkey,accountkey) INTO 1 BUCKETS
STORED AS orc
TBLPROPERTIES('transactional' = true','orc.compress'='ZLIB', 'orc.create.index'='true');
```

(6) 创建表 organisedb.dimperson。

```
CREATE TABLE IF NOT EXISTS organisedb.dimperson (
  personkey  BIGINT,
  firstname  STRING,
  lastname   STRING
)
CLUSTERED BY (firstname, lastname,personkey) INTO 1 BUCKETS
STORED AS orc
TBLPROPERTIES('transactional' = 'true','orc.compress'='ZLIB','orc.create.index'='true');
```

(7) 使用数据库 reportdb。

```
USE reportdb;
```

(8) 创建表 reportdb.report001。

```
CREATE TABLE IF NOT EXISTS reportdb.report001(
  firstname       STRING,
  lastname        STRING,
  accountnumber   INT,
  balance         DECIMAL(18, 9)
)
CLUSTERED BY (firstname, lastname) INTO 1 BUCKETS
STORED AS orc
TBLPROPERTIES('transactional' = 'true','orc.compress'='ZLIB','orc.create.index'='true');
```

现在，你有了进入下一步所需的所有数据结构。

评估过程就是为了测试你是否有了完整的太阳模型，如图 8-19 所示。

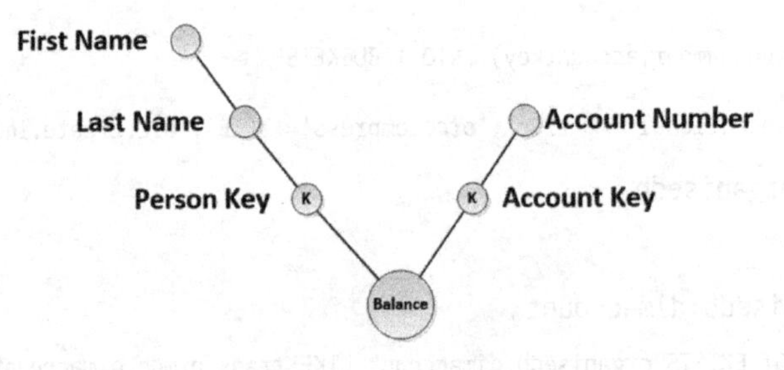

图 8-19　太阳模型

要为太阳模型创建评估过程，可以使用下述 Hive 代码。

```
INSERT INTO TABLE reportdb.report001
SELECT
  dimperson.firstname, dimperson.lastname,
  dimaccount.accountnumber,
  fctpersonaccount.balance
FROM
  organisedb.fctpersonaccount
JOIN
  organisedb.dimperson
ON
  fctpersonaccount.personkey = dimperson.personkey
JOIN
  organisedb.dimaccount
ON
  fctpersonaccount.accountkey = dimaccount.accountkey;
```

如果你成功返回结果，那么就证明该太阳模型是按照数据仓库结构生成的。

8.2.2　评估聚合结果

针对分析模型创建聚合结果很常见，计算事实结构涵盖了相关内容。

还可以应用某些复杂的函数计算，但是对于这种结构而言，你只需要关注求和操作。

创建 reportdb.report002 表，如下所示。

```
CREATE TABLE IF NOT EXISTS reportdb.report002(
  accountnumber   INT,
  last_balance    DECIMAL(18, 9)
)
CLUSTERED BY (firstname, lastname) INTO 1 BUCKETS
STORED AS orc
TBLPROPERTIES('transactional' = 'true','orc.compress'='ZLIB','orc.create.index'='true');
```

聚合数据。

```
INSERT INTO TABLE reportdb.report002
SELECT
  dimaccount.accountnumber,
  sum(fctpersonaccount.balance) as last_balance
FROM
  organisedb.fctpersonaccount
JOIN
  organisedb.dimaccount
ON
  fctpersonaccount.accountkey = dimaccount.accountkey;
```

这段 Hive 代码对余额进行了聚合操作，使用 sum()函数给出了最近的余额度量。

8.2.3 评估数据集市

当你需要针对持久化存储的特定分析需求将数据仓库分割成小型分析模型时，就要用到数据集市的概念。

你可能出于下述原因需要数据集市。

- 按照区域分割数据，这样每个区域只能看到它自己的数据。
- 针对那些到下月底前保持静态的数据创建月度结果。
- 按每个查询缩减数据量，以便提升性能。
- 对数据仓库进行分割，将数据物理存放在分支节点的服务器上，以形成数据集市。

为实现该评估过程，执行下述 Hive 代码。

```
INSERT INTO TABLE organisedb.fctpersonaccount
SELECT DISTINCT
  personaccountkey,
  personkey,
  accountkey,
  balance
FROM
  transformdb.fctpersonaccount
WHERE
  personaccountkey = 1
ORDER BY personaccountkey,personkey,accountkey;
```

这段代码对表 transformdb.fctpersonaccount 实施分割操作，仅向表 organisedb.fctpersonaccount 插入与 personaccountkey = 1 语句相匹配的记录。

这可以用于针对数据仓库的特定子集创建数据集市。

现在你已经了解了数据仓库工作的基本过程，下面来构建一个完整的数据仓库。

8.3 掌握数据仓库管理

到目前为止，我们已经解释了通过创建数据仓库和数据集市来构建数据仓库模型的相关理论，下面几个例子展示了面向简单需求集的构建过程的完整周期。

我们使用了源自“快速信息工厂”方法的“检索–评估–过程–转换–组织–报表”设计原则。

在仔细研究完整的数据仓库示例时，我们将探讨支持数据仓库构建过程的每一层设计。

注意　本章的下一部分就是对数据仓库的完整处理了。如果你坚持读完本章剩下的内容，就会掌握Hive中的数据仓库。你会发现，示例部分的Hive代码有助于你进行处理，而且你也不用从书本上照抄它们了。

数据仓库是一种分层结构，而且是支持你处理业务需求（你的太阳模型）的单元。

请记住我们从实践中总结的如下建议。

- 仔细计划数据仓库结构的每次变更，这样你才能成功。
- 使用太阳模型来验证你的业务需求。
- 要遵循处理规则！
- 走捷径将会让你今后付出代价。

8.3.1 必备条件

你需要00rawdata目录下的示例数据。需要下面这些CSV文件。

- rawaccount.csv文件——保存了10 000条记录
- rawaddress.csv文件——保存了220 182条记录
- rawaddresshistory.csv文件——保存了100条记录
- rawdatetime.csv文件——保存了1 052 640条记录
- rawfirstname.csv文件——保存了5494条记录
- rawlastname.csv文件——保存了16 001条记录
- rawperson.csv文件——保存了1000条记录

现在你的数据已经装载，让我们构建数据仓库吧！

8.3.2 检索数据库

检索数据库是用于将数据从外部数据源迁移到Hive数据结构中的数据区域。

迁移到Hive数据结构中的数据通常采用了as-is格式。直接从外部数据源复制该数据结构以及该结构中所包含的数据。

为什么要用 as-is 格式？

这样，你可以基于原始数据格式来对数据仓库进行再加工，而不需要依赖于其他源系统。我们已经得到教训，重新定义格式进行处理并不总是符合其设计初衷。因此，在 Hive 中保留原始格式，会让我们走得不那么艰难。

你要创建一个名为 retrievedb 的数据库来保存导入数据。

注意 本章的源代码可以从图灵社区（http://www.ituring.com.cn/book/1963）下载。请查看示例脚本 Retrieve001.txt 中的 Hive 代码。

刚开始，让我们删除已有的 retrievedb。请记住，你此前已创建了该数据库。

```
DROP DATABASE retrievedb CASCADE;
```

现在，重新创建 retrievedb 数据库，接收来自外部数据源的数据。

```
CREATE DATABASE IF NOT EXISTS retrievedb;
```

现在你要创建表并且从外部数据源装载数据。

要按照下面的步骤来装载所需的数据。

(1) 创建表并且装载 rawfirstname.csv 文件的数据。

```
USE retrievedb;
CREATE TABLE IF NOT EXISTS retrievedb.rawfirstname (
  firstnameid    string,
  firstname      string,
  sex            string
)
ROW FORMAT DELIMITED FIELDS TERMINATED BY ',';

LOAD DATA LOCAL INPATH 'file:///root/exampledata/datawarehouse/00rawdata/rawfirstname.csv'
OVERWRITE INTO TABLE retrievedb.rawfirstname;
```

(2) 创建表并且装载 rawlastname.csv 文件的数据。

```
CREATE TABLE IF NOT EXISTS retrievedb.rawlastname (
  lastnameid    string,
  lastname      string
)
ROW FORMAT DELIMITED FIELDS TERMINATED BY ',';

LOAD DATA LOCAL INPATH 'file:///root/exampledata/datawarehouse/00rawdata/rawlastname.csv'
OVERWRITE INTO TABLE retrievedb.rawlastname;
```

(3) 创建表并且装载 rawperson.csv 文件的数据。

```
CREATE TABLE IF NOT EXISTS retrievedb.rawperson (
  persid         string,
  firstnameid    string,
  lastnameid     string
)
```

```
ROW FORMAT DELIMITED FIELDS TERMINATED BY ',';

LOAD DATA LOCAL INPATH 'file:///root/exampledata/datawarehouse/00rawdata/rawperson.csv'
OVERWRITE INTO TABLE retrievedb.rawperson;
```

装载额外的数据

让我们装载更多的数据。（参见示例脚本 Retrieve002.txt 中的 Hive 代码。）

(1) 创建表并且装载 rawdatetime.csv 文件的数据。

```
CREATE TABLE IF NOT EXISTS retrievedb.rawdatetime (
  id          string, datetimes     string, monthname string,
  yearnumber  string, monthnumber   string, daynumber string,
  hournumber  string, minutenumber  string, ampm      string
)
ROW FORMAT DELIMITED FIELDS TERMINATED BY ',';

LOAD DATA LOCAL INPATH 'file:///root/exampledata/datawarehouse/00rawdata/rawdatetime.csv'
OVERWRITE INTO TABLE retrievedb.rawdatetime;
```

参见示例脚本 Retrieve003.txt 中的 Hive 代码。

(2) 创建表并且装载 rawaddress.csv 文件的数据。

```
CREATE TABLE IF NOT EXISTS retrievedb.rawaddress (
  id           string, Postcode      string, Latitude string,
  Longitude    string, Easting       string, Northing string,
  GridRef      string, District      string, Ward     string,
  DistrictCode string, WardCode      string, Country  string,
  CountyCode   string, Constituency  string, TypeArea string
)
ROW FORMAT DELIMITED FIELDS TERMINATED BY ',';

LOAD DATA LOCAL INPATH 'file:///root/exampledata/datawarehouse/00rawdata/rawaddress.csv'
OVERWRITE INTO TABLE retrievedb.rawaddress;
```

(3) 创建表并且装载 rawaddresshistory.csv 文件的数据。

```
CREATE TABLE IF NOT EXISTS retrievedb.rawaddresshistory (
  id  string, pid  string, aid  string, did1  string, did2  string
)
ROW FORMAT DELIMITED FIELDS TERMINATED BY ',';

LOAD DATA LOCAL INPATH 'file:///root/exampledata/datawarehouse/00rawdata/rawaddresshistory.
csv' OVERWRITE INTO TABLE retrievedb.rawaddresshistory;
```

参见示例脚本 Retrieve004.txt 中的 Hive 代码。

(4) 创建表并且装载 rawaccount.csv 文件的数据。

```
CREATE TABLE IF NOT EXISTS retrievedb.rawaccount (
  id  string,  pid  string,  accountno  string, balance  string
)
ROW FORMAT DELIMITED FIELDS TERMINATED BY ',';

LOAD DATA LOCAL INPATH 'file:///root/exampledata/datawarehouse/00rawdata/rawaccount.csv'
OVERWRITE INTO TABLE retrievedb.rawaccount;
```

你已经完成了数据仓库的数据检索层并且掌握了下述内容。

- 创建含有分隔符字段的表
- 从分隔好的文件中装载数据

同一 Hive 代码也支持其他分隔符。

试试用竖线符（|）作为分隔符。

```
CREATE TABLE IF NOT EXISTS retrievedb.rawaccountpipe (
  id  string,  pid string,  accountno  string, balance  string
)
ROW FORMAT DELIMITED FIELDS TERMINATED BY '|';

LOAD DATA LOCAL INPATH 'file:///root/exampledata/datawarehouse/00rawdata/rawaccount.pipe'
OVERWRITE INTO TABLE retrievedb.rawaccount;
```

任何分隔符都是有可能使用的，但是逗号、制表符、竖线符和空格是最常用的。

8.3.3 评估数据库

评估数据库支持你使用数据质量规则来评估检索数据库中的数据是否质量良好。

评估过程基本上是将数据从一个表流转到下一个表，以确保执行特定评估功能的过程。

这将产生一系列临时表，在完成该过程之后，这些表将被丢弃。

提示　建议给你的临时表加上一个编号。例如，表 firstname001 属于 firstname 数据的评估过程。

为了支持该评估过程，你需要创建一个名为 assessdb 的数据库。

参见示例脚本 Assess001.txt 中的 Hive 代码。

1. 删除评估数据库

```
DROP DATABASE IF EXISTS assessdb CASCADE;
```

2. 创建评估数据库

```
CREATE DATABASE IF NOT EXISTS assessdb;
```

3. 创建评估 firstname 的表

```
USE assessdb;
```

现在，评估层用于评估和清理来自检索层的 firstname 数据。

4. 创建临时表 firstname001

```
CREATE TABLE IF NOT EXISTS assessdb.firstname001 (
  firstnameid    string,
  firstname      string,
  sex            string
```

```
)
CLUSTERED BY (firstnameid) INTO 1 BUCKETS
STORED AS orc
TBLPROPERTIES('transactional' = 'true','orc.compress'='ZLIB','orc.create.index'='true');
```

清除 firstname001 表中的数据。

```
TRUNCATE TABLE assessdb.firstname001;
```

5. 从 firstname 数据中删除标题

第一个评估是关于 firstname 数据的。

通过观察 retrievedb.rawfirstname，我们发现由于输入文件和数据库之间的结构不匹配，我们错误上传了输入文件的标题。

建议采用的解决方案是使用 SELECT 语句将数据集中的标题直接筛选出来，其中包含一个 WHERE firstnameid <> '"id"'子句。

```
INSERT INTO TABLE assessdb.firstname001
SELECT firstnameid, firstname, sex
FROM retrievedb.rawfirstname
WHERE firstnameid <> '"id"';
```

6. 创建临时表 firstname002

你需要创建表 assessdb.firstname002，然后执行 INSERT 语句来评估数据。

```
CREATE TABLE IF NOT EXISTS assessdb.firstname002 (
  firstnameid    string,
  firstname      string,
  sex            string
)
CLUSTERED BY (firstnameid) INTO 1 BUCKETS
STORED AS orc
TBLPROPERTIES('transactional' = 'true','orc.compress'='ZLIB','orc.create.index'='true');
```

7. 清除 firstname002 表中的所有数据

```
TRUNCATE TABLE assessdb.firstname002;
```

8. 删除 firstname 数据中的空格

现在你已经有了去除标题的数据集，可以评估记录的质量了。

我们发现，由于对源系统进行了质量检查，数据集中值的前后可能存在空格。

为了解决这个问题，我们使用 Hive 中的内置函数。

- ltrim——从左侧开始消除取值之前的所有空格
- rtrim——从右侧开始消除取值之后的所有空格

我们还可以使用 rtrim(ltrim())将这两个函数组合成一个函数链。

为了完成该评估规则，我们创建一条 SELECT 语句，将新函数应用到 firstname001 表中的数据，然后将这些数据插入到名为 firstname002 的表中。

```
INSERT INTO TABLE assessdb.firstname002
SELECT firstnameid, rtrim(ltrim(firstname)), rtrim(ltrim(sex))
FROM assessdb.firstname001;
```

9. 创建临时表 firstname003

你需要创建表 assessdb.firstname003，然后执行 INSERT 语句。

```
CREATE TABLE IF NOT EXISTS assessdb.firstname003 (
  firstnameid      int,
  firstname        string,
  sex              string
)
CLUSTERED BY (firstnameid) INTO 1 BUCKETS
STORED AS orc
TBLPROPERTIES('transactional' = 'true','orc.compress'='ZLIB','orc.create.index'='true');
```

10. 清除 firstname003 表中的所有数据

```
TRUNCATE TABLE assessdb.firstname003;
```

11. 转换 firstname 数据中的数据类型

在对数据集的进一步检查中，我们发现了另外两个问题。

- 我们必须将 firstnameid 从字符串转换为整型数据类型。
- 我们必须删除 firstname 和 sex 数据值中一个不需要的额外字符。

Hive 也具有可处理这些问题的内部函数。

提示 我们建议你研究一下附录 B 中的内部函数，了解它们如何工作以及如何将它们整合成一条链。这些都是你的工具——只要你了解并掌握它们。

为了完成该评估规则，我们创建了一条 SELECT 语句来将新函数应用于 firstname002 中的数据，然后将这些数据插入到名为 firstname003 的表中。

```
INSERT INTO TABLE assessdb.firstname003
SELECT
  CAST(firstnameid as INT), SUBSTRING(firstname,2,LENGTH(firstname)-2),
  SUBSTRING(sex,2,LENGTH(sex)-2)
FROM assessdb.firstname002;
```

12. 创建 firstname 表

```
CREATE TABLE IF NOT EXISTS assessdb.firstname (
  firstnameid      int,
  firstname        string,
  sex              string
)
CLUSTERED BY (firstnameid) INTO 1 BUCKETS
STORED AS orc
TBLPROPERTIES('transactional' = 'true','orc.compress'='ZLIB','orc.create.index'='true');
```

13. 删除 firstname 表中的所有数据

```
TRUNCATE TABLE assessdb.firstname;
```

14. 将数据迁移到 firstname 表中

很好，现在我们的 assessdb.firstname003 表中有了一个高质量的数据集。

现在，把数据集迁移到最终的评估表。

为了完成该评估规则，我们针对表 firstname003 创建了一条 SELECT 语句，然后将数据插入到 firstname 表中。

```
INSERT INTO TABLE assessdb.firstname
SELECT
  firstnameid,
  firstname,
  sex
FROM
  assessdb.firstname003
ORDER BY firstnameid;
```

提示　你可能会被困住，这时可以直接回到上一步。注意要针对表 firstname 进行插入操作，而不是表 firstname003。这也是一个有效过程，但是最好先清理数据集，然后将其加载到最终的表中。原因如下。

你可以在评估链中执行额外的步骤，而不会影响最终表中已有的数据集。这有助于未来的发展。

使用筛选器和函数总是比直接进行选择和插入操作更慢。因此，如果你首先使用筛选器和函数来准备数据集，然后直接插入数据，那么最终表在清空表和插入新数据集的间隙将出现短时间的不稳定。

15. 评估 firstname 表中的数据

```
SELECT
  firstnameid,
  firstname,
  sex
from
  assessdb.firstname
SORT BY
  firstname LIMIT 10;
```

16. 你掌握了什么

- 可以删除不需要的记录，即标题
- 可以删除数据记录中不需要的空格
- 可以更改数据集的数据类型

现在，你可以使用下一组数据，在 lastname 表中应用你学到的新知识。

17. 创建评估 lastname 的表

```
CREATE TABLE IF NOT EXISTS assessdb.lastname001 (
  lastnameid    string,
  lastname      string
)
CLUSTERED BY (lastnameid) INTO 1 BUCKETS
STORED AS orc
TBLPROPERTIES('transactional' = 'true','orc.compress'='ZLIB','orc.create.index'='true');

TRUNCATE TABLE assessdb.lastname001;

INSERT INTO TABLE assessdb.lastname001
SELECT lastnameid, lastname
FROM retrievedb.rawlastname
WHERE lastnameid <> '"id"';

CREATE TABLE IF NOT EXISTS assessdb.lastname002 (
  lastnameid    string,
  lastname      string
)
CLUSTERED BY (lastnameid) INTO 1 BUCKETS
STORED AS orc
TBLPROPERTIES('transactional' = 'true','orc.compress'='ZLIB','orc.create.index'='true');

TRUNCATE TABLE assessdb.lastname002;

INSERT INTO TABLE assessdb.lastname002
SELECT lastnameid, rtrim(ltrim(lastname))
FROM assessdb.lastname001;

CREATE TABLE IF NOT EXISTS assessdb.lastname003 (
  lastnameid    int,
  lastname      string
)
CLUSTERED BY (lastnameid) INTO 1 BUCKETS
STORED AS orc
TBLPROPERTIES('transactional' = 'true','orc.compress'='ZLIB','orc.create.index'='true');

TRUNCATE TABLE assessdb.lastname003;

INSERT INTO TABLE assessdb.lastname003
SELECT CAST(lastnameid as INT), SUBSTRING(lastname,2,LENGTH(lastname)-2)
FROM assessdb.lastname002;

CREATE TABLE IF NOT EXISTS assessdb.lastname (
  lastnameid    int,
  lastname      string
)
CLUSTERED BY (lastnameid) INTO 1 BUCKETS
STORED AS orc
TBLPROPERTIES('transactional' = 'true','orc.compress'='ZLIB','orc.create.index'='true');

TRUNCATE TABLE assessdb.lastname;
```

```
INSERT INTO TABLE assessdb.lastname
SELECT lastnameid, lastname
FROM assessdb.lastname003
ORDER BY lastnameid;
```

18. 评估 lastname 表中的数据

```
SELECT
  lastnameid,
  lastname
from
  assessdb.lastname
SORT BY
  lastname LIMIT 10;
```

如果你看到 10 条记录，那么就已经创建了下一个表。让我们继续。

19. 创建评估 person 的表

```
CREATE TABLE IF NOT EXISTS assessdb.person001 (
  persid        string,
  firstnameid   string,
  lastnameid    string
)
CLUSTERED BY (persid) INTO 1 BUCKETS
STORED AS orc
TBLPROPERTIES('transactional' = 'true','orc.compress'='ZLIB','orc.create.index'='true');

TRUNCATE TABLE assessdb.person001;

INSERT INTO TABLE assessdb.person001
SELECT persid, firstnameid, lastnameid
FROM retrievedb.rawperson
WHERE persid <> '"id"';

CREATE TABLE IF NOT EXISTS assessdb.person002 (
  persid        int,
  firstnameid   int,
  lastnameid    int
)
CLUSTERED BY (persid) INTO 1 BUCKETS
STORED AS orc
TBLPROPERTIES('transactional' = 'true','orc.compress'='ZLIB','orc.create.index'='true');

TRUNCATE TABLE assessdb.person002;

INSERT INTO TABLE assessdb.person002
SELECT CAST(persid as INT), CAST(firstnameid as INT), CAST(lastnameid as INT)
FROM assessdb.person001;

CREATE TABLE IF NOT EXISTS assessdb.person (
  persid        int,
  firstnameid   int,
```

```
  lastnameid     int
)
CLUSTERED BY (persid) INTO 1 BUCKETS
STORED AS orc
TBLPROPERTIES('transactional' = 'true','orc.compress'='ZLIB','orc.create.index'='true');

TRUNCATE TABLE assessdb.person;

INSERT INTO TABLE assessdb.person
SELECT persid, firstnameid, lastnameid
FROM assessdb.person002;
```

下一个表类型是组合表。组合表由多个源表构成。

20. 创建评估 personfull 的表

```
CREATE TABLE IF NOT EXISTS assessdb.personfull(
  persid       int,
  firstnameid  int,
  firstname    string,
  lastnameid   int,
  lastname     string,
  sex          string
)
CLUSTERED BY (persid) INTO 1 BUCKETS
STORED AS orc
TBLPROPERTIES('transactional' = 'true','orc.compress'='ZLIB','orc.create.index'='true');

TRUNCATE TABLE assessdb.personfull;
```

让我们来掌握该组合表类型。

```
INSERT INTO TABLE assessdb.personfull
SELECT person.persid, person.firstnameid, firstname.firstname,        person.lastnameid,
lastname.lastname, firstname.sex
FROM assessdb.firstname
JOIN assessdb.person
ON firstname.firstnameid = person.firstnameid
JOIN assessdb.lastname
ON lastname.lastnameid = person.lastnameid;
```

注意 现在可以从检索数据和其他评估表的组合直接创建表。你可以使用连接操作实现组合表。参见第 5 章了解关于连接操作的更多细节。

21. 清空评估数据库

下一步是整理评估层。这为下面的步骤提供了额外的空间。

```
DROP TABLE assessdb.firstname001;
DROP TABLE assessdb.firstname002;
DROP TABLE assessdb.firstname003;
DROP TABLE assessdb.lastname001;
```

```
DROP TABLE assessdb.lastname002;
DROP TABLE assessdb.lastname003;
DROP TABLE assessdb.person001;
DROP TABLE assessdb.person002;
```

查看示例脚本 Assess002.txt 中的 Hive 代码。

现在你已经掌握了评估数据的过程，可以在更大的数据集上练习技能了。

22. 创建评估 datetime 的表

```
CREATE TABLE IF NOT EXISTS assessdb.datetime001 (
  id            string, datetimes     string, monthname string,
  yearnumber    string, monthnumber   string, daynumber string,
  hournumber    string, minutenumber  string, ampm      string
)
CLUSTERED BY (id) INTO 1 BUCKETS
STORED AS orc
TBLPROPERTIES('transactional' = 'true','orc.compress'='ZLIB','orc.create.index'='true');

TRUNCATE TABLE assessdb.datetime001;

INSERT INTO TABLE assessdb.datetime001
SELECT
  id, datetimes, monthname, yearnumber, monthnumber,
  daynumber, hournumber, minutenumber, ampm
FROM retrievedb.rawdatetime
WHERE id <> '"id"';

CREATE TABLE IF NOT EXISTS assessdb.datetime002 (
  id         string, datetimes    string, monthname string,
  yearnumber string, monthnumber  string, daynumber string,
  hournumber string, minutenumber string, ampm      string
)
CLUSTERED BY (id) INTO 1 BUCKETS
STORED AS orc
TBLPROPERTIES('transactional' = 'true','orc.compress'='ZLIB','orc.create.index'='true');

TRUNCATE TABLE assessdb.datetime002;

INSERT INTO TABLE assessdb.datetime002
SELECT
  id, rtrim(ltrim(datetimes)), rtrim(ltrim(monthname)),
  rtrim(ltrim(yearnumber)), rtrim(ltrim(monthnumber)),
  rtrim(ltrim(daynumber)), rtrim(ltrim(hournumber)),
  rtrim(ltrim(minutenumber)), rtrim(ltrim(ampm))
FROM assessdb.datetime001;

CREATE TABLE IF NOT EXISTS assessdb.datetime003 (
  id         int, datetimes    string, monthname string,
  yearnumber int, monthnumber  int,    daynumber int,
  hournumber int, minutenumber int,    ampm      string
)
CLUSTERED BY (id) INTO 1 BUCKETS
```

```
STORED AS orc
TBLPROPERTIES('transactional' = 'true','orc.compress'='ZLIB','orc.create.index'='true');

TRUNCATE TABLE assessdb.datetime003;

INSERT INTO TABLE assessdb.datetime003
SELECT
  CAST(id as INT), SUBSTRING(datetimes,2,LENGTH(datetimes)-2),
  SUBSTRING(monthname,2,LENGTH(monthname)-2), CAST(yearnumber as INT),
  CAST(monthnumber as INT),  CAST(daynumber as INT), CAST(hournumber as INT),
  CAST(minutenumber as INT), SUBSTRING(ampm,2,LENGTH(ampm)-2)
FROM assessdb.datetime002;

CREATE TABLE IF NOT EXISTS assessdb.dates (
  Id         int, datetimes     string, monthname string,
  yearnumber int, monthnumber   int,    daynumber int,
  hournumber int, minutenumber  int,    ampm      string
)
CLUSTERED BY (id) INTO 1 BUCKETS
STORED AS orc
TBLPROPERTIES('transactional' = 'true','orc.compress'='ZLIB','orc.create.index'='true');

TRUNCATE TABLE assessdb.dates;

INSERT INTO TABLE assessdb.dates
SELECT
  id, datetimes, monthname, yearnumber, monthnumber, daynumber,
  hournumber, minutenumber, ampm
FROM assessdb.datetime003;
```

这很容易，因为你已经掌握了基本规则。你并不受数据集大小的限制。

23. 清空评估数据库

下一步是整理评估层。

```
DROP TABLE assessdb.datetime001;
DROP TABLE assessdb.datetime002;
DROP TABLE assessdb.datetime003;
```

查看示例脚本 Assess003.txt 中的 Hive 代码。

24. 创建评估 address 的表

接下来，你将通过使用 address 数据掌握更“宽”的数据集。

你已拥有技能，只需要运用已掌握的规则。

```
CREATE TABLE IF NOT EXISTS assessdb.address001 (
  id STRING, postcode STRING, latitude STRING, longitude STRING,
  easting STRING,northing STRING, gridref STRING, district STRING,
  ward STRING, districtcode STRING, wardcode STRING, country STRING,
  countycode STRING, constituency STRING, typearea STRING
)
CLUSTERED BY (id) INTO 1 BUCKETS
STORED AS orc
```

```
TBLPROPERTIES('transactional' = 'true','orc.compress'='ZLIB','orc.create.index'='true');

TRUNCATE TABLE assessdb.address001;

INSERT INTO TABLE assessdb.address001
SELECT
  id, postcode, latitude, longitude, easting, northing, gridref, district,
  ward, districtcode, wardcode, country, countycode, constituency, typearea
FROM retrievedb.rawaddress
WHERE id <> '"id"';

CREATE TABLE IF NOT EXISTS assessdb.address002 (
  id STRING, postcode STRING, latitude STRING, longitude STRING,
  easting STRING, northing STRING, gridref STRING, district STRING,
  ward STRING, districtcode STRING, wardcode STRING, country STRING,
  countycode STRING, constituency STRING, typearea STRING
)
CLUSTERED BY (id) INTO 1 BUCKETS
STORED AS orc
TBLPROPERTIES('transactional' = 'true','orc.compress'='ZLIB','orc.create.index'='true');

TRUNCATE TABLE assessdb.address002;

INSERT INTO TABLE assessdb.address002
SELECT
  id, rtrim(ltrim(postcode)), rtrim(ltrim(latitude)), rtrim(ltrim(longitude)),
  rtrim(ltrim(easting)), rtrim(ltrim(northing)), rtrim(ltrim(gridref)),
  rtrim(ltrim(district)), rtrim(ltrim(ward)), rtrim(ltrim(districtcode)),
  rtrim(ltrim(wardcode)), rtrim(ltrim(country)), rtrim(ltrim(countycode)),
  rtrim(ltrim(constituency)), rtrim(ltrim(typearea))
FROM assessdb.address001;

CREATE TABLE IF NOT EXISTS assessdb.address003 (
  id INT, postcode STRING, latitude DECIMAL(18, 9), longitude DECIMAL(18, 9),
  easting INT, northing INT, gridref STRING, district STRING, ward STRING,
  districtcode STRING, wardcode STRING, country STRING, countycode STRING,
  constituency STRING, typearea STRING
)
CLUSTERED BY (id) INTO 1 BUCKETS
STORED AS orc
TBLPROPERTIES('transactional' = 'true','orc.compress'='ZLIB','orc.create.index'='true');

TRUNCATE TABLE assessdb.address003;

INSERT INTO TABLE assessdb.address003
SELECT
  CAST(id as INT), SUBSTRING(postcode,2,LENGTH(postcode)-2),
  CAST(latitude as DECIMAL(18, 9)), CAST(longitude as DECIMAL(18, 9)),
  CAST(easting as INT), CAST(northing as INT),
  SUBSTRING(gridref,2,LENGTH(gridref)-2),
  SUBSTRING(district,2,LENGTH(district)-2),
  SUBSTRING(ward,2,LENGTH(ward)-2),
  SUBSTRING(districtcode,2,LENGTH(districtcode)-2),
  SUBSTRING(wardcode,2,LENGTH(wardcode)-2),
```

```
  SUBSTRING(country,2,LENGTH(country)-2),
  SUBSTRING(countycode,2,LENGTH(countycode)-2),
  SUBSTRING(constituency,2,LENGTH(constituency)-2),
  SUBSTRING(typearea,2,LENGTH(typearea)-2)
FROM assessdb.address002;

CREATE TABLE IF NOT EXISTS assessdb.postaddress (
  id INT, postcode STRING, latitude DECIMAL(18, 9),
  longitude DECIMAL(18, 9), easting INT, northing INT,
  gridref STRING, district STRING, ward STRING, districtcode STRING,
  wardcode STRING, country STRING, countycode STRING,
  constituency STRING, typearea STRING
)
CLUSTERED BY (id) INTO 1 BUCKETS
STORED AS orc
TBLPROPERTIES('transactional' = 'true','orc.compress'='ZLIB','orc.create.index'='true');

INSERT INTO TABLE assessdb.postaddress
SELECT
  id, postcode, latitude, longitude, easting, northing, gridref, district,
  ward, districtcode, wardcode, country, countycode, constituency, typearea
 FROM
  assessdb.address003;

CREATE TABLE IF NOT EXISTS assessdb.addresshistory001 (
  id STRING, pid STRING, aid STRING, did1 STRING, did2 STRING
)
CLUSTERED BY (id) INTO 1 BUCKETS
STORED AS orc
TBLPROPERTIES('transactional' = 'true','orc.compress'='ZLIB','orc.create.index'='true');

TRUNCATE TABLE assessdb.addresshistory001;

INSERT INTO TABLE assessdb.addresshistory001
SELECT
  id, pid, aid, did1, did2
FROM
  retrievedb.rawaddresshistory
WHERE id <> '"id"';

CREATE TABLE IF NOT EXISTS assessdb.addresshistory002 (
  id INT, pid INT, aid INT, did1 INT, did2 INT
)
CLUSTERED BY (id) INTO 1 BUCKETS
STORED AS orc
TBLPROPERTIES('transactional' = 'true','orc.compress'='ZLIB','orc.create.index'='true');

TRUNCATE TABLE assessdb.addresshistory002;

INSERT INTO TABLE assessdb.addresshistory002
SELECT
  CAST(id as INT), CAST(pid as INT), CAST(aid as INT),
  CAST(did1 as INT), CAST(did2 as INT)
FROM
```

8

```
  assessdb.addresshistory001;

CREATE TABLE IF NOT EXISTS assessdb.addresshistory (
  id INT, pid INT, aid INT, did1 INT, did2 INT
)
CLUSTERED BY (id) INTO 1 BUCKETS
STORED AS orc
TBLPROPERTIES('transactional' = 'true','orc.compress'='ZLIB','orc.create.index'='true');

TRUNCATE TABLE assessdb.addresshistory;

INSERT INTO TABLE assessdb.addresshistory
SELECT
  id, pid, aid, did1, did2
FROM
  assessdb.addresshistory002;
```

同样，字段的数量对规则没有影响。继续将规则应用于数据集。

25. 清空 address 表

```
DROP TABLE assessdb.address001;
DROP TABLE assessdb.address002;
DROP TABLE assessdb.address003;

DROP TABLE assessdb.addresshistory001;
DROP TABLE assessdb.addresshistory002;
```

26. 评估 address 表

```
SELECT
  addresshistory.id, addresshistory.pid, personfull.firstname,
  personfull.lastname, addresshistory.aid, postaddress.postcode,
  addresshistory.did1, dates1.datetimes as startdate,
  addresshistory.did2, dates2.datetimes as enddate
FROM
  assessdb.addresshistory
JOIN
  assessdb.personfull ON addresshistory.pid = personfull.persid
JOIN
  assessdb.postaddress ON addresshistory.aid = postaddress.id
JOIN
  assessdb.dates as dates1 ON addresshistory.did1 = dates1.id
JOIN
  assessdb.dates as dates2 ON addresshistory.did2 = dates2.id
LIMIT 20;
```

如果你创建了数据仓库的 address 部分，现在可以看到 20 条记录。让我们装载更多数据。你应该掌握该过程。

查看示例脚本 Assess004.txt 中的 Hive 代码。

27. 创建评估 account 的表

```
CREATE TABLE IF NOT EXISTS assessdb.account001 (
  id STRING, pid STRING, accountno STRING, balance STRING
)
CLUSTERED BY (id) INTO 1 BUCKETS
STORED AS orc
TBLPROPERTIES('transactional' = 'true','orc.compress'='ZLIB','orc.create.index'='true');

TRUNCATE TABLE assessdb.account001;

INSERT INTO TABLE assessdb.account001
SELECT
  id, pid, accountno, balance
FROM retrievedb.rawaccount
WHERE id <> '"id"';

CREATE TABLE IF NOT EXISTS assessdb.account002 (
  id STRING, pid STRING, accountno STRING, balance STRING
)
CLUSTERED BY (id) INTO 1 BUCKETS
STORED AS orc
TBLPROPERTIES('transactional' = 'true','orc.compress'='ZLIB','orc.create.index'='true');

TRUNCATE TABLE assessdb.account002;

INSERT INTO TABLE assessdb.account002
SELECT
  id, pid, rtrim(ltrim(accountno)), balance
FROM assessdb.account001;
CREATE TABLE IF NOT EXISTS assessdb.account003 (
  id INT, pid INT, accountid INT, accountno string, balance DECIMAL(18, 9)
)
CLUSTERED BY (id) INTO 1 BUCKETS
STORED AS orc
TBLPROPERTIES('transactional' = 'true','orc.compress'='ZLIB','orc.create.index'='true');
TRUNCATE TABLE assessdb.account003;

INSERT INTO TABLE assessdb.account003
SELECT
  CAST(id as INT), CAST(pid as INT), CAST(accountno as INT),
  CONCAT('AC',accountno), CAST(balance as DECIMAL(18, 9))
FROM assessdb.account002;

CREATE TABLE IF NOT EXISTS assessdb.account (
  id INT, pid INT, accountid INT, accountno STRING, balance DECIMAL(18, 9)
)
CLUSTERED BY (id) INTO 1 BUCKETS
STORED AS orc
TBLPROPERTIES('transactional' = 'true','orc.compress'='ZLIB','orc.create.index'='true');

TRUNCATE TABLE assessdb.account;

INSERT INTO TABLE assessdb.account
```

```
SELECT
  id, pid, accountid, accountno, balance
 FROM
  assessdb.account003;
```

28. 清空 account 的评估表

```
DROP TABLE assessdb.account001;
DROP TABLE assessdb.account002;
DROP TABLE assessdb.account003;
```

你现在已经完成了本书的评估层。做得很好!

如果你研究了附录B中的函数,就可以掌握那些可以在评估层处理过程中对数据进行修改的函数。

现在你可以进入下一层了。

8.3.4 过程数据库

过程数据库构建为Data Vault。Data Vault由Dan Linstedt设计，这种数据库建模技术用于提供长期、按日期编排的数据存储，如图8-20所示。

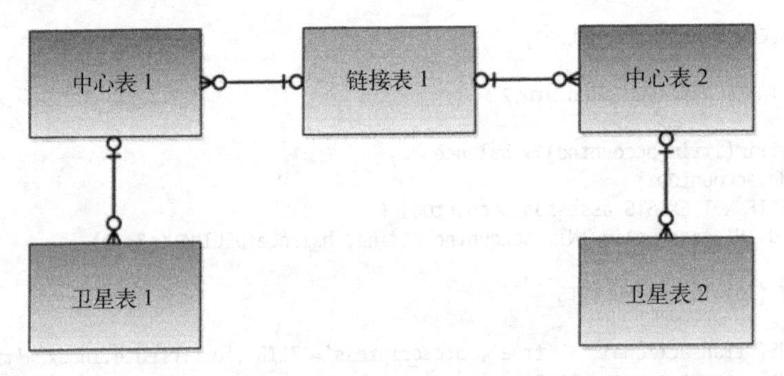

图8-20 基本Data Vault结构

Data Vault的基本结构包含下面3种结构。

- **中心表**：包含一个唯一业务键的列表，这些键几乎没有变化的趋势。
- **链接表**：业务键之间的关联和事务处理被记录为链接表。这些结构用于处理数据集中的关系。
- **卫星表**：中心表和链接表构成了Data Vault的核心结构，而详细的属性信息则存放在被称为卫星表的隔离表中。

要了解更多信息，请研究Data Vault的概念。

创建一个名为processdb的数据库来保存过程数据的结构。

```
CREATE DATABASE IF NOT EXISTS processdb;
```

你创建的第一个表是personhub。该中心表包括：

- 中心表的键 id
- 业务键 keyid
- 两个自然键 firstname 和 lastname

```
USE processdb;

CREATE TABLE IF NOT EXISTS processdb.personhub (
  id         INT,
  keyid      STRING,
  firstname  STRING,
  lastname   STRING
)
CLUSTERED BY (id) INTO 1 BUCKETS
STORED AS orc
TBLPROPERTIES('transactional' = 'true','orc.compress'='ZLIB','orc.create.index'='true');
```

如果你在数据完整性方面存在问题或者需要重新构建中心表，那么就应该用几个键来确保将来能够处理任何数据重构。在本例中，你可以使用 keyid 和 firstname + lastname 作为同一数据集的两个不同的键。

你创建的第 2 个表为 personsexsatellite。该卫星表包括：

- 中心表键 id
- 来自 personhub 表的业务键 keyid
- sex 属性
- 当装载数据时用于记录时间戳的 timestamp

```
CREATE TABLE IF NOT EXISTS processdb.personsexsatellite (
  id         INT,
  keyid      STRING,
  sex        STRING,
  timestmp   BIGINT
)
CLUSTERED BY (id) INTO 1 BUCKETS
STORED AS orc
TBLPROPERTIES('transactional' = 'true','orc.compress'='ZLIB','orc.create.index'='true');
```

你创建的第 3 个表为 person_person_link。它建立了一个人与另一个人的业务关系。

该链接表包括：

- 链接表键 id
- 人员中心表键 personid1
- 人员中心表键 personid2

Hive 代码如下。

```
CREATE TABLE IF NOT EXISTS processdb.person_person_link(
  id        INT,
  personid1 INT,
  personid2 INT
)
CLUSTERED BY (id, personid1, personid2) INTO 1 BUCKETS
```

```
STORED As orc
TBLPROPERTIES('transactional' = 'true','orc.compress'='ZLIB','orc.create.index'='true');
```

参见示例脚本 Process001.txt 中的 Hive 代码。它保存了与过程相关的数据结构。

你现在可以轻松地完成代码了，因为你之前使用过这样的 Hive 代码，现在只是创建了不同的数据结构而已。

```
DROP DATABASE processdb CASCADE;

CREATE DATABASE IF NOT EXISTS processdb;
USE processdb;

CREATE TABLE IF NOT EXISTS processdb.personhub (
  id         INT,
  keyid      STRING,
  firstname  STRING,
  lastname   STRING
)
CLUSTERED BY (id) INTO 1 BUCKETS
STORED AS orc
TBLPROPERTIES('transactional' = 'true','orc.compress'='ZLIB','orc.create.index'='true');

CREATE TABLE IF NOT EXISTS processdb.personhub001 (
  firstname  STRING,
  lastname   STRING
)
CLUSTERED BY (firstname, lastname) INTO 1 BUCKETS
STORED AS orc
TBLPROPERTIES('transactional' = 'true','orc.compress'='ZLIB','orc.create.index'='true');

TRUNCATE TABLE processdb.personhub001;

INSERT INTO TABLE processdb.personhub001
SELECT DISTINCT
  firstname,
  lastname
FROM
  assessdb.personfull;

CREATE TABLE IF NOT EXISTS processdb.personhub002 (
  rid         BIGINT,
  tid         BIGINT,
  firstname   STRING,
  lastname    STRING
)
CLUSTERED BY (rid, tid) INTO 1 BUCKETS
STORED AS orc
TBLPROPERTIES('transactional' = 'true','orc.compress'='ZLIB','orc.create.index'='true');

TRUNCATE TABLE processdb.personhub002;

INSERT INTO TABLE processdb.personhub002
SELECT
```

```
  ROW_NUMBER() OVER (ORDER BY firstname, lastname),
  unix_timestamp(),
  firstname,
  lastname
FROM
  processdb.personhub001;

CREATE TABLE IF NOT EXISTS processdb.personhub003 (
  keyid      STRING,
  firstname  STRING,
  lastname   STRING
)
CLUSTERED BY (keyid) INTO 1 BUCKETS
STORED AS orc
TBLPROPERTIES('transactional' = 'true','orc.compress'='ZLIB','orc.create.index'='true');

TRUNCATE TABLE processdb.personhub003;

INSERT INTO TABLE processdb.personhub003
SELECT
  CONCAT(tid, '/', rid),
  firstname,
  lastname
FROM
  processdb.personhub002;

CREATE TABLE IF NOT EXISTS processdb.personhub004 (
  keyid      STRING,
  firstname  STRING,
  lastname   STRING,
  CDC        STRING
)
CLUSTERED BY (keyid) INTO 1 BUCKETS
STORED AS orc
TBLPROPERTIES('transactional' = 'true','orc.compress'='ZLIB','orc.create.index'='true');

TRUNCATE TABLE processdb.personhub004;

INSERT INTO TABLE processdb.personhub004
SELECT
  A.keyid,
  A.firstname,
  A.lastname,
  B.keyid
FROM
  processdb.personhub003 AS A
LEFT JOIN
  processdb.personhub AS B
ON
  A.firstname = B.firstname  AND A.lastname = B.lastname;

CREATE TABLE IF NOT EXISTS processdb.personhub005 (
  keyid      STRING,
  firstname  STRING,
```

```
  lastname   STRING
)
CLUSTERED BY (keyid) INTO 1 BUCKETS
STORED AS orc
TBLPROPERTIES('transactional' = 'true','orc.compress'='ZLIB','orc.create.index'='true');

TRUNCATE TABLE processdb.personhub005;

INSERT INTO TABLE processdb.personhub005
SELECT
  keyid,
  firstname,
  lastname
FROM
  processdb.personhub004
WHERE CDC IS NULL;

INSERT INTO TABLE processdb.personhub005
SELECT
  keyid,
  firstname,
  lastname
FROM
  processdb.personhub;

TRUNCATE TABLE processdb.personhub;

INSERT INTO TABLE processdb.personhub
SELECT
  ROW_NUMBER() OVER (ORDER BY keyid),
  keyid,
  firstname,
  lastname
FROM
  processdb.personhub005;

DROP TABLE processdb.personhub001;
DROP TABLE processdb.personhub002;
DROP TABLE processdb.personhub003;
DROP TABLE processdb.personhub004;

CREATE TABLE IF NOT EXISTS processdb.personsexsatellite001 (
  keyid      STRING,
  sex        STRING
)
CLUSTERED BY (keyid) INTO 1 BUCKETS
STORED AS orc
TBLPROPERTIES('transactional' = 'true','orc.compress'='ZLIB','orc.create.index'='true');

TRUNCATE TABLE processdb.personsexsatellite001;

INSERT INTO TABLE processdb.personsexsatellite001
SELECT DISTINCT
  A.keyid,
```

```
  B.sex
FROM
  processdb.personhub005 as A
JOIN
  assessdb.personfull AS B
ON
  A.firstname = B.firstname AND A.lastname = B.lastname;

CREATE TABLE IF NOT EXISTS processdb.personsexsatellite (
  id          INT,
  keyid       STRING,
  sex         STRING,
  timestmp    BIGINT
)
CLUSTERED BY (id) INTO 1 BUCKETS
STORED AS orc
TBLPROPERTIES('transactional' = 'true','orc.compress'='ZLIB','orc.create.index'='true');

TRUNCATE TABLE processdb.personsexsatellite;

INSERT INTO TABLE processdb.personsexsatellite
SELECT
  ROW_NUMBER() OVER (ORDER BY keyid),
  keyid,
  sex,
  unix_timestamp()
FROM
  processdb.personsexsatellite001;

DROP TABLE processdb.objecthub001;
DROP TABLE processdb.personsexsatellite001;
```

你的过程层进展良好。做得好！

参见示例脚本 Process002.txt 中的 Hive 代码。它保存了所有与对象相关的数据结构。

```
USE processdb;

CREATE TABLE IF NOT EXISTS processdb.objecthub (
  id          int,
  objecttype  string,
  objectname  string,
  objectid    int
)
CLUSTERED BY (id) INTO 1 BUCKETS
STORED AS orc
TBLPROPERTIES('transactional' = 'true','orc.compress'='ZLIB','orc.create.index'='true');

TRUNCATE TABLE processdb.objecthub;

CREATE TABLE IF NOT EXISTS processdb.objecthub001 (
  objecttype  string,
  objectname  string,
  objectid    int
)
```

```
CLUSTERED BY (objecttype, objectname,objectid) INTO 1 BUCKETS
STORED AS orc
TBLPROPERTIES('transactional' = 'true','orc.compress'='ZLIB','orc.create.index'='true');

TRUNCATE TABLE processdb.objecthub001;

INSERT INTO TABLE processdb.objecthub001
SELECT DISTINCT
  'intangible',
  'bankaccount',
  accountid
FROM
  assessdb.account;

TRUNCATE TABLE processdb.objecthub;

INSERT INTO TABLE processdb.objecthub
SELECT DISTINCT
  ROW_NUMBER() OVER (ORDER BY objecttype,objectname,objectid),
  objecttype,
  objectname,
  objectid
FROM
  processdb.objecthub001;

CREATE TABLE IF NOT EXISTS processdb.objectbankaccountsatellite0001 (
  accountid          int,
  transactionid      int,
  balance            DECIMAL(18, 9)
)
CLUSTERED BY (accountid,transactionid) INTO 1 BUCKETS
STORED AS orc
TBLPROPERTIES('transactional' = 'true','orc.compress'='ZLIB','orc.create.index'='true');

TRUNCATE TABLE processdb.objectbankaccountsatellite001;

INSERT INTO TABLE processdb.objectbankaccountsatellite0001
SELECT
  accountid,
  id as transactionid,
  balance
FROM
  assessdb.account;

CREATE TABLE IF NOT EXISTS processdb.objectbankaccountsatellite (
  id                 int,
  accountid          int,
  transactionid      int,
  balance            DECIMAL(18, 9),
  timestmp           bigint
)
CLUSTERED BY (id) INTO 1 BUCKETS
STORED AS orc
TBLPROPERTIES('transactional' = 'true','orc.compress'='ZLIB','orc.create.index'='true');
```

```
TRUNCATE TABLE processdb.objectbankaccountsatellite;

INSERT INTO TABLE processdb.objectbankaccountsatellite
SELECT
  ROW_NUMBER() OVER (ORDER BY accountid,transactionid),
  accountid,
  transactionid,
  balance,
  unix_timestamp()
FROM
  processdb.objectbankaccountsatellite0001;

DROP TABLE processdb.objectbankaccountsatellite0001;
DROP TABLE processdb.objecthub001;

More progress ... Just keep on running the Hive code.
```

更多的过程……继续运行 Hive 代码。

参见示例脚本 Process003.txt 中的 Hive 代码。其中保存了所有与位置相关的数据结构。

```
USE processdb;

CREATE TABLE IF NOT EXISTS processdb.locationhub (
  id            INT,
  locationtype  STRING,
  locationname  STRING,
  locationid    INT
)
CLUSTERED BY (id) INTO 1 BUCKETS
STORED AS orc
TBLPROPERTIES('transactional' = 'true','orc.compress'='ZLIB','orc.create.index'='true');

TRUNCATE processdb.locationhub;

CREATE TABLE IF NOT EXISTS processdb.locationhub001 (
  locationtype  STRING,
  locationname  STRING,
  locationid    INT
)
CLUSTERED BY (locationtype, locationname,locationid) INTO 1 BUCKETS
STORED AS orc
TBLPROPERTIES('transactional' = 'true','orc.compress'='ZLIB','orc.create.index'='true');

TRUNCATE TABLE processdb.locationhub001;

INSERT INTO TABLE processdb.locationhub001
SELECT DISTINCT
  'intangible',
  'geospace',
  id as locationid
FROM
  assessdb.postaddress;
```

```
TRUNCATE TABLE processdb.locationhub;

INSERT INTO TABLE processdb.locationhub
SELECT DISTINCT
  ROW_NUMBER() OVER (ORDER BY locationtype,locationname,locationid),
  locationtype,
  locationname,
  locationid
FROM
  processdb.locationhub001;

CREATE TABLE IF NOT EXISTS processdb.locationgeospacesatellite0001 (
  locationid    INT,             postcode     STRING,
  latitude      DECIMAL(18, 9), longitude    DECIMAL(18, 9),
  easting       INT,             northing     INT,
  gridref       STRING,          district     STRING,
  ward          STRING,          districtcode STRING,
  wardcode      STRING,          country      STRING,
  countycode    STRING,          constituency STRING,
  typearea      STRING
)
CLUSTERED BY (locationid) INTO 1 BUCKETS
STORED AS orc
TBLPROPERTIES('transactional' = 'true','orc.compress'='ZLIB','orc.create.index'='true');

TRUNCATE TABLE processdb.locationgeospacesatellite0001;

INSERT INTO TABLE processdb.locationgeospacesatellite0001
SELECT
  id as locationid, postcode, latitude, longitude, easting, northing,gridref,
  district, ward, districtcode, wardcode, country, countycode,
  constituency, typearea
FROM
  assessdb.postaddress;
 CREATE TABLE IF NOT EXISTS processdb.locationgeospace1satellite (
  id            INT,
  locationid    INT,
  postcode      STRING,
  timestmp      BIGINT
)
CLUSTERED BY (id) INTO 1 BUCKETS
STORED AS orc
TBLPROPERTIES('transactional' = 'true','orc.compress'='ZLIB','orc.create.index'='true');

TRUNCATE TABLE processdb.locationgeospace1satellite;

INSERT INTO TABLE processdb.locationgeospace1satellite
SELECT
  ROW_NUMBER() OVER (ORDER BY locationid),
  locationid,
  postcode,
  unix_timestamp()
FROM
  processdb.locationgeospacesatellite0001
```

```
ORDER BY locationid;

CREATE TABLE IF NOT EXISTS processdb.locationgeospace2satellite (
  id            INT,
  locationid    INT,
  latitude      DECIMAL(18, 9),
  longitude     DECIMAL(18, 9),
  timestmp      BIGINT
)
CLUSTERED BY (id, locationid) INTO 1 BUCKETS
STORED AS orc
TBLPROPERTIES('transactional' = 'true','orc.compress'='ZLIB','orc.create.index'='true');

TRUNCATE TABLE processdb.locationgeospace2satellite;

INSERT INTO TABLE processdb.locationgeospace2satellite
SELECT
  ROW_NUMBER() OVER (ORDER BY locationid),
  locationid,
  latitude,
  longitude,
  unix_timestamp()
FROM
  processdb.locationgeospacesatellite0001;

CREATE TABLE IF NOT EXISTS processdb.locationgeospace3satellite (
  id            INT,
  locationid    INT,
  easting       INT,
  northing      INT,
  timestmp      BIGINT
)
CLUSTERED BY (id, locationid) INTO 1 BUCKETS
STORED AS orc
TBLPROPERTIES('transactional' = 'true','orc.compress'='ZLIB','orc.create.index'='true');

TRUNCATE TABLE processdb.locationgeospace3satellite;

INSERT INTO TABLE processdb.locationgeospace3satellite
SELECT
  ROW_NUMBER() OVER (ORDER BY locationid),
  locationid,
  easting,
  northing,
  unix_timestamp()
FROM
  processdb.locationgeospacesatellite0001;

CREATE TABLE IF NOT EXISTS processdb.locationgeospace4satellite (
  id            INT,
  locationid    INT,
  postcode      STRING,
  latitude      DECIMAL(18, 9),
  longitude     DECIMAL(18, 9),
```

```
  easting       INT,
  northing      INT,
  gridref       STRING,
  district      STRING,
  ward          STRING,
  districtcode  STRING,
  wardcode      STRING,
  country       STRING,
  countycode    STRING,
  constituency  STRING,
  typearea      STRING,
  timestmp      BIGINT
)
CLUSTERED BY (id, locationid) INTO 1 BUCKETS
STORED AS orc
TBLPROPERTIES('transactional' = 'true','orc.compress'='ZLIB','orc.create.index'='true');

TRUNCATE TABLE processdb.locationgeospace4satellite;

INSERT INTO TABLE processdb.locationgeospace4satellite
SELECT
  ROW_NUMBER() OVER (ORDER BY locationid),
  locationid,
  postcode,
  latitude,
  longitude,
  easting,
  northing,
  gridref,
  district,
  ward,
  districtcode,
  wardcode,
  country,
  countycode,
  constituency,
  typearea,
  unix_timestamp()
FROM
  processdb.locationgeospacesatellite0001;

DROP TABLE processdb.locationgeospacesatellite0001;
DROP TABLE processdb.locationhub001;
```

我们快完工了……还需要一些其他的结构。

参见示例脚本Process004.txt中的Hive代码，它保存了所有与事件相关的数据结构。

```
USE processdb;

CREATE TABLE IF NOT EXISTS processdb.eventhub (
  id          int,
  eventtype  string,
  eventname  string,
  eventid    int
```

```
)
CLUSTERED BY (id) INTO 1 BUCKETS
STORED AS orc
TBLPROPERTIES('transactional' = 'true','orc.compress'='ZLIB','orc.create.index'='true');

TRUNCATE processdb.eventhub;

CREATE TABLE IF NOT EXISTS processdb.eventhub001 (
  eventtype  string,
  eventname  string,
  eventid    int
)
CLUSTERED BY (eventtype, eventname,eventid) INTO 1 BUCKETS
STORED AS orc
TBLPROPERTIES('transactional' = 'true','orc.compress'='ZLIB','orc.create.index'='true');

TRUNCATE TABLE processdb.eventhub001;

INSERT INTO TABLE processdb.eventhub001
SELECT DISTINCT
  'intangible',
  'banktransaction',
  id as eventid
FROM
  assessdb.account;

TRUNCATE TABLE processdb.eventhub;

INSERT INTO TABLE processdb.eventhub
SELECT DISTINCT
  ROW_NUMBER() OVER (ORDER BY eventtype,eventname,eventid),
  eventtype,
  eventname,
  eventid
FROM
  processdb.eventhub001;

CREATE TABLE IF NOT EXISTS processdb.eventbanktransactionsatellite0001 (
  accountid           int,
  transactionid       int,
  balance             DECIMAL(18, 9)
)
CLUSTERED BY (accountid,transactionid) INTO 1 BUCKETS
STORED AS orc
TBLPROPERTIES('transactional' = 'true','orc.compress'='ZLIB','orc.create.index'='true');

TRUNCATE TABLE processdb.eventbanktransactionsatellite001;

INSERT INTO TABLE processdb.eventbanktransactionsatellite0001
SELECT
  accountid,
  id as transactionid,
  balance
FROM
```

8

```
  assessdb.account;
CREATE TABLE IF NOT EXISTS processdb.eventbanktransactionsatellite (
  id                  int,
  accountid           int,
  transactionid       int,
  balance             DECIMAL(18, 9),
  timestmp            bigint
)
CLUSTERED BY (id) INTO 1 BUCKETS
STORED AS orc
TBLPROPERTIES('transactional' = 'true','orc.compress'='ZLIB','orc.create.index'='true');

TRUNCATE TABLE processdb.eventbanktransactionsatellite;

INSERT INTO TABLE processdb.eventbanktransactionsatellite
SELECT
  ROW_NUMBER() OVER (ORDER BY accountid,transactionid),
  accountid,
  transactionid,
  balance,
  unix_timestamp()
FROM
  processdb.eventbanktransactionsatellite0001;

DROP TABLE processdb.eventbanktransactionsatellite0001;
DROP TABLE processdb.eventhub001;
SHOW TABLES;
```

参见示例脚本 Process005.txt 中的 Hive 代码，其中保存了所有与时间相关的数据结构。

```
USE processdb;

CREATE TABLE IF NOT EXISTS processdb.timehub (
  id            INT,
  timeid    INT
)
CLUSTERED BY (id) INTO 1 BUCKETS
STORED AS orc
TBLPROPERTIES('transactional' = 'true','orc.compress'='ZLIB','orc.create.index'='true');

TRUNCATE TABLE processdb.timehub;
CREATE TABLE IF NOT EXISTS processdb.timehub001 (
  timeid    INT
)
CLUSTERED BY (timeid) INTO 1 BUCKETS
STORED AS orc
TBLPROPERTIES('transactional' = 'true','orc.compress'='ZLIB','orc.create.index'='true');

TRUNCATE TABLE processdb.timehub001;

INSERT INTO TABLE processdb.timehub001
SELECT DISTINCT
  id as timeid
FROM
```

```
  assessdb.dates
WHERE yearnumber = 2015;

INSERT INTO TABLE processdb.timehub001
SELECT DISTINCT
  id as timeid
FROM
  assessdb.dates
WHERE yearnumber = 2016;

TRUNCATE TABLE processdb.timehub;

INSERT INTO TABLE processdb.timehub
SELECT DISTINCT
  ROW_NUMBER() OVER (ORDER BY timeid),
  timeid
FROM
  processdb.timehub001;

CREATE TABLE IF NOT EXISTS processdb.timesatellite0001 (
  timeid        INT,
  datetimes     string
)
CLUSTERED BY (timeid) INTO 1 BUCKETS
STORED AS orc
TBLPROPERTIES('transactional' = 'true','orc.compress'='ZLIB','orc.create.index'='true');

TRUNCATE TABLE processdb.timesatellite0001;

INSERT INTO TABLE processdb.timesatellite0001
SELECT
  id as timeid,
  datetimes
FROM
  assessdb.dates
WHERE yearnumber = 2015;

INSERT INTO TABLE processdb.timesatellite0001
SELECT
  id as timeid,
  datetimes
FROM
  assessdb.dates
WHERE yearnumber = 2016;

CREATE TABLE IF NOT EXISTS processdb.time1satellite (
  id            INT,
  timeid        INT,
  datetimes     STRING,
  timestmp      BIGINT
)
CLUSTERED BY (id) INTO 1 BUCKETS
STORED AS orc
```

8

```
TBLPROPERTIES('transactional' = 'true','orc.compress'='ZLIB','orc.create.index'='true');

TRUNCATE TABLE processdb.time1satellite;

INSERT INTO TABLE processdb.time1satellite
SELECT
  ROW_NUMBER() OVER (ORDER BY timeid),
  timeid,
  datetimes,
  unix_timestamp()
FROM
  processdb.timesatellite0001
ORDER BY timeid;

DROP TABLE processdb.timesatellite0001;
DROP TABLE processdb.timehub001;
```

现在你已经创建了所有中心表和卫星表。你将添加所有的链接表。这个环节的工作量很大，但是回报近在眼前。你很快就会有一个完全可以工作的 Data Vault。

参见示例脚本 Process006.txt 中的 Hive 代码。它保存了人员、对象、位置、事件和时间等数据结构之间的所有链接表。

```
USE processdb;

CREATE TABLE IF NOT EXISTS processdb.person_person_link(
  id INT,
  personid1 INT,
  personid2 INT
)
CLUSTERED BY (id, personid1, personid2) INTO 1 BUCKETS
STORED As orc
TBLPROPERTIES('transactional' = 'true','orc.compress'='ZLIB','orc.create.index'='true');

TRUNCATE TABLE processdb.person_person_link;

CREATE TABLE IF NOT EXISTS processdb.person_person_link002(
  personid1 INT,
  personid2 INT
)
CLUSTERED BY (personid1, personid2) INTO 1 BUCKETS
STORED As orc
TBLPROPERTIES('transactional' = 'true','orc.compress'='ZLIB','orc.create.index'='true');

TRUNCATE TABLE processdb.person_person_link002;

CREATE TABLE IF NOT EXISTS processdb.personlink001(
  personid INT
)
CLUSTERED BY (personid) INTO 1 BUCKETS
STORED As orc
TBLPROPERTIES('transactional' = 'true','orc.compress'='ZLIB','orc.create.index'='true');
```

```
INSERT INTO TABLE processdb.personlink001
SELECT
  personhub.id as personid
FROM
  processdb.personhub
LIMIT 10;

CREATE TABLE IF NOT EXISTS processdb.object_object_link(
  id INT,
  objectid1 INT,
  objectid2 INT
)
CLUSTERED BY (id, objectid1, objectid2) INTO 1 BUCKETS
STORED As orc
TBLPROPERTIES('transactional' = 'true','orc.compress'='ZLIB','orc.create.index'='true');

CREATE TABLE IF NOT EXISTS processdb.object_object_link002(
  objectid1 INT,
  objectid2 INT
)
CLUSTERED BY (objectid1, objectid2) INTO 1 BUCKETS
STORED As orc
TBLPROPERTIES('transactional' = 'true','orc.compress'='ZLIB','orc.create.index'='true');

CREATE TABLE IF NOT EXISTS processdb.objectlink001(
  objectid INT
)
CLUSTERED BY (objectid) INTO 1 BUCKETS
STORED As orc
TBLPROPERTIES('transactional' = 'true','orc.compress'='ZLIB','orc.create.index'='true');

TRUNCATE TABLE processdb.objectlink001;

INSERT INTO TABLE processdb.objectlink001
SELECT
  objecthub.id as objectid
FROM
  processdb.objecthub
LIMIT 10;

CREATE TABLE IF NOT EXISTS processdb.location_location_link(
  id INT,
  locationid1 INT,
  locationid2 INT
)
CLUSTERED BY (id, locationid1, locationid2) INTO 1 BUCKETS
STORED As orc
TBLPROPERTIES('transactional' = 'true','orc.compress'='ZLIB','orc.create.index'='true');

TRUNCATE TABLE processdb.location_location_link;

CREATE TABLE IF NOT EXISTS processdb.location_location_link002(
  locationid1 INT,
```

8

```
  locationid2 INT
)
CLUSTERED BY (locationid1, locationid2) INTO 1 BUCKETS
STORED As orc
TBLPROPERTIES('transactional' = 'true','orc.compress'='ZLIB','orc.create.index'='true');

CREATE TABLE IF NOT EXISTS processdb.locationlink001(
  locationid INT
)
CLUSTERED BY (locationid) INTO 1 BUCKETS
STORED As orc
TBLPROPERTIES('transactional' = 'true','orc.compress'='ZLIB','orc.create.index'='true');

INSERT INTO TABLE processdb.locationlink001
SELECT
  locationhub.id as locationid
FROM
  processdb.locationhub
LIMIT 10;

CREATE TABLE IF NOT EXISTS processdb.event_event_link(
  id INT,
  eventid1 INT,
  eventid2 INT
)
CLUSTERED BY (id, eventid1, eventid2) INTO 1 BUCKETS
STORED As orc
TBLPROPERTIES('transactional' = 'true','orc.compress'='ZLIB','orc.create.index'='true');

CREATE TABLE IF NOT EXISTS processdb.event_event_link002(
  eventid1 INT,
  eventid2 INT
)
CLUSTERED BY (eventid1, eventid2) INTO 1 BUCKETS
STORED As orc
TBLPROPERTIES('transactional' = 'true','orc.compress'='ZLIB','orc.create.index'='true');

CREATE TABLE IF NOT EXISTS processdb.eventlink001(
  eventid INT
)
CLUSTERED BY (eventid) INTO 1 BUCKETS
STORED As orc
TBLPROPERTIES('transactional' = 'true','orc.compress'='ZLIB','orc.create.index'='true');
INSERT INTO TABLE processdb.eventlink001
SELECT
  eventhub.id as eventid
FROM
  processdb.eventhub
LIMIT 10;

CREATE TABLE IF NOT EXISTS processdb.time_time_link(
  id INT,
  timeid1 INT,
```

```
  timeid2 INT
)
CLUSTERED BY (id, timeid1, timeid2) INTO 1 BUCKETS
STORED As orc
TBLPROPERTIES('transactional' = 'true','orc.compress'='ZLIB','orc.create.index'='true');

CREATE TABLE IF NOT EXISTS processdb.time_time_link002(
  timeid1 INT,
  timeid2 INT
)
CLUSTERED BY (timeid1, timeid2) INTO 1 BUCKETS
STORED As orc
TBLPROPERTIES('transactional' = 'true','orc.compress'='ZLIB','orc.create.index'='true');

CREATE TABLE IF NOT EXISTS processdb.timelink001(
  timeid INT
)
CLUSTERED BY (timeid) INTO 1 BUCKETS
STORED As orc
TBLPROPERTIES('transactional' = 'true','orc.compress'='ZLIB','orc.create.index'='true');

INSERT INTO TABLE processdb.timelink001
SELECT
  timehub.id as timeid
FROM
  processdb.timehub
LIMIT 10;

CREATE TABLE IF NOT EXISTS processdb.person_object_link002(
  personid INT,
  objectid INT
)
CLUSTERED BY (personid, objectid) INTO 1 BUCKETS
STORED As orc
TBLPROPERTIES('transactional' = 'true','orc.compress'='ZLIB','orc.create.index'='true');

INSERT INTO TABLE processdb.person_object_link002
SELECT DISTINCT
  personlink001.id as personid,
  objectlink001.id as objectid
FROM
  processdb.personlink001
CROSS JOIN
  processdb.objectlink001
LIMIT 20;

INSERT INTO TABLE processdb.person_object_link002
SELECT personhub.id, objecthub.objectid
FROM assessdb.account
JOIN
processdb.personhub
ON account.pid = personhub.id
JOIN
```

```
processdb.objecthub
ON account.accountid = objecthub.objectid
LIMIT 100;

CREATE TABLE IF NOT EXISTS processdb.person_object_link(
  id INT,
  personid INT,
  objectid INT
)
CLUSTERED BY (id, personid, objectid) INTO 1 BUCKETS
STORED As orc
TBLPROPERTIES('transactional' = 'true','orc.compress'='ZLIB','orc.create.index'='true');

INSERT INTO TABLE processdb.person_object_link
SELECT DISTINCT
  ROW_NUMBER() OVER (ORDER BY personid, objectid),
  personid,
  objectid
FROM
  processdb.person_object_link002;

CREATE TABLE IF NOT EXISTS processdb.person_location_link002(
  personid INT,
  locationid INT
)
CLUSTERED BY (personid, locationid) INTO 1 BUCKETS
STORED As orc
TBLPROPERTIES('transactional' = 'true','orc.compress'='ZLIB','orc.create.index'='true');

INSERT INTO TABLE processdb.person_location_link002
SELECT DISTINCT
  personlink001.id as personid,
  locationlink001.id as locationid
FROM
  processdb.personlink001
CROSS JOIN
  processdb.locationlink001
LIMIT 20;

CREATE TABLE IF NOT EXISTS processdb.person_location_link(
  id INT,
  personid INT,
  locationid INT
)
CLUSTERED BY (id, personid, locationid) INTO 1 BUCKETS
STORED As orc
TBLPROPERTIES('transactional' = 'true','orc.compress'='ZLIB','orc.create.index'='true');

INSERT INTO TABLE processdb.person_location_link
SELECT DISTINCT
  ROW_NUMBER() OVER (ORDER BY personid, locationid),
  personid,
  locationid
```

```
FROM
  processdb.person_location_link002;

CREATE TABLE IF NOT EXISTS processdb.person_event_link002(
  personid INT,
  eventid INT
)
CLUSTERED BY (personid, eventid) INTO 1 BUCKETS
STORED As orc
TBLPROPERTIES('transactional' = 'true','orc.compress'='ZLIB','orc.create.index'='true');

INSERT INTO TABLE processdb.person_event_link002
SELECT DISTINCT
  personlink001.id as personid,
  eventlink001.id as eventid
FROM
  processdb.personlink001
CROSS JOIN
  processdb.eventlink001
LIMIT 20;

CREATE TABLE IF NOT EXISTS processdb.person_event_link(
  id INT,
  personid INT,
  eventid INT
)
CLUSTERED BY (id, personid, eventid) INTO 1 BUCKETS
STORED As orc
TBLPROPERTIES('transactional' = 'true','orc.compress'='ZLIB','orc.create.index'='true');

INSERT INTO TABLE processdb.person_event_link
SELECT DISTINCT
  ROW_NUMBER() OVER (ORDER BY personid, eventid),
  personid,
  eventid
FROM
  processdb.person_event_link002;

CREATE TABLE IF NOT EXISTS processdb.person_time_link002(
  personid INT,
  timeid INT
)
CLUSTERED BY (personid, timeid) INTO 1 BUCKETS
STORED As orc
TBLPROPERTIES('transactional' = 'true','orc.compress'='ZLIB','orc.create.index'='true');

INSERT INTO TABLE processdb.person_time_link002
SELECT DISTINCT
  personlink001.id as personid,
  timelink001.id as timeid
FROM
  processdb.personlink001
CROSS JOIN
```

```
  processdb.timelink001
LIMIT 20;

CREATE TABLE IF NOT EXISTS processdb.person_time_link(
  id INT,
  personid INT,
  timeid INT
)
CLUSTERED BY (id, personid, timeid) INTO 1 BUCKETS
STORED As orc
TBLPROPERTIES('transactional' = 'true','orc.compress'='ZLIB','orc.create.index'='true');

INSERT INTO TABLE processdb.person_time_link
SELECT DISTINCT
  ROW_NUMBER() OVER (ORDER BY personid, timeid),
  personid,
  timeid
FROM
  processdb.person_time_link002;

CREATE TABLE IF NOT EXISTS processdb.object_location_link002(
  objectid INT,
  locationid INT
)
CLUSTERED BY (objectid, locationid) INTO 1 BUCKETS
STORED As orc
TBLPROPERTIES('transactional' = 'true','orc.compress'='ZLIB','orc.create.index'='true');

INSERT INTO TABLE processdb.object_location_link002
SELECT DISTINCT
  objectlink001.id as objectid,
  locationlink001.id as locationid
FROM
  processdb.objectlink001
CROSS JOIN
  processdb.locationlink001
LIMIT 20;

CREATE TABLE IF NOT EXISTS processdb.object_location_link(
  id INT,
  objectid INT,
  locationid INT
)
CLUSTERED BY (id, objectid, locationid) INTO 1 BUCKETS
STORED As orc
TBLPROPERTIES('transactional' = 'true','orc.compress'='ZLIB','orc.create.index'='true');

INSERT INTO TABLE processdb.object_location_link
SELECT DISTINCT
  ROW_NUMBER() OVER (ORDER BY objectid, locationid),
  objectid,
  locationid
FROM
```

```
  processdb.object_location_link002;

CREATE TABLE IF NOT EXISTS processdb.object_event_link002(
  objectid INT,
  eventid INT
)
CLUSTERED BY (objectid, eventid) INTO 1 BUCKETS
STORED As orc
TBLPROPERTIES('transactional' = 'true','orc.compress'='ZLIB','orc.create.index'='true');

INSERT INTO TABLE processdb.object_event_link002
SELECT DISTINCT
  objectlink001.id as objectid,
  eventlink001.id as eventid
FROM
  processdb.objectlink001
CROSS JOIN
  processdb.eventlink001
LIMIT 20;

CREATE TABLE IF NOT EXISTS processdb.object_event_link(
  id INT,
  objectid INT,
  eventid INT
)
CLUSTERED BY (id, objectid, eventid) INTO 1 BUCKETS
STORED As orc
TBLPROPERTIES('transactional' = 'true','orc.compress'='ZLIB','orc.create.index'='true');

INSERT INTO TABLE processdb.object_event_link
SELECT DISTINCT
  ROW_NUMBER() OVER (ORDER BY objectid, eventid),
  objectid,
  eventid
FROM
  processdb.object_event_link002;

CREATE TABLE IF NOT EXISTS processdb.object_time_link002(
  objectid INT,
  timeid INT
)
CLUSTERED BY (objectid, timeid) INTO 1 BUCKETS
STORED As orc
TBLPROPERTIES('transactional' = 'true','orc.compress'='ZLIB','orc.create.index'='true');

INSERT INTO TABLE processdb.object_time_link002
SELECT DISTINCT
  objectlink001.id as objectid,
  timelink001.id as timeid
FROM
  processdb.objectlink001
CROSS JOIN
  processdb.timelink001
```

```
LIMIT 20;

CREATE TABLE IF NOT EXISTS processdb.object_time_link(
  id INT,
  objectid INT,
  timeid INT
)
CLUSTERED BY (id, objectid, timeid) INTO 1 BUCKETS
STORED As orc
TBLPROPERTIES('transactional' = 'true','orc.compress'='ZLIB','orc.create.index'='true');

INSERT INTO TABLE processdb.object_time_link
SELECT DISTINCT
  ROW_NUMBER() OVER (ORDER BY objectid, timeid),
  objectid,
  timeid
FROM
  processdb.object_time_link002;

CREATE TABLE IF NOT EXISTS processdb.location_event_link002(
  locationid INT,
  eventid INT
)
CLUSTERED BY (locationid, eventid) INTO 1 BUCKETS
STORED As orc
TBLPROPERTIES('transactional' = 'true','orc.compress'='ZLIB','orc.create.index'='true');

INSERT INTO TABLE processdb.location_event_link002
SELECT DISTINCT
  locationlink001.id as locationid,
  eventlink001.id as eventid
FROM
  processdb.locationlink001
CROSS JOIN
  processdb.eventlink001
LIMIT 20;

CREATE TABLE IF NOT EXISTS processdb.location_event_link(
  id INT,
  locationid INT,
  eventid INT
)
CLUSTERED BY (id, locationid, eventid) INTO 1 BUCKETS
STORED As orc
TBLPROPERTIES('transactional' = 'true','orc.compress'='ZLIB','orc.create.index'='true');

INSERT INTO TABLE processdb.location_event_link
SELECT DISTINCT
  ROW_NUMBER() OVER (ORDER BY locationid, eventid),
  locationid,
  eventid
FROM
  processdb.location_event_link002;
```

```
CREATE TABLE IF NOT EXISTS processdb.location_time_link002(
  locationid INT,
  timeid INT
)
CLUSTERED BY (locationid, timeid) INTO 1 BUCKETS
STORED As orc
TBLPROPERTIES('transactional' = 'true','orc.compress'='ZLIB','orc.create.index'='true');

INSERT INTO TABLE processdb.location_time_link002
SELECT DISTINCT
  locationlink001.id as locationid,
  timelink001.id as timeid
FROM
  processdb.locationlink001
CROSS JOIN
  processdb.timelink001
LIMIT 20;

CREATE TABLE IF NOT EXISTS processdb.location_time_link(
  id INT,
  locationid INT,
  timeid INT
)
CLUSTERED BY (id, locationid, timeid) INTO 1 BUCKETS
STORED As orc
TBLPROPERTIES('transactional' = 'true','orc.compress'='ZLIB','orc.create.index'='true');

INSERT INTO TABLE processdb.location_time_link
SELECT DISTINCT
  ROW_NUMBER() OVER (ORDER BY locationid, timeid),
  locationid,
  timeid
FROM
  processdb.location_time_link002;

CREATE TABLE IF NOT EXISTS processdb.event_time_link002(
  eventid INT,
  timeid INT
)
CLUSTERED BY (eventid, timeid) INTO 1 BUCKETS
STORED As orc
TBLPROPERTIES('transactional' = 'true','orc.compress'='ZLIB','orc.create.index'='true');

INSERT INTO TABLE processdb.event_time_link002
SELECT DISTINCT
  eventlink001.id as eventid,
  timelink001.id as timeid
FROM
  processdb.eventlink001
CROSS JOIN
  processdb.timelink001
LIMIT 20;
```

```
CREATE TABLE IF NOT EXISTS processdb.event_time_link(
  id INT,
  eventid INT,
  timeid INT
)
CLUSTERED BY (id, eventid, timeid) INTO 1 BUCKETS
STORED As orc
TBLPROPERTIES('transactional' = 'true','orc.compress'='ZLIB','orc.create.index'='true');

INSERT INTO TABLE processdb.event_time_link
SELECT DISTINCT
  ROW_NUMBER() OVER (ORDER BY eventid, timeid),
  eventid,
  timeid
FROM
  processdb.event_time_link002;
```

现在你有了一个 Data Vault。只需清空 processdb 数据库就可以完成工作了。

参见示例脚本 Process007.txt 中的 Hive 代码。这段代码清空了过程数据库。

```
USE processdb;

DROP TABLE processdb.person_event_link002;
DROP TABLE processdb.person_location_link002;
DROP TABLE processdb.person_object_link002;
DROP TABLE processdb.person_person_link002;
DROP TABLE processdb.person_time_link002;
DROP TABLE processdb.personlink001;

DROP TABLE processdb.object_event_link002;
DROP TABLE processdb.object_location_link002;
DROP TABLE processdb.object_object_link002;
DROP TABLE processdb.object_time_link002;
DROP TABLE processdb.objectlink001;

DROP TABLE processdb.location_event_link002;
DROP TABLE processdb.location_location_link002;
DROP TABLE processdb.location_time_link002;
DROP TABLE processdb.locationlink001;

DROP TABLE processdb.event_event_link002;
DROP TABLE processdb.event_time_link002;
DROP TABLE processdb.eventlink001;

DROP TABLE processdb.time_time_link002;
DROP TABLE processdb.timelink001;
```

现在，你已经针对 Hive 解决方案完成了脚本范围内的各项内容，创建了 processdb 的所有数据结构。

让我们快速检查一下创建了哪些表。执行下述命令。

```
SHOW TABLES;
```

成功！你已经完成了过程层。

8.3.5 转换数据库

转换数据库保存了一个 ROLAP（关系型在线分析处理）模型，该模型由太阳模型所描述的维度和事实的物理部署组成。

你将创建一个名为 transformdb 的数据库，它保存了你的太阳模型所推荐的转换数据结构。

```
CREATE DATABASE IF NOT EXISTS transformdb;
USE transformdb;
```

你创建的第一个维度是 dimperson，它包括：

- ❑ 维度键 personkey
- ❑ 两个维度属性 firstname 和 lastname

```
CREATE TABLE IF NOT EXISTS transformdb.dimperson (
  personkey  BIGINT,
  firstname  STRING,
  lastname   STRING
)
CLUSTERED BY (firstname, lastname,personkey) INTO 1 BUCKETS
STORED AS orc
TBLPROPERTIES('transactional' = 'true','orc.compress'='ZLIB','orc.create.index'='true');
```

让我们将样本数据装载到 dimperson 维度中。

```
INSERT INTO TABLE transformdb.dimperson
VALUES
(999997,'Ruff','Hond'),
(999998,'Robbie','Rot'),
(999999,'Helen','Kat');
```

注意 我们直接插入数据，因为它通过这一层加速了处理。

你创建的第 2 个维度是 dimaccount，它包括：

- ❑ 维度键 accountkey
- ❑ 维度属性 accountnumber

```
CREATE TABLE IF NOT EXISTS transformdb.dimaccount (
  accountkey      BIGINT,
  accountnumber   INT
)
CLUSTERED BY (accountnumber,accountkey) INTO 1 BUCKETS
STORED AS orc
TBLPROPERTIES('transactional' = 'true','orc.compress'='ZLIB','orc.create.index'='true');
```

让我们将一些样本数据装载到 dimaccount 维度中。

```
INSERT INTO TABLE transformdb.dimaccount
VALUES
(88888887,208887),
(88888888,208888),
(88888889,208889);
```

你创建的第一个事实是 fctpersonaccount，它包含以下内容：

- 事实键 personaccountkey
- 来自维度 dimperson 的事实键 personkey
- 来自维度 dimaccount 的事实键 accountkey
- 度量 balance

```
CREATE TABLE IF NOT EXISTS transformdb.fctpersonaccount (
  personaccountkey     BIGINT,
  personkey            BIGINT,
  accountkey           BIGINT,
  balance             DECIMAL(18, 9)
)
CLUSTERED BY (personkey,accountkey) INTO 1 BUCKETS
STORED AS orc
TBLPROPERTIES('transactional' = 'true','orc.compress'='ZLIB','orc.create.index'='true');
```

让我们将一些样本数据装载到 fctpersonaccount 事实表中。

你创建的下一个临时事实表是 fctpersonaccount001。

```
CREATE TABLE IF NOT EXISTS transformdb.fctpersonaccount001 (
  personkey            BIGINT,
  accountkey           BIGINT,
  balance             DECIMAL(18, 9)
)
CLUSTERED BY (personkey,accountkey) INTO 1 BUCKETS
STORED AS orc
TBLPROPERTIES('transactional' = 'true','orc.compress'='ZLIB','orc.create.index'='true');

INSERT INTO TABLE transformdb.fctpersonaccount001
VALUES
(999997,88888887,10.60),
(999997,88888887,400.70),
(999997,88888887,-210.90),
(999998,88888888,1000.00),
(999998,88888888,1990.60),
(999998,88888888,900.70),
(999999,88888889,160.60),
(999999,88888889,180.70),
(999999,88888889,100.60),
(999999,88888889,120.90),
(999999,88888889,180.69),
(999999,88888889,130.30);
```

你创建的下一个临时事实表是 fctpersonaccount002。

```
CREATE TABLE IF NOT EXISTS transformdb.fctpersonaccount002 (
  personkey       BIGINT,
  accountkey      BIGINT,
  balance         DECIMAL(18, 9)
)
CLUSTERED BY (personkey,accountkey) INTO 1 BUCKETS
STORED AS orc
TBLPROPERTIES('transactional' = 'true','orc.compress'='ZLIB','orc.create.index'='true');
```

让我们将一些活动数据装载到事实表 fctpersonaccount002 中。

```
INSERT INTO TABLE transformdb.fctpersonaccount002
SELECT
CAST(personkey AS BIGINT),
CAST(accountkey AS BIGINT),
CAST(SUM(balance) AS DECIMAL(18, 9))
FROM transformdb.fctpersonaccount001
GROUP BY personkey, accountkey;
```

让我们使用维度 dimperson 和 dimaccount，通过事实表 fctpersonaccount002 将一些活动数据装载到事实表 fctpersonaccount 中。

```
INSERT INTO TABLE transformdb.fctpersonaccount
SELECT
ROW_NUMBER() OVER (ORDER BY personkey, accountkey),
CAST(personkey AS BIGINT),
CAST(accountkey AS BIGINT),
CAST(balance AS DECIMAL(18, 9))
FROM transformdb.fctpersonaccount002;
```

清空 transformdb。

```
DROP TABLE transformdb.fctpersonaccount001;
DROP TABLE transformdb.fctpersonaccount002;
```

现在你拥有了转换 ROLAP 结构的基本构建块。让我们根据转换需求运用你已经掌握的 Hive 技能，并且构建完整的转换数据库。

注意 参见示例脚本 Transform001.txt 中的 Hive 代码。它创建并填充了维度 dimperson。

```
DROP DATABASE transformdb CASCADE;

CREATE DATABASE IF NOT EXISTS transformdb;
USE transformdb;

CREATE TABLE IF NOT EXISTS transformdb.dimperson (
  personkey  BIGINT,
  firstname  STRING,
  lastname   STRING
)
CLUSTERED BY (firstname, lastname,personkey) INTO 1 BUCKETS
STORED AS orc
TBLPROPERTIES('transactional' = 'true','orc.compress'='ZLIB','orc.create.index'='true');

CREATE TABLE IF NOT EXISTS transformdb.dimperson001 (
  firstname  STRING,
  lastname   STRING
)
CLUSTERED BY (firstname, lastname) INTO 1 BUCKETS
STORED AS orc
TBLPROPERTIES('transactional' = 'true','orc.compress'='ZLIB','orc.create.index'='true');
```

```
INSERT INTO TABLE transformdb.dimperson001
SELECT DISTINCT
  firstname,
  lastname
FROM
  processdb.personhub;

CREATE TABLE IF NOT EXISTS transformdb.dimperson002 (
  personkey  BIGINT,
  firstname  STRING,
  lastname   STRING
)
CLUSTERED BY (firstname, lastname,personkey) INTO 1 BUCKETS
STORED AS orc
TBLPROPERTIES('transactional' = 'true','orc.compress'='ZLIB','orc.create.index'='true');

INSERT INTO TABLE transformdb.dimperson002
SELECT
  ROW_NUMBER() OVER (ORDER BY firstname, lastname),
  firstname,
  lastname
FROM
  transformdb.dimperson001;

INSERT INTO TABLE transformdb.dimperson
SELECT
  personkey,
  firstname,
  lastname
FROM
  transformdb.dimperson002
ORDER BY firstname, lastname, personkey;

INSERT INTO TABLE transformdb.dimperson
VALUES
(999997,'Ruff','Hond'),
(999998,'Robbie','Rot'),
(999999,'Helen','Kat');

DROP TABLE transformdb.dimperson001;
DROP TABLE transformdb.dimperson002;
```

注意 参见示例脚本Transform002.txt中的Hive代码，它创建并填充了维度dimaccount。

```
USE transformdb;

CREATE TABLE IF NOT EXISTS transformdb.dimaccount (
  accountkey      BIGINT,
  accountnumber   INT
)
CLUSTERED BY (accountnumber,accountkey) INTO 1 BUCKETS
STORED AS orc
```

```
TBLPROPERTIES('transactional' = 'true','orc.compress'='ZLIB','orc.create.index'='true');

CREATE TABLE IF NOT EXISTS transformdb.dimaccount001 (
  accountnumber   INT
)
CLUSTERED BY (accountnumber) INTO 1 BUCKETS
STORED AS orc
TBLPROPERTIES('transactional' = 'true','orc.compress'='ZLIB','orc.create.index'='true');

INSERT INTO TABLE transformdb.dimaccount001
SELECT DISTINCT
  objectid
FROM
  processdb.objecthub
WHERE objecttype = 'intangible'
AND objectname = 'bankaccount';

CREATE TABLE IF NOT EXISTS transformdb.dimaccount002 (
  accountkey      BIGINT,
  accountnumber   INT
)
CLUSTERED BY (accountnumber,accountkey) INTO 1 BUCKETS
STORED AS orc
TBLPROPERTIES('transactional' = 'true','orc.compress'='ZLIB','orc.create.index'='true');

INSERT INTO TABLE transformdb.dimaccount002
SELECT DISTINCT
  ROW_NUMBER() OVER (ORDER BY accountnumber DESC),
  accountnumber
FROM
  transformdb.dimaccount001;

INSERT INTO TABLE transformdb.dimaccount
SELECT DISTINCT
  accountkey,
  accountnumber
FROM
  transformdb.dimaccount002
ORDER BY accountnumber;

INSERT INTO TABLE transformdb.dimaccount
VALUES
(88888887,208887),
(88888888,208888),
(88888889,208889);

DROP TABLE transformdb.dimaccount001;
DROP TABLE transformdb.dimaccount002;
```

注意 参见示例脚本Transform003.txt中的Hive代码，它创建并填充了fctpersonaccount事实。

```
USE transformdb;

CREATE TABLE IF NOT EXISTS transformdb.fctpersonaccount (
  personaccountkey     BIGINT,
  personkey            BIGINT,
  accountkey           BIGINT,
  balance             DECIMAL(18, 9)
)
CLUSTERED BY (personkey,accountkey) INTO 1 BUCKETS
STORED AS orc
TBLPROPERTIES('transactional' = 'true','orc.compress'='ZLIB','orc.create.index'='true');

CREATE TABLE IF NOT EXISTS transformdb.fctpersonaccount001 (
  personkey            BIGINT,
  accountkey           BIGINT,
  balance             DECIMAL(18, 9)
)
CLUSTERED BY (personkey,accountkey) INTO 1 BUCKETS
STORED AS orc
TBLPROPERTIES('transactional' = 'true','orc.compress'='ZLIB','orc.create.index'='true');

INSERT INTO TABLE transformdb.fctpersonaccount001
VALUES
(999997,88888887,10.60),
(999997,88888887,400.70),
(999997,88888887,-210.90),
(999998,88888888,1000.00),
(999998,88888888,1990.60),
(999998,88888888,900.70),
(999999,88888889,160.60),
(999999,88888889,180.70),
(999999,88888889,100.60),
(999999,88888889,120.90),
(999999,88888889,180.69),
(999999,88888889,130.30);

CREATE TABLE IF NOT EXISTS transformdb.fctpersonaccount002 (
  personkey       BIGINT,
  accountkey      BIGINT,
  balance         DECIMAL(18, 9)
)
CLUSTERED BY (personkey,accountkey) INTO 1 BUCKETS
STORED AS orc
TBLPROPERTIES('transactional' = 'true','orc.compress'='ZLIB','orc.create.index'='true');

INSERT INTO TABLE transformdb.fctpersonaccount002
SELECT
CAST(personkey AS BIGINT),
CAST(accountkey AS BIGINT),
CAST(SUM(balance) AS DECIMAL(18, 9))
FROM transformdb.fctpersonaccount001
GROUP BY personkey, accountkey;

INSERT INTO TABLE transformdb.fctpersonaccount
```

```
SELECT
ROW_NUMBER() OVER (ORDER BY personkey, accountkey),
CAST(personkey AS BIGINT),
CAST(accountkey AS BIGINT),
CAST(balance AS DECIMAL(18, 9))
FROM transformdb.fctpersonaccount002;

DROP TABLE transformdb.fctpersonaccount001;
DROP TABLE transformdb.fctpersonaccount002;
```

注意 参见示例脚本 Transform004.txt 中的 Hive 代码。它创建并填充了 dimaddress、dimdatetime 和 fctpersonaddressdate。

```
USE transformdb;

DROP TABLE transformdb.dimaddress;

CREATE TABLE IF NOT EXISTS transformdb.dimaddress(
  addresskey    BIGINT,
  postcode      STRING
)
CLUSTERED BY (addresskey) INTO 1 BUCKETS
STORED AS orc
TBLPROPERTIES('transactional' = 'true','orc.compress'='ZLIB','orc.create.index'='true');

INSERT INTO TABLE transformdb.dimaddress
VALUES
(1,'KA12 8RR'),
(2,'FK8 1EJ'),
(3,'EH1 2NG');

DROP TABLE transformdb.dimdatetime;

CREATE TABLE IF NOT EXISTS transformdb.dimdatetime(
  datetimekey    BIGINT,
  datetimestr    STRING
)
CLUSTERED BY (datetimekey) INTO 1 BUCKETS
STORED AS orc
TBLPROPERTIES('transactional' = 'true','orc.compress'='ZLIB','orc.create.index'='true');

INSERT INTO TABLE transformdb.dimdatetime
VALUES
(1,'2015/08/23 16h00'),
(2,'2015/10/03 17h00'),
(3,'2015/11/12 06h00');

CREATE TABLE IF NOT EXISTS transformdb.fctpersonaddressdate(
  personaddressdatekey      BIGINT,
  personkey                 BIGINT,
  addresskey                BIGINT,
```

8

```
  datetimekey                BIGINT
)
CLUSTERED BY (datetimekey) INTO 1 BUCKETS
STORED AS orc
TBLPROPERTIES('transactional' = 'true','orc.compress'='ZLIB','orc.create.index'='true');

INSERT INTO TABLE transformdb.fctpersonaddressdate
VALUES
(1,999997,1,1),
(2,999998,2,2),
(3,999999,3,3);
```

如果完成了所有脚本，请检查你的所有维度和事实，然后执行以下命令。

```
SHOW TABLES;
```

你刚刚已经完成了转换层。

8.3.6 你掌握了什么

你成功地创建了一个数据仓库，其中包括：

- 维度
- 事实
- 聚合

你取得了很大的进步。你已经掌握了构建数据仓库的过程。艰苦的工作已经完成了。

注意　从数据源构建数据仓库通常需要占用项目中 70%～80%的编程工作量。

下一个阶段是从功能完备的数据仓库创建数据集市。

8.3.7 组织数据库

组织数据库保存了一系列小型 ROLAP 模型，正如太阳模型所描述的那样，这些模型包含了维度和事实模型的细分，但是要经过筛选来创建数据集市。

你将创建一个名为 organisedb 的数据库来保存数据集市的结构。

```
CREATE DATABASE IF NOT EXISTS organisedb;
```

请记住在 Hive 中还有这样的命令，在创建表时可以将另一个表作为参考。

这对于数据集市来说非常有效，因为它们包含相同的数据结构，并且只有筛选自原始表的数据。

```
CREATE TABLE IF NOT EXISTS organisedb.dimperson LIKE transformdb.dimperson;

CREATE TABLE IF NOT EXISTS organisedb.dimaccount LIKE transformdb.dimaccount;

CREATE TABLE IF NOT EXISTS organisedb.fctpersonaccount LIKE transformdb.fctpersonaccount;
```

```
CREATE TABLE IF NOT EXISTS organisedb.dimaddress(
  addresskey    BIGINT,
  postcode      STRING
)
CLUSTERED BY (addresskey) INTO 1 BUCKETS
STORED AS orc
TBLPROPERTIES('transactional' = 'true','orc.compress'='ZLIB','orc.create.index'='true');

CREATE TABLE IF NOT EXISTS organisedb.fctpersonaddressdate(
  personaddressdatekey      BIGINT,
  personkey                 BIGINT,
  addresskey                BIGINT,
  datetimekey               BIGINT
)

CLUSTERED BY (datetimekey) INTO 1 BUCKETS
STORED AS orc
TBLPROPERTIES('transactional' = 'true','orc.compress'='ZLIB','orc.create.index'='true');
```

注意 参见示例脚本 Organise001.txt 中的 Hive 代码。它创建并填充了完整的组织数据库。

```
DROP DATABASE organisedb CASCADE;

CREATE DATABASE IF NOT EXISTS organisedb;

USE organisedb;

CREATE TABLE IF NOT EXISTS organisedb.dimperson (
  personkey  BIGINT,
  firstname  STRING,
  lastname   STRING
)
CLUSTERED BY (firstname, lastname,personkey) INTO 1 BUCKETS
STORED AS orc
TBLPROPERTIES('transactional' = 'true','orc.compress'='ZLIB','orc.create.index'='true');

CREATE TABLE IF NOT EXISTS organisedb.dimperson LIKE transformdb.dimperson;

INSERT INTO TABLE organisedb.dimperson
SELECT
  personkey,
  firstname,
  lastname
FROM
  transformdb.dimperson
ORDER BY firstname, lastname, personkey;

CREATE TABLE IF NOT EXISTS organisedb.dimaccount (
  accountkey      BIGINT,
  accountnumber   INT
)
CLUSTERED BY (accountnumber,accountkey) INTO 1 BUCKETS
```

```
STORED AS orc
TBLPROPERTIES('transactional' = 'true','orc.compress'='ZLIB','orc.create.index'='true');

CREATE TABLE IF NOT EXISTS organisedb.dimaccount LIKE transformdb.dimaccount;

INSERT INTO TABLE organisedb.dimaccount
SELECT DISTINCT
  accountkey,
  accountnumber
FROM
  transformdb.dimaccount
ORDER BY accountnumber;

CREATE TABLE IF NOT EXISTS organisedb.fctpersonaccount (
  personaccountkey     BIGINT,
  personkey            BIGINT,
  accountkey           BIGINT,
  balance             DECIMAL(18, 9)
)
CLUSTERED BY (personkey,accountkey) INTO 1 BUCKETS
STORED AS orc
TBLPROPERTIES('transactional' = 'true','orc.compress'='ZLIB','orc.create.index'='true');

CREATE TABLE IF NOT EXISTS organisedb.fctpersonaccount LIKE transformdb.fctpersonaccount;
```

现在我们创建数据集市。我们想只为特定账户持有人选择记录。Hive 代码如下。

```
INSERT INTO TABLE organisedb.fctpersonaccount
SELECT DISTINCT
  personaccountkey,
  personkey,
  accountkey,
  balance
FROM
  transformdb.fctpersonaccount
WHERE
  personaccountkey = 1
ORDER BY personaccountkey,personkey,accountkey;
```

注意　WHERE 语句强制将数据仓库的子集转换成数据集市。

如果你执行以下 Hive 代码，应该只返回一个记录。

```
SELECT * FROM organisedb.fctpersonaccount;
```

你刚刚掌握了组织数据集市的过程。

让我们再针对地址创建一个数据集市。这一次，我们要按照列分割，形成一个新的数据集市。

```
CREATE TABLE IF NOT EXISTS organisedb.dimaddress(
  addresskey    BIGINT,
  postcode      STRING
)
CLUSTERED BY (addresskey) INTO 1 BUCKETS
```

```
STORED AS orc
TBLPROPERTIES('transactional' = 'true','orc.compress'='ZLIB','orc.create.index'='true');

INSERT INTO TABLE organisedb.dimaddress
SELECT DISTINCT
  addresskey,
  postcode
FROM
  transformdb.dimaddress
ORDER BY addresskey;
```

执行下述Hive代码。

```
SELECT * FROM organisedb.dimaddress;
```

你刚刚通过对特定列进行子选择成功创建了一个数据集市，这些列对该数据集市很重要。因此我们尝试合并这两项要求。

```
CREATE TABLE IF NOT EXISTS organisedb.fctpersonaddressdate(
  personaddressdatekey      BIGINT,
  personkey                 BIGINT,
  addresskey                BIGINT,
  datetimekey               BIGINT
)
CLUSTERED BY (datetimekey) INTO 1 BUCKETS
STORED AS orc
TBLPROPERTIES('transactional' = 'true','orc.compress'='ZLIB','orc.create.index'='true');
INSERT INTO TABLE organisedb.fctpersonaddressdate
SELECT
  personaddressdatekey,
  personkey,
  addresskey,
  datetimekey
FROM
  transformdb.fctpersonaddressdate
WHERE personaddressdatekey = 1
ORDER BY
  personaddressdatekey,
  personkey,
  addresskey,
  datetimekey;
```

如果完成了脚本，请检查你的数据集市的所有维度和事实，并执行以下命令。

```
SHOW TABLES;
```

恭喜！你已经成功地创建了一个数据集市，准备好接受查询报表吧。

提示 将数据仓库细分后，可以将仅供某一分支使用的数据迁移到相应的分支服务器上。这样不仅节省了网络传输，还提高了该分支的查询速度。

不要在分支服务器上分割数据集市。相反，使用更强大的中央服务器，然后只将组织层的最终结果连同报表层传送到分支。如果可以为中心站点创建一个单独的分支服务器，那么就可以在不影响中心分支的情况下处理新数据。

8.3.8 报表数据库

报表数据库用于对业务太阳模型的结果进行分组。创建一系列针对数据库的查询，以确保报表在整个业务过程中保持一致。还要为业务实体创建数据集，例如早间报表的数据集应该全天固定。通常，各种报表创建的时间间隔有所不同，例如每小时、每天、每周、每月、每季度和每年。

提示　如果你需要创建国际性报表，也就是于当地时间 8 时制作每日报表，在固定时间进行集中式处理，并且在特定分支的组织层增加时区切换。这样，你的报表层总是设置为本地时间。

让我们开始吧！

注意　参见示例脚本 Report001.txt 中的 Hive 代码。它创建并且填充了报表数据库。

```
DROP DATABASE reportdb CASCADE;

CREATE DATABASE IF NOT EXISTS reportdb;
USE reportdb;

CREATE TABLE IF NOT EXISTS reportdb.report001(
  firstname       STRING,
  lastname        STRING,
  accountnumber   INT,
  balance         DECIMAL(18, 9)
)
CLUSTERED BY (firstname, lastname) INTO 1 BUCKETS
STORED AS orc
TBLPROPERTIES('transactional' = 'true','orc.compress'='ZLIB','orc.create.index'='true');

INSERT INTO TABLE reportdb.report001
SELECT
  dimperson.firstname, dimperson.lastname,
  dimaccount.accountnumber, fctpersonaccount.balance
FROM
  organisedb.fctpersonaccount
JOIN
  organisedb.dimperson
ON
  fctpersonaccount.personkey = dimperson.personkey
JOIN
  organisedb.dimaccount
ON
  fctpersonaccount.accountkey = dimaccount.accountkey;
```

```
CREATE TABLE IF NOT EXISTS reportdb.report002(
  accountnumber   INT,
  last_balance    DECIMAL(18, 9)
)
CLUSTERED BY (firstname, lastname) INTO 1 BUCKETS
STORED AS orc
TBLPROPERTIES('transactional' = 'true','orc.compress'='ZLIB','orc.create.index'='true');

INSERT INTO TABLE reportdb.report002
SELECT
  dimaccount.accountnumber, sum(fctpersonaccount.balance) as last_balance
FROM
  organisedb.fctpersonaccount
JOIN
  organisedb.dimaccount
ON
  fctpersonaccount.accountkey = dimaccount.accountkey;
```

恭喜！你已经完成了 Hive 数据仓库的创建工作。

8.3.9 示例报表

report001 的数据结果可以通过可视化设计来展现，以将数据转换为商业故事。

对所有余额大于 998.00 美元的账户制表。

```
SELECT * FROM reportdb.report001 WHERE balance > 998;
```

这将返回来自 reportdb.report001 的 10 个结果。

表 8-1 reportdb.report001 的 10 个结果

Firstname	Lastname	Accountno	Balance
ELISEO	BOULWARE	68105	($1 000.00)
SHONNA	HIGBY	18004	($1 000.00)
LOUISE	MERINO	59136	($1 000.00)
KERSTIN	SAUCEDA	82385	($999.00)
NANA	BEHLING	30073	($999.00)
SHARDA	DIALS	18946	($1 000.00)
VALARIE	BLANKENSHIP	58597	($1 000.00)
JAZMINE	HUNSAKER	69942	($999.00)
KENNETH	KURTZ	30669	($999.00)
DELL	HAWKS	48440	($999.00)

可以使用各种图形包对数据进行格式化。例如，可以将其格式化为饼图，如图 8-21 所示。

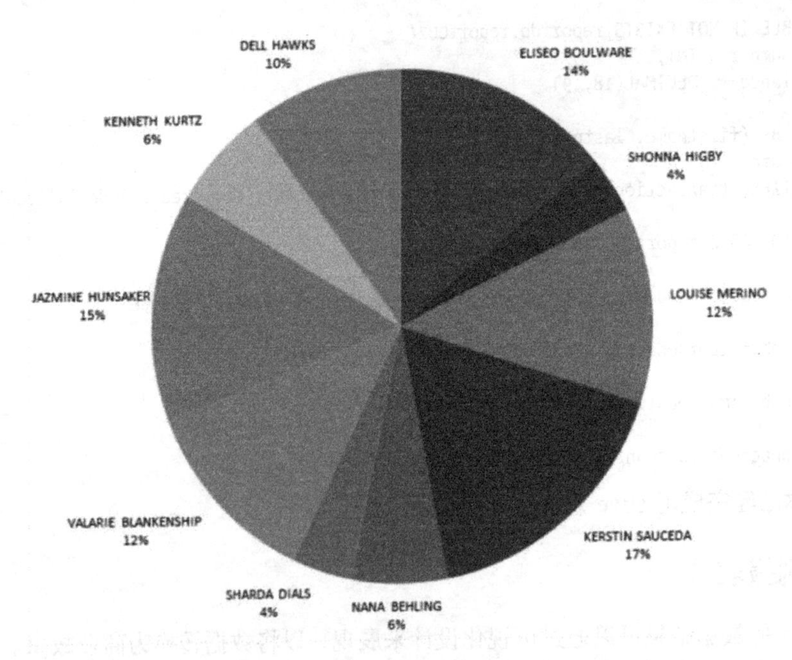

图 8-21　饼图

也可以格式化为条形图，如图 8-22 所示。

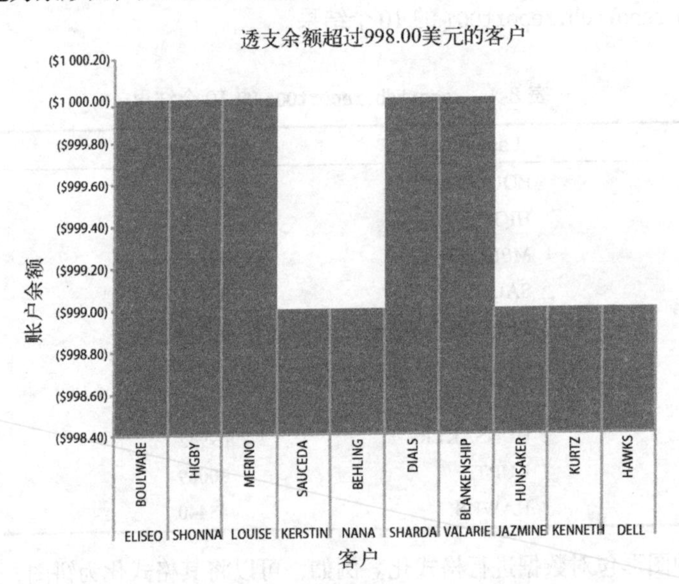

图 8-22　条形图

8.4 高级分析

还有几个高级分析程序可以增强 Hive 生态系统。本节将介绍 Hive 与 R 的集成，因为 R 在分析环境中提供了便捷开源的 Hive 访问路径。

值得注意的包如下。

- hive 包：使用正确的包，可以实现 R 与 Hadoop 和 Hive 内核的集成。
- NexR RHive 2.0 包：RHive 是一个 R 扩展包，有助于通过 Hive 查询进行分布式计算。RHive 允许在 R 中方便地使用 HQL（Hive SQL），并且允许在 Hive 中方便地使用 R 对象和 R 函数。可通过 https://github.com/nexr/RHive/wiki/User-Guide 获取相关用户指南。

8.5 接下来学什么

还有更多的工具可以用于 Hive，因此建议你选择自己最喜欢的虚拟化工具，而且你会找到该平台的 Hive 连接器。你已经学完了第 8 章的内容，并且应该具备如下能力。

- 了解基本的数据仓库组件
  - 维度及其类型
  - 事实和度量：计算事实和非事实型事实
- 明白如何为业务需求创建太阳模型
- 将太阳模型转换为星型模式
- 使用“检索–评估–过程–转换–组织–报表”设计原则将星型模式转换为 Hive 代码
- 了解 Hive 中下列分析数据结构的构建
  - 检索：从外部源导入数据
  - 评估：提高数据质量
  - 过程：创建 Data Vault
  - 转换：创建数据仓库
  - 组织：创建数据集市
  - 报表：创建报表

现在，你可以构建数据仓库和分析模型了。在第 9 章，你将掌握在 Hive 中保护数据所需的技能。

第 9 章

Hive 性能调优

Hive用户面临的一个最大的挑战是运行即席查询的最终用户要面对较慢的响应时间。与传统关系数据库查询所达到的性能相比，Hive的响应速度通常慢得令人无法接受，并且经常让你纠结于如何才能达到最终用户所习惯的那种性能。

本章介绍了一套诊断和改进 Hive 查询性能的系统方法，这可以很容易地应用于大多数已有的 Hive表。各种技术以累加方式应用，从而达到复合效果。通过这个过程，我们将把单个 Hive 查询的执行时间从475秒缩短到49秒以下。

9.1 Hive 性能检查表

在本章中，我们将研究不同的优化技术对同一查询的影响，以便更好地说明每种技术的效果。用于该测试的集群配置了一个主节点（配有 8 核 CPU 和 32GB 的 RAM）和 6 个工作节点（每个节点配有 4 核 CPU 和 32GB 的 RAM），并且安装了 Hive 1.2.1.2.3 版本。这里给出的基准查询要查找航班延误（时间超过 15 分钟）次数最多的 5 个机场，其出发机场的风速都超过 1 米/秒。

```
SELECT origin, COUNT(*) as cnt
  FROM flights f JOIN airports a ON (f.origin = a.code)
               JOIN weather w ON (a.station = w.station AND w.year = f.
         year AND w.month = f.month and w.day=f.day)
  WHERE f.depdelay>15 and w.metric = 'AWND' and w.value>10
  GROUP by origin SORT BY cnt DESC LIMIT 5;
```

用于查询的数据来自以下 3 个公开可用的数据源，你可以自行下载并在本章的学习中使用。

航班数据来自 http://stat-computing.org/dataexpo/2009/the-data.html，其中包含了 1987 年到 2008年美国所有机场航班延误的数据。该数据集总共包含 123 534 969 行数据，每行有 29 列。

机场数据包含了美国所有机场的基本信息，可以用于将机场代码和天气数据联系起来。该数据集包含了 3404 行数据，每行有 6 列。可以通过网址 http://stat-computing.org/dataexpo/2009/airports.csv 下载。

天气数据来自于美国国家海洋和大气管理局（NOAA）网站的历史数据，可以通过网址 ftp://ftp.ncdc.noaa.gov/pub/data/ghcn/daily/by_year/$year.csv.gz 按照年份下载数据。为了本练习，我们下载了 1987 年到 2008 年的所有数据，得到的数据集总共有 636 511 075 行数据，每行有 11 列。

9.2 执行引擎

Hive 目前支持 3 种执行引擎，每种引擎都有各自的优缺点。值得注意的是，Hive 有一个默认的执行引擎，这是由 hive-site.xml 文件中的 hive.execution.engine 属性控制的，也可以在运行时更改该属性的值，根据具体查询重写此设置。接下来，我们将比较一下 MapReduce 执行引擎和 Tez 执行引擎的性能，通过让两个引擎运行相同的查询来度量每个引擎的性能。

9.2.1 MapReduce

MapReduce 执行引擎以传统的 MapReduce 作业方式来运行 Hive 查询。它是最初的执行引擎，如果你的查询不能用其他执行引擎来执行，它将是最安全的后备选项。通过将 hive.execution.engine 属性的值设置为 mr（即 hive.execution.engine=mr），你可以选择该执行引擎。出于本练习的目的，我们将使用 MapReduce 执行引擎执行查询，并将其性能作为性能改进的基准。该查询的输出显示，执行查询花费了 475.732 秒，并且在查询过程中将 711MB 的中间数据写入磁盘。

```
MapReduce Jobs Launched:
Stage-Stage-11: Map: 6  Cumulative CPU: 233.33 sec  HDFS Read:  164317688 HDFS Write:
711087924 SUCCESS
Stage-Stage-2: Map: 13 Reduce: 50  Cumulative CPU: 1438.11 sec  HDFS Read: 3278981109
HDFS Write: 268969 SUCCESS
Stage-Stage-3: Map: 4 Reduce: 1  Cumulative CPU: 15.57 sec  HDFS Read: 292269 HDFS Write:
5887 SUCCESS
Stage-Stage-4: Map: 1 Reduce: 1  Cumulative CPU: 3.89 sec  HDFS Read: 10052 HDFS Write:
221 SUCCESS
Stage-Stage-5: Map: 1 Reduce: 1  Cumulative CPU: 4.05 sec  HDFS Read: 4787 HDFS Write: 57
SUCCESS
Total MapReduce CPU Time Spent: 28 minutes 14 seconds 950 msec
OK
ORD     1297377
ATL     1112511
DFW     933903
LAX     626875
PHX     584062
Time taken: 475.732 seconds, Fetched: 5 row(s)
```

9.2.2 Tez

通过减少操作和限制写入磁盘的中间数据量，Apache Tez 可以提供比 MapReduce 执行引擎更高效的处理，如图 9-1 所示。正如你所看到的，传统的 MapReduce 执行引擎有好几个步骤，来自约简器的中间数据将被写回到 HDFS，这将导致磁盘 I/O 性能的损失。拿右侧给出的 Tez 执行引擎的数据流进行对比可以发现，在 Tez 执行引擎的执行计划中，约简器的中间数据将直接传递给下一个约简器，这样就省去了将数据写入磁盘的开销。

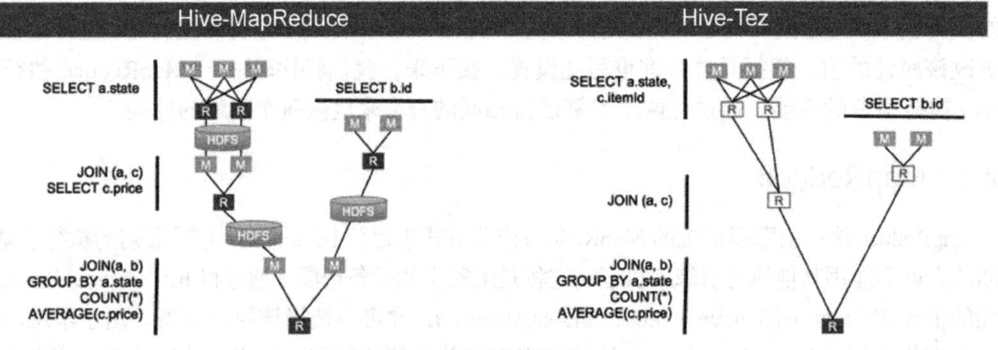

图 9-1　执行引擎对比

通过将 hive.execution.engine 的值设置为 tez（即 hive.execution.engine=tez），并且更改表 9-1 中提到的两个属性：hive.prewarm.enabled=true 和 hive.prewarm.numcontainers=10，我们来度量这个执行引擎的性能。然后重新运行查询。

```
set hive.execution.engine=tez;
set hive.prewarm.enabled=true;
set hive.prewarm.numcontainers=10;
Total jobs = 1
Launching Job 1 out of 1

Status: Running (Executing on YARN cluster with App id application_1457719973622_0118)

--------------------------------------------------------------------------------
VERTICES      STATUS  TOTAL  COMPLETED  RUNNING  PENDING  FAILED  KILLED
--------------------------------------------------------------------------------
Map 1 ..... SUCCEEDED     22         22        0        0       0       0
Map 5 ..... SUCCEEDED      1          1        0        0       0       0
Map 6 ..... SUCCEEDED     29         29        0        0       0       0
Reducer 2 ..SUCCEEDED     28         28        0        0       0       0
Reducer 3 ..SUCCEEDED     14         14        0        0       0       0
Reducer 4 ..SUCCEEDED      1          1        0        0       0       0
--------------------------------------------------------------------------------
VERTICES: 06/06  [==========================>>] 100%  ELAPSED TIME: 141.23 s
--------------------------------------------------------------------------------
OK
ORD     1297377
ATL     1112511
DFW     933903
LAX     626875
PHX     584062
Time taken: 166.448 seconds, Fetched: 5 row(s)
```

如你所见，仅仅更改执行引擎就可以使执行时间减少 309 秒，接近 65%。为了最大化 Tez 执行引擎的优势，你还需要调整表 9-1 中列出的配置设置。

表 9-1 Tez 相关的配置设置

属　性	取　值	用　途
HiveServer 堆的大小	16GB	默认 1GB 内存，在此基础上增加内存
hive.prewarm.enabled	true	告诉 Hive 创建 Tez 容器
hive.prewarm.numcontainers	不同数值	调整 Tez 专用容器的数量
TEZ_CONTAINER_MAX_JAVA_HEAP_FRACTION	0.8	Tez 容器的规模是 YARN 容器规模的倍数
hive.auto.convert.join.nonconditionaltask.size	不同数值	调整映射连接的规模

9.3 存储格式

有些文件格式专门针对 Hive 使用进行了优化，这其中就包括 ORC 文件和 Parquet 文件。这两种格式都旨在减少查询期间从磁盘读取的数据量，从而提高查询的总体性能。

9.3.1 ORC 格式

ORC（Optimized Row Columnar）格式是一种基于列的存储格式，这意味着，它并不是按单个数据行连续将全部数据存储在磁盘上，而是按每列连续存储数据。正如你在图 9-2 中所看到的，这样针对那些不包含某些列的查询，就可以避免不必要的磁盘访问，可以“跳过”那些在结果中不需要的大部分数据。

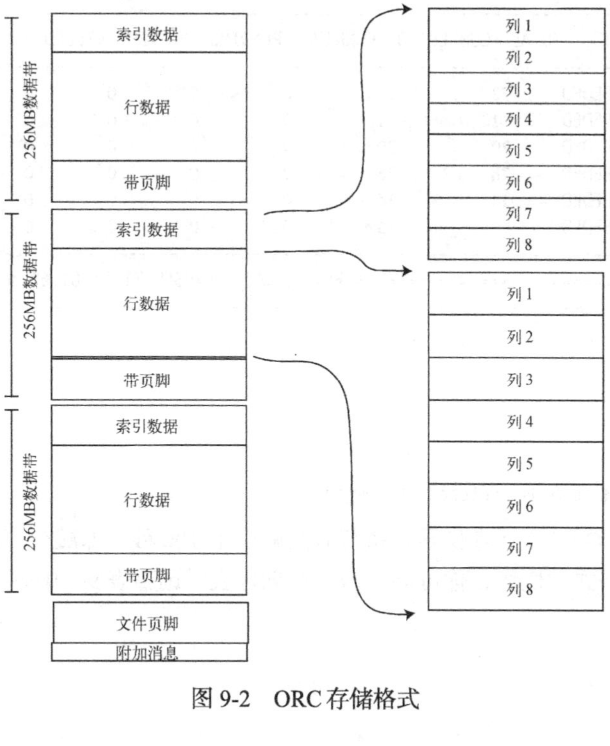

图 9-2　ORC 存储格式

ORC 格式是一种可分割的文件格式，这意味着一个文件可以被分割成多个可并行处理的块。每个数据块被进一步细分为 256MB 的数据带，而这些数据带则用于将列数据存储在一起。任何不需要特定列值的查询都可以“跳过”这个数据带。ORC 格式还保留了内置的索引、min/max 和其他有关每个数据带内容的元数据，它们分别位于该数据带的某个单独的“索引数据”部分，它允许基于查询筛选器参数对数据带进行快速筛选。

为了度量 ORC 的性能影响，我们必须首先创建原始表的两个副本，它们将以 ORC 格式存储。完成此操作最快的方法是运行以下 CREATE TABLE AS SELECT（CTAS）语句。然后，修改并执行查询以使用新创建的表。

```
CREATE TABLE flights_orc STORED AS ORC tblproperties("orc.compress"="SNAPPY")
    AS SELECT * FROM flights;
CREATE TABLE weather_orc STORED AS ORC tblproperties("orc.compress"="SNAPPY")
    AS SELECT * FROM weather;
SELECT  origin, COUNT(*) as cnt
FROM flights_orc f JOIN airports a ON (f.origin = a.code) JOIN weather_orc w ON (a.station =
w.station AND w.year = f.year AND w.month = f.month and w.day=f.day)
WHERE f.depdelay>15 and w.metric = 'AWND' and w.value>10
GROUP by origin SORT BY cnt DESC LIMIT 5;

Total jobs = 1
Launching Job 1 out of 1

Status: Running (Executing on YARN cluster with App id application_1457719973622_0119)

--------------------------------------------------------------------------------
VERTICES      STATUS  TOTAL  COMPLETED  RUNNING  PENDING  FAILED  KILLED
--------------------------------------------------------------------------------
Map 1 ....   SUCCEEDED     22         22        0        0       0       0
Map 5 ....   SUCCEEDED      1          1        0        0       0       0
Map 6 ....   SUCCEEDED     29         29        0        0       0       0
Reducer 2 ...SUCCEEDED     28         28        0        0       0       0
Reducer 3 ...SUCCEEDED     14         14        0        0       0       0
Reducer 4 ...SUCCEEDED      1          1        0        0       0       0
--------------------------------------------------------------------------------
VERTICES: 06/06  [==========================>>] 100%  ELAPSED TIME: 61.60 s
--------------------------------------------------------------------------------
OK
ORD     1297377
ATL     1112511
DFW     933903
LAX     626875
PHX     584062
Time taken: 66.664 seconds, Fetched: 5 row(s)
```

如你所见，使用 ORC 格式存储导致执行时间减少了 100 秒，即减少了超过 60%。为了最大程度发挥 ORC 存储格式的优势，你可能还需要在创建表时调整表 9-2 中列出的配置设置。

表 9-2 ORC 格式相关的配置设置

属 性	取 值	说 明
orc.compress	SNAPPY	高等级压缩（取值为 NONE、ZLIB 和 SNAPPY 中之一）
orc.compress.size	262 144	每个压缩块中的字节数
orc.stripe.size	64MB	每个带的字节数
orc.row.index.stride	10 000	索引记录之间的行数（必须大于或等于 1000）
orc.create.index	true	是否要创建行索引

9.3.2 Parquet 格式

Parquet 格式是另一种基于列的存储格式，它也将每列的所有数据连续存储在磁盘上，因此具有与 ORC 类似的性能优势。为了准确度量 Parquet 的性能影响，我们必须首先创建原始表的两个副本，这两个表将以 Parquet 格式存储。完成此操作的最快方法是运行以下 CREATE TABLE AS SELECT（CTAS）语句。然后，我们将修改并执行查询以使用新创建的表。

```
CREATE TABLE flights_parquet STORED AS Parquet AS SELECT * FROM flights;
CREATE TABLE weather_parquet STORED AS Parquet AS SELECT * FROM weather;

SELECT  origin, COUNT(*) as cnt
FROM flights_parquet f JOIN airports a ON (f.origin = a.code) JOIN weather_parquet w ON
(a.station = w.station AND w.year = f.year AND w.month = f.month and w.day=f.day)
WHERE f.depdelay>15 and w.metric = 'AWND' and w.value>10
GROUP by origin SORT BY cnt DESC LIMIT 5;

Launching Job 1 out of 1

Status: Running (Executing on YARN cluster with App id application_1457719973622_0121)

-------------------------------------------------------------------------------
VERTICES      STATUS  TOTAL  COMPLETED  RUNNING  PENDING  FAILED  KILLED
-------------------------------------------------------------------------------
Map 1 ....... SUCCEEDED    67         67        0        0       0       0
Map 5 ........SUCCEEDED     1          1        0        0       0       0
Map 6 ........SUCCEEDED    60         60        0        0       0       0
Reducer 2 ....SUCCEEDED     1          1        0        0       0       0
Reducer 3 ....SUCCEEDED     1          1        0        0       0       0
Reducer 4 ....SUCCEEDED     1          1        0        0       0       0
-------------------------------------------------------------------------------
VERTICES: 06/06 [==========================>>] 100% ELAPSED TIME: 112.39 s
-------------------------------------------------------------------------------
OK
ORD     1297377
ATL     1112511
DFW     933903
LAX     626875
PHX     584062
Time taken: 113.938 seconds, Fetched: 5 row(s)
```

Parquet 存储格式导致执行时间减少了 53 秒，减少了几乎 32%。虽然这相对于仅使用 Tez 执行引擎来说已经有所改进，但是仍然不如 ORC 格式带来的性能改进。

9.4 矢量化查询执行

Hive 的默认查询执行引擎一次处理一行，因此在嵌套循环中需要有多层虚拟方法调用，从 CPU 的视角来看这是非常低效的。矢量化查询执行是一种 Hive 特性，其目的是按照每批 1024 行读取数据，并且一次性对整个记录集合（而不是对单条记录）应用操作，进而消除那些效率低下的问题。对于典型的查询操作（如扫描、筛选、合计和连接），已经证明，这种矢量执行模式的速度提高了一个数量级。而要使用矢量化查询执行，就必须以 ORC 格式存储数据。

让我们来度量该执行引擎的性能。先将 hive.vectorized.execution.enabled 属性的值设置为 true，并且针对有 ORC 支持的表运行查询。

```
set hive.vectorized.execution.enabled = true;

SELECT origin, COUNT(*) as cnt
FROM flights_orc f JOIN airports a ON (f.origin = a.code) JOIN weather_orc w ON (a.station =
w.station AND w.year = f.year AND w.month = f.month and w.day=f.day)
WHERE f.depdelay>15 and w.metric = 'AWND' and w.value>10
GROUP by origin SORT BY cnt DESC LIMIT 5;

Launching Job 1 out of 1

Status: Running (Executing on YARN cluster with App id application_1457719973622_0122)

--------------------------------------------------------------------------------
VERTICES      STATUS  TOTAL  COMPLETED  RUNNING  PENDING  FAILED  KILLED
--------------------------------------------------------------------------------
Map 1 .......SUCCEEDED     22         22        0        0       0       0
Map 5 .......SUCCEEDED      1          1        0        0       0       0
Map 6 .......SUCCEEDED     29         29        0        0       0       0
Reducer 2 ...SUCCEEDED     28         28        0        0       0       0
Reducer 3 ...SUCCEEDED     14         14        0        0       0       0
Reducer 4 ...SUCCEEDED      1          1        0        0       0       0
--------------------------------------------------------------------------------
VERTICES: 06/06  [==========================>>] 100%  ELAPSED TIME: 50.60 s
--------------------------------------------------------------------------------
OK
ORD     1297377
ATL     1112511
DFW     933903
LAX     626875
PHX     584062
Time taken: 52.174 seconds, Fetched: 5 row(s)
```

相对于仅使用 Tez 和 ORC 来说，矢量化查询执行导致执行时间缩短了 12 秒，大约降低了 18%。

9.5 查询执行计划

Hive 驱动程序负责将 SQL 语句转换为针对目标执行引擎的执行计划，其步骤如图 9-3 所示。

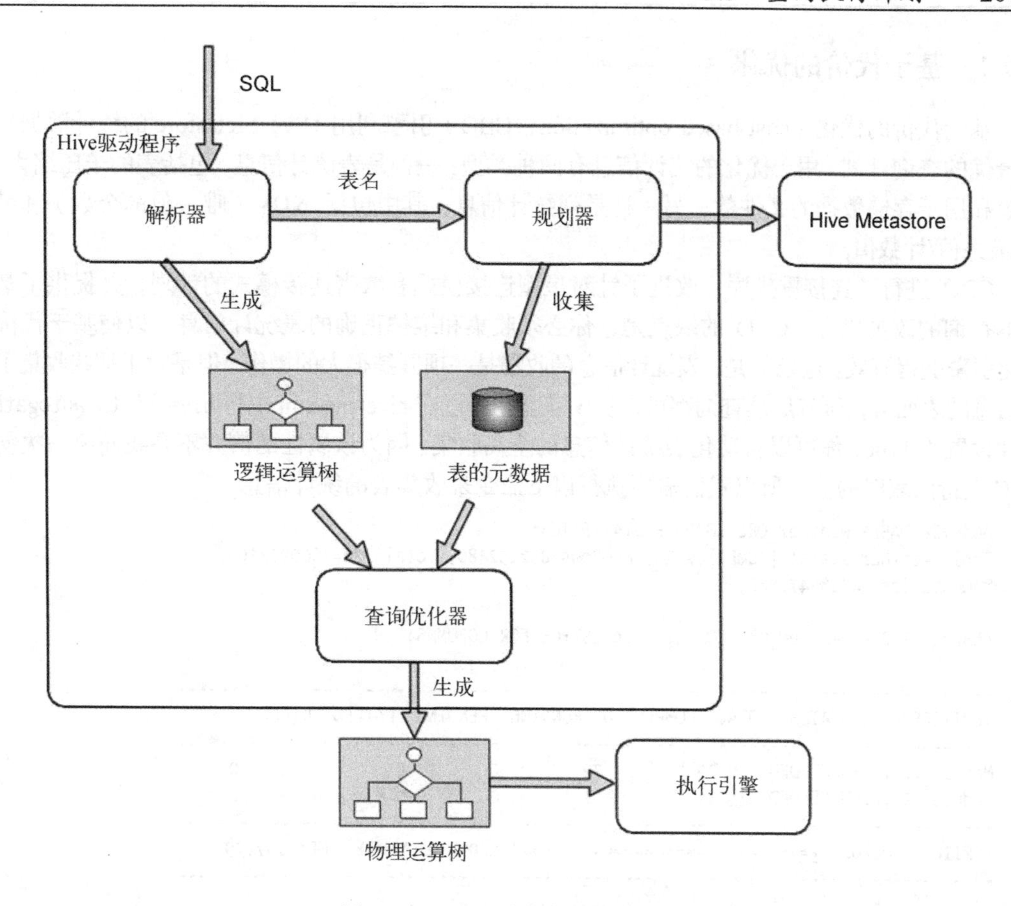

图 9-3 Hive 驱动程序的执行流程

(1) **解析器**解析 SQL 语句并生成一个抽象语法树（abstract syntax tree，AST），它描述了为生成正确的结果集所必须执行的逻辑运算，例如 SELECT、JOIN、UNION、分组、投影等。

(2) **规划器**从 Hive Metastore 中检索表的元数据，包括 HDFS 文件位置、存储格式、行数等。

(3) **查询优化器**使用前面步骤中的 AST 和表的元数据，生成一个物理运算树，即所谓的执行计划，它描述了为检索数据所必须执行的所有物理运算，例如嵌套循环连接、排序合并连接、散列连接、索引连接等。

查询优化器生成的执行计划最终决定了将在你的 Hadoop 集群上执行的任务。因此，它们对数据分析系统（如 Hive）的性能影响最大，因为生成正确的执行计划与生成错误的执行计划将产生很大区别，可能意味着几秒、几分钟甚至几小时的额外执行时间。

通过利用表的统计信息，基于代价的优化可以帮助 Hive 驱动程序生成一个最优的执行计划，在性能代价方面对其生成的每个可能的执行计划做出明智的决策。

9.5.1 基于代价的优化

基于代价的优化（cost-based optimization，CBO）引擎利用 Hive Metastore 的统计数据来产生最优的查询计划。用于优化的统计信息有两种类型：一种是表统计信息，包括表的未压缩大小、行数和用于存储数据的文件数；另一种是列统计信息，其中包括 NDV（唯一值的个数）和最小值/最大值/计数值。

CBO 进行了连接重排序，改进了针对星型连接模式和浓密连接模式的计划，并提供了基于样本查询的改进机会。CBO 的缺点是，你必须收集和维护正确的表统计信息，以使基于代价的优化引擎变得有效。遗憾的是，表统计信息的收集是一项开销很大的操作，但是对于那些收集了统计信息的表而言，所有后续查询都可以从中获益。通过在 hive-site.xml 中将 `hive.stats.autogather` 属性设置为 `true`，你可以自动化表统计信息的全局收集。因为该属性的值并不是我们第一次创建 ORC 支持的表时的值，所以我们需要执行以下命令来收集表的统计信息。

```
ANALYZE TABLE weather_ORC COMPUTE STATISTICS;
Table weather stats: [numFiles=29, numRows=832252480, totalSize=2600971165,
rawDataSize=242185471680]

ANALYZE TABLE weather_ORC COMPUTE STATISTICS FOR COLUMNS;

--------------------------------------------------------------------------------
VERTICES      STATUS  TOTAL  COMPLETED  RUNNING  PENDING  FAILED  KILLED
--------------------------------------------------------------------------------
Map 1 .......SUCCEEDED     29         29        0        0       0       0
Reducer 2 ...SUCCEEDED      1          1        0        0       0       0
--------------------------------------------------------------------------------
VERTICES: 02/02  [==========================>>] 100%  ELAPSED TIME: 197.79 s
--------------------------------------------------------------------------------
OK
Time taken: 216.449 seconds

ANALYZE TABLE flights_ORC COMPUTE STATISTICS;
Table flights stats: [numFiles=22, numRows=123534969, totalSize=1632812702,
rawDataSize=73119762912]
ANALYZE TABLE flights_ORC COMPUTE STATISTICS FOR COLUMNS;
--------------------------------------------------------------------------------
VERTICES      STATUS  TOTAL  COMPLETED  RUNNING  PENDING  FAILED  KILLED
--------------------------------------------------------------------------------
Map 1 .......SUCCEEDED     22         22        0        0       0       0
Reducer 2 ...SUCCEEDED      1          1        0        0       0       0
--------------------------------------------------------------------------------
VERTICES: 02/02  [==========================>>] 100%  ELAPSED TIME: 184.85 s
--------------------------------------------------------------------------------
OK
Time taken: 186.767 seconds
```

一旦计算出统计信息，就可以通过在 Hive 内设置以下属性来启用 CBO，这样我们运行的每个查询都可使用基于代价的优化引擎。

```
SET hive.cbo.enable=true;
SET hive.compute.query.using.stats = true;
SET hive.stats.fetch.column.stats = true;
SET hive.stats.fetch.partition.stats = true;

SELECT origin, COUNT(*) as cnt
  FROM flights f JOIN airports a ON (f.origin = a.code)
                JOIN weather w ON (a.station = w.station AND w.year = f.
            year AND w.month = f.month and w.day=f.day)
  WHERE f.depdelay>15 and w.metric = 'AWND' and w.value>10
  GROUP by origin SORT BY cnt DESC LIMIT 5;

--------------------------------------------------------------------------------
VERTICES      STATUS  TOTAL  COMPLETED  RUNNING  PENDING  FAILED  KILLED
--------------------------------------------------------------------------------
Map 1 .......SUCCEEDED     22         22        0        0       0       0
Map 5 .......SUCCEEDED      1          1        0        0       0       0
Map 6 .......SUCCEEDED     29         29        0        0       0       0
Reducer 2 ...SUCCEEDED     77         77        0        0       0       0
Reducer 3 ...SUCCEEDED     39         39        0        0       0       0
Reducer 4 ...SUCCEEDED      1          1        0        0       0       0
--------------------------------------------------------------------------------
VERTICES: 06/06  [==========================>>] 100%  ELAPSED TIME: 45.98 s
--------------------------------------------------------------------------------
OK
ORD     1297377
ATL     1112511
DFW     933903
LAX     626875
PHX     584062
Time taken: 48.4 seconds, Fetched: 5 row(s)
```

CBO 引擎将执行时间进一步缩短了 4 秒，即 7%，带来了最终优化结果。虽然 CBO 的影响并不显著，但在其他一些查询中的影响更加深远，例如当你的连接语句没有处于最佳顺序时。为了查看 CBO 产生的执行计划，你可以使用 Hive 的 EXPLAIN 命令来显示执行计划，其语法如下所示。

```
EXPLAIN [EXTENDED|DEPENDENCY|AUTHORIZATION] query
```

EXPLAIN 命令的输出包含 3 个部分：该查询的抽象语法树、该计划不同阶段之间的依赖关系，以及每个阶段的描述。例如，请看下面的 EXPLAIN 命令和相应的执行计划。

```
EXPLAIN
SELECT origin, COUNT(*) as cnt
  FROM flights f JOIN airports a ON (f.origin = a.code)
                JOIN weather w ON (a.station = w.station AND w.year = f.
            year AND w.month = f.month and w.day=f.day)
  WHERE f.depdelay>15 and w.metric = 'AWND' and w.value>10
  GROUP by origin SORT BY cnt DESC LIMIT 5;

OK
STAGE DEPENDENCIES:
   Stage-1 is a root stage
   Stage-0 depends on stage 1.
```

```
STAGE PLANS:
  Stage: Stage-1
    Tez
      Edges:
        Map 1 <- Map 5 (BROADCAST_EDGE), Map 6 (BROADCAST_EDGE)
        Reducer 2 <- Map 1 (SIMPLE_EDGE)
        Reducer 3 <- Reducer 2 (SIMPLE_EDGE)
        Reducer 4 <- Reducer 3 (SIMPLE_EDGE)
      DagName: ch08_20160422270101_a64ba841-734b6-3517-8f96-ed7bf89e92b4:2
      Verticies:
        Map 1
          Map Operator Tree
            ......
        Map 5
          Map Operator Tree
            ......
        Map 6
          Map Operator Tree
            ......
```

9.5.2　执行计划

我们即将要仔细审查每个映射操作，但是先来看看可以从 EXPLAIN 命令输出结果的这一部分收集哪些信息。首先，我们可以看到，在这个执行计划中只有两个阶段——阶段 1 执行所有生成结果的工作，阶段 0 将结果返回给最终用户，而且它依赖于阶段 1。其次，我们可以看到阶段 1 的有向无环图（DAG）如图 9-4 所示。

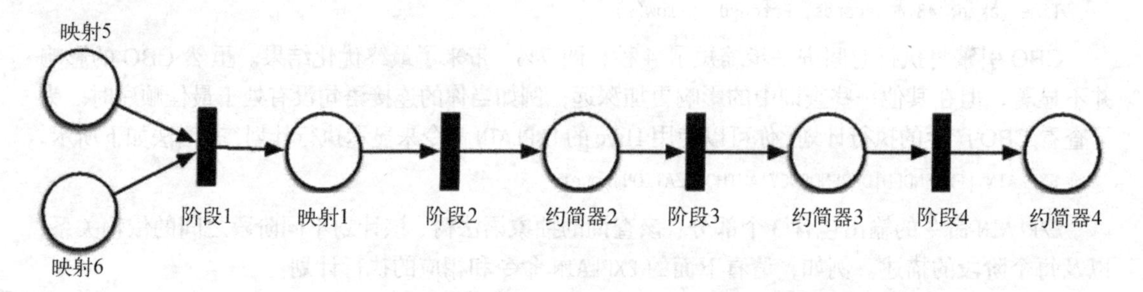

图 9-4　执行计划的有向无环图

接下来我们将看到，映射阶段 5 将筛选器应用于数据集，为 JOIN 操作准备天气数据，只返回与 WHERE 子句中条件相匹配的行。与之类似，映射阶段 6 在将数据发送到映射阶段 1 之前，对 airport 表应用了筛选器，它执行了 3 路连接，对天气数据、机场数据和航班数据进行连接操作。约简器 3 和约简器 4 在向用户返回结果集之前执行 COUNT 函数和 LIMIT 函数。现在让我们详细看看这些阶段，从有向无环图的顶部开始，沿着执行链向下运行。

```
Map 5
  Map Operator Tree:
```

```
TableScan
  alias: w
  filterExpr: (((((station is not null and year is not null) and month
  is not null) and day is not null) and (metric='AWND')) and (value >
  10)) (type:boolean)
  Statistics: Num rows: 636511075 Data size: 2592872704 Basic stats:
  COMPLETE Column stats: COMPLETE
  Filter Operator
  predicate: (((((station is not null and year is not null) and month
  is not null) and day is not null) and (metric='AWND')) and (value >
  10)) (type:boolean)
  Statistics: Num rows: 1982900 Data size: 394597100 Basic stats:
  COMPLETE Column stats: COMPLETE
  Reduce output Operator
     Key expressions: station (type: string), year (type: int), month(type:
     Int), day(type: int)
     Sort order: ++++
     Map-reduce partition columns: station (type: string), year (type:
     int), month(type: int), day(type: int)
     Statistics: Num rows: 1982900 Data size: 394597100 Basic stats:
     COMPLETE Column stats: COMPLETE
  Execution mode: Vectorized
```

对映射阶段 5 的观察：它正在处理 weather 表，并且基于该表的全部 4 个分区键应用了一个筛选器，这有助于减少该表中要处理的记录数量，只需要处理该表 636 511 075 行记录中的 1 982 900 行。因此，我们并不需要处理 2.6GB 的数据，只需要处理其中 8MB 的数据。

```
Map 6
   Map Operator Tree:
      TableScan
        alias: a
        filterExpr: (code is not null and station is not null) (type: boolean)
        Statistics: Num rows: 3404 Data size: 166345 Basic stats: COMPLETE Column
        Stats: NONE
        Filter Operator
           predicate: (code is not null and station is not null)(type: boolean)
           Statistics: Num rows: 851 Data size: 41586 Basic stats: COMPLETE
           Column Stats: NONE
           Reduce Output Operator
              key expressions: code (type: string)
              sort order: +
              Map-reduce partition columns: code (type: string)
              Statistics: Num rows: 851 Data size: 41586 Basic stats: COMPLETE
              Column Stats: NONE
              Value expressions: station (type: string)
```

对映射阶段 6 的观察：它处理的是 airport 表，该表开始时只有 3404 行，但是映射器将其进一步筛选为 851 行，并为映射连接操作（在映射阶段 1 中出现）准备数据集。

```
Map 1
   Map Operator Tree:
      TableScan
        alias: f
```

```
filterExpr: ((((origin is not null and year is not null) and month is not
null) and day is not null) and (depdelay > 15)) (type: boolean)
Statistics: Num rows: 41178523 Data size: 4238297753 Basic stats:
COMPLETE Column stats: COMPLETE
Filter Operator
   predicate: ((((origin is not null and year is not null) and month is
   not null) and day is not null) and (depdelay > 15)) (type: boolean)
   Statistics: Num rows: 41178523 Data size: 4238297753 Basic stats:
   COMPLETE Column stats: COMPLETE
   Map Join Operator
        condition map:
           Inner join 0 to 1
        condition expressions:
           0 {year} {month} {day} {origin}
           1 {station}
        keys:
           0 origin (type: string)
           1 code (type: string)
        outputColumnNames: _col0, _col1, _col2, _col16, _col37
        input vertices:
           1 Map 6
        Statistics: Num rows: 4596156 Data size: 4662127629 Basic stats:
        COMPLETE Column stats: NONE
        Map Join Operator
          condition map:
               Inner Join 0 to 1
          Condition expressions:
               0 {_col16}
               1
          keys:
               0 _col37 (type: string), _col0 (type: int), _col1 (type:
                int), _col2 (type: int)
               1 station (type: string), year (type: int), month (type:
                  int), day (type: int)
          outputColumnNames: _col16
          input vertices:
               1 Map 5
          Statistics: Num rows: 49825772 Data size: 5128340503 Basic
          stats: COMPLETE Column stats: NONE
```

如你所见，CBO 帮助我们生成了一个最优执行计划，在该计划的执行过程中，从磁盘读取和处理的数据量已经尽可能早地减少，这使整个工作更加高效。

9.5.3 性能检查表小结

总的来说，我们可以通过使用 Tez、ORC 存储格式、矢量化查询执行和 CBO 引擎等技术来减少涉及两个大表的单个查询的执行时间，可以从 475 秒缩短到 49 秒以下。最重要的是，只需少量工作就可以将大多数（甚至缩短全部）技术都应用到你现有的大多数 Hive 表中。

第 10 章 Hive的安全性

对于所有组织而言，数据都是最有价值的资产之一。信息丢失可能是公司最可怕的噩梦之一。这种性质的事件不仅会造成重大的财产损失，而且还会对公司的声誉造成重大损害。需要恰当的安全解决方案才能保护数据资产免受破坏。要想实现强大的安全解决方案，需要一个整体规划和设计阶段，该阶段的一个强烈需求是识别与平台相关的风险。

Hadoop是一个分布式系统，用于在一个名为**数据湖**的单一共享平台上存储和处理大量数据。将各种系统的数据收集到数据湖中有很多好处。它允许数据科学家通过关联存储在各种“竖井”（silo）中的数据集来发现各种见解。各种业务用户都会对这些数据集感兴趣，不过他们应该只能够访问自己应该访问的数据。某些行业中存在一些严格的规则，驱动不同类型的用户或业务单元之间存在差异化的访问。在这个领域运营的组织经常要投入大量资金以确保能够实现正确的控制。

在本章中，我们将讨论数据安全性的各个方面，并讨论 Hive 当前的安全状态。我们还将介绍 Hive 中各种类型的特权，这些特权是使用 Apache Ranger（Hadoop 的安全解决方案）来维护的。最后，我们还将了解 Apache Ranger 如何维护那些使用 Hive 访问数据的审计记录。

10.1 数据安全性的几个方面

在研究 Hadoop 的安全状态之前，让我们讨论一下数据安全解决方案的各个方面，如表 10-1 所示。

表 10-1 数据安全性的各个方面

安全性方面	功 能	作 用
身份认证/边界防护	认证用户和系统	我是谁/请证明?
授权	提供对数据的访问	我能干什么?
管理	中心管理和一致性安全	我们如何在整个集群上设置策略?
审计	维护一条数据访问记录	我干了什么?
数据保护	保护静态和动态的数据	我如何对静态数据和通过线路发送的数据进行加密?

10.1.1 身份认证

身份认证是一个验证某人身份的过程，也就是说，确保某人是其所声称的人。这是通过将个人或软件服务提供的凭据与存储在文件或身份认证服务器上的凭据进行比较来完成的。如果凭据匹配，则用户或机器将被授予访问权限。这是授予用户访问任何系统的权限的第一个步骤。各种认证系统使用不同的方法来实施身份认证。企业系统要求身份认证机制足够严格，以确保凭据不容易被猜测或者被窃听网络的人破坏。

10.1.2 授权

授权是控制系统中已认证用户可访问资源的一种方法。在一个多租户系统中，这可能是最关键的安全性要素。如果没有适当的授权系统，就无法控制谁可以访问什么资源。每当经过身份认证的用户请求访问某一资源时，授权系统都会使用访问控制规则来判定是否应授予该用户访问该资源的权限。这些访问控制规则是由安全管理员创建的。

10.1.3 管理

管理是管理系统用户的过程。随着系统中用户数量的增长，这将成为一项复杂的挑战。你可以在系统中创建最复杂的安全策略，但是如果不能正确地将它们应用于用户，系统就不会真正安全。因此，用户管理员不仅要确保定义正确的策略，还要确保它们被正确应用于各种类型的用户。大多数公司通常会定期进行检查，以确保安全策略正常应用，并且没有背离定义它们的初衷。例如，确保特定组中的用户不能访问他们不需要的系统部分。

10.1.4 审计

审计是一个维护过程，用于跟踪所有向用户授予或拒绝的访问。审计跟踪提供了系统安全架构日常健康状况的视图。通过查看审计跟踪，管理员可以确定谁访问了什么资源，是否有用户试图访问他们不应该访问的资源。在许多行业中，保持审计跟踪通常是一项法律要求，而企业需要向对其整个安全基础设施进行定期审计的第三方公司展示这些。

10.1.5 数据保护

在当今世界，对于任何企业而言，数据都是最重要的资产之一。需要采用不同的安全标准（比如 PCI DSS）来保护这些数据。这种保护既针对静态数据，也包括那些被用户访问的数据。有多种安全协议可以确保在线数据（在访问时）是安全的。这些协议被互联网上的各种系统广泛使用。但是，系统还需要确保存储在磁盘上的数据也受到了保护。即使有人从数据中心窃取了物理磁盘，存储在其中的信息也应该得到某种方式的保护，使之无法被解释。

10.2 Hadoop 的安全性

自出现以来，Hadoop 在功能和安全数据方面都取得了长足的进步。它最初是一个在分布式平台上存储和索引 Web 的项目，那时候实现性能要求和其他功能比确保具有适当的安全措施更重要。Hadoop 的早期版本依赖于查询操作系统层级的参数来交叉验证用户名。这些参数可以很容易地设置为任何允许模拟的值。然而，随着 Hadoop 越来越流行，越来越多的公司开始使用它来存储和处理大型集群中的大规模数据集。

YARN 的理念使得 Hadoop“竖井”进一步转变为企业数据湖，可以支持各种业务单元运行批处理、交互式和实时的工作负载。缺乏安全性是 Hadoop 推广应用中的一个巨大的障碍，并且社区早已意识到了这一点。Hadoop 的分布式特性使得在集群中实现安全性变得困难。典型的 Hadoop 集群由许多节点组成，会在多个层级发生客户端处理与实际作业处理之间的交互。很多时候，提交作业的用户与在处理时实际执行代码的用户不同。Hadoop 生态系统中添加的各种处理引擎甚至使保证 Hadoop 的安全性变得更加困难，却又使安全性变得更加重要。多个处理引擎以分布式方式执行，而且需要在多个层级执行授权检查。现在通过将 Hadoop 基础设施与 Apache Ranger 集成在一起来处理此类问题。

本章的目的不是详细介绍 Hadoop 中安全选项的历史，而是讨论当前的安全状态。Apache 开源社区已经投入了大量的精力来将 Hadoop 栈与诸如 Active Directory、LDAP 和 Kerberos 等标准安全解决方案集成在一起，以实现身份验证。对于不同的处理引擎而言，各种数据集的用户授权现在都可以使用 Apache Ranger 完成。Apache Ranger 还提供了 Hadoop 审计功能。此外，在 Hadoop 中存储的数据可以使用 HDFS 透明数据加密（HDFS Transparent Data Encryption）进行保护，并且可以使用 SSL/TCL 等安全协议在互联网上进行加密。我们将在本章稍后详细讨论这些解决方案。

10.3 Hive 的安全性

Hive 项目最初是为了在 Hadoop 中使用 SQL 编写处理作业，而无须编写复杂的 Java 代码实现 MapReduce。在 Hive 诞生之时，Hadoop 还没有与现有的企业安全解决方案进行集成。从那之后发生了很多变化，尤其是在如何控制 Hive 授权访问方面。下面看一下 Hive 中的各种授权模式。

10.3.1 默认授权模式

这也称为遗留授权模式。这是在 Hive 0.10.0 版本之前唯一可用的授权模式。这种模式存在许多安全漏洞，因此不太适合提供安全的环境。就其工作而言，它非常类似于关系数据库。和关系数据库一样，它也有用户/组和角色的概念。可以为某个分组添加某些特权，然后将该分组指派给特定用户或组。默认情况下，当用户在该模式下创建表时，创建表的人并没有被授予特权。

这种授权模式可以通过在 hive-site.xml 文件中将 `hive.security.authorization.enabled` 的值修改为 `true` 来启用，如下所示。

```
<property>
    <name>hive.security.authenticator.manager</name>
    <value>org.apache.hadoop.hive.ql.security.ProxyUserAuthenticator</value>
  </property>

  <property>
    <name>hive.security.authorization.enabled</name>
    <value>true</value>
  </property>

  <property>
    <name>hive.security.authorization.manager</name>
    <value>org.apache.hadoop.hive.ql.security.authorization.plugin.sqlstd.
    SQLStdConfOnlyAuthorizerFactory</value>
  </property>
```

这种模式与 RDBMS 风格的授权非常相似。对访问的管理分为多个不同的层级，比如用户、分组和角色。这种授权模式还具有其他一些属性，用于控制在创建新表时用户、分组和角色获得的默认特权。

10.3.2　基于存储的授权模式

Hive 的后续版本添加了基于存储的授权模式。它依赖于 HDFS（即 Hadoop 的文件系统）的权限模型。在这种类型的安全模型中，HDFS 权限是一个单一事实来源，而 Hive 仅仅依赖于该单一事实来源确定是否应该将访问权限授予用户请求。当用户试图访问某个表时，Hive 会检查文件系统中底层目录的权限，以控制对 Hive 对象的安全性。

可以通过在 hive-site.xml 中设置以下属性来启用基于存储的授权模式。

```
<property>
    <name>hive.security.metastore.authenticator.manager</name>
    <value>org.apache.hadoop.hive.ql.security.HadoopDefaultMetastoreAuthenticator</value>
  </property>

  <property>
    <name>hive.security.metastore.authorization.auth.reads</name>
    <value>true</value>
  </property>

  <property>
    <name>hive.security.metastore.authorization.manager</name>
    <value>org.apache.hadoop.hive.ql.security.authorization.
    StorageBasedAuthorizationProvider</value>
  </property>

  <property>
    <name>hive.server2.allow.user.substitution</name>
    <value>true</value>
  </property>
```

由于 Hive CLI 已被弃用，大多数用户将通过使用 Beeline 或使用 JDBC/ODBC 的其他工具连接到 HiveServer2。要在此授权模式下工作，还需要将另一个名为 `hive.server2.enable.doAs` 的参数设置为 `true`。

```
<property>
    <name>hive.server2.authentication.spnego.keytab</name>
    <value>HTTP/_HOST@EXAMPLE.COM</value>
  </property>

  <property>
    <name>hive.server2.authentication.spnego.principal</name>
    <value>/etc/security/keytabs/spnego.service.keytab</value>
  </property>

  <property>
    <name>hive.server2.enable.doAs</name>
    <value>true</value>
  </property>

  <property>
    <name>hive.server2.logging.operation.enabled</name>
    <value>true</value>
  </property>
```

这个参数决定了 HiveServer2 执行查询时所用的最终用户身份。当它被设置为 `true` 时，HiveServer2 将作为经过身份验证的用户执行查询；否则，它将使用启动 HiveServer2 进程的用户 ID，这在大多数情况下都是 Hive。

如果用户还需要直接访问 HDFS 中的数据文件，并使用其他的处理方式（如 Pig、Spark，甚至 MapReduce）来运行其他作业，这种授权模式也是适用的。

HDFS ACL 为管理文件层级的访问提供了极大的灵活性。如果用户只需要使用 SQL 进行访问，则使用基于 SQL 标准的授权模式即可。

10.3.3 基于 SQL 标准的授权模式

这种授权模式提供了一种方法，可以控制比基于存储的授权更细层级的访问。如果 Hive 用户连接到 HiveServer2，并且只需要使用 SQL 访问数据，那么这就是推荐的授权模式。在这种模式下，你可以在列、视图层级上控制访问，因为 HiveServer2 API 可辨识行和列的概念。这还提供了一种可以与 Apache Ranger 集成的机制，用于定义管理访问的策略。我们将在本章稍后讨论 Ranger 的 Hive 插件。

为了启用这种安全模式，你需要在 hive-site.xml 中设置以下参数。

```
<property>
    <name>hive.security.authorization.manager</name>
    <value>org.apache.hadoop.hive.ql.security.authorization.plugin.sqlstd.
    SQLStdConfOnlyAuthorizerFactory</value>
</property>

 <property>
```

```
    <name>hive.server2.doAs</name>
    <value>false</value>
  </property>

  <property>
     <name>hive.security.metastore.authenticator.manager</name>
     <value>org.apache.hadoop.hive.ql.security.HadoopDefaultMetastoreAuthenticator</value>
  </property>

  <property>
    <name>hive.security.metastore.authorization.auth.reads</name>
    <value>true</value>
  </property>
```

一般的最佳实践是仅允许用户通过 HiveServer2 访问，并限制可以运行的用户代码和非 SQL 命令。当用户提交请求时，将检查其特权，但实际查询是作为 Hive 服务器用户执行的。你还应该在 HDFS 层级上锁定对实际数据的访问权限，只对 Hive 服务器用户授予权限。如果有其他用户不需要通过 SQL 访问，而只需要在 HDFS 层级上访问这些文件，就可以为他们创建 ACL。

10.3.4 管理通过 SQL 进行的访问

就像使用标准 SQL 一样，你可以使用特权、用户、角色和对象来管理 Hive 中的访问控制，给用户和角色授予特权。用户属于一个或多个角色，他们可以启用角色。在 Hive 中可以授予的特权有 ALTER、DROP、INDEX、LOCK、SELECT、INSERT、UPDATE、DELETE、CREATE 和 ALL 等。如果你熟悉标准 SQL，那么你会发现管理 Hive 中特权的命令与之非常类似。现在我们来看一些在 Hive 中为各种对象创建和管理特权的示例。

首先创建一个数据库：

```
CREATE DATABASE TEST;
```

现在我们在 TEST 数据库中创建一个新表：

```
USE TEST;
CREATE TABLE TESTING (A INT, B STRING);
```

授予用户 JOHN 对 TESTING 表的 SELECT 特权：

```
GRANT SELECT on TABLE TESTING TO USER JOHN;
```

验证 TESTING 表上做的所有 GRANT 操作：

```
SHOW GRANT ON TABLE TESTING;
```

验证向用户 JOHN 授予的所有特权：

```
SHOW GRANT USER JOHN ON ALL;
```

你可以使用 SET ROLE 命令为用户启用角色：

```
SET ROLE BI_ROLE;
```

也可以在表的列层级上提供授权：

```
GRANT SELECT ON TABLE TESTING COLUMN A TO USER SCOTT;
```

你可以为表启用分区层级的特权，然后控制那些分区级的特权。

```
CREATE TABLE TESTING (A INT, B STRING) PARTITIONED BY (state string);
ALTER TABLE TESTING  SET TBLPROPERTIES ('PARTITION_LEVEL_PRIVILEGE'='TRUE');
GRANT SELECT ON TABLE TESTING PARTITION (state='NY') to USER SCOTT;
```

将数据装载到表中需要 UPDATE 特权。

```
GRANT UPDATE on TABLE TESTING TO USER JOHN;
LOAD DATA INPATH '/tmp/hive/testing.csv' into TABLE TESTING;
```

就像标准 SQL 一样，你可以使用 GRANT OPTION 和 ADMIN OPTION 来为角色授予特权。这允许接受特权的用户将这些特权授予另一用户。

10.4　使用 Ranger 进行 Hive 授权

Apache Ranger 是一种用于跨 Hadoop 平台启用、监视和管理综合数据安全性的框架。Ranger 只是帮助 Hadoop 管理员处理各种安全管理任务。它提供了一种机制来管理来自各种组件的单个面板的安全性。使用 Ranger，你可以控制对 Hadoop 生态系统各个组件的细粒度访问。如图 10-1 所示，它有一组内置插件，集成了各种处理引擎，包括 Hive。当用户使用连接到 HiveServer2 的客户端运行查询时，Ranger 的 Hive 插件（与 HiveServer2 集成）将基于访问策略池（使用 Ranger 控制面板进行定义）对特权进行评估。

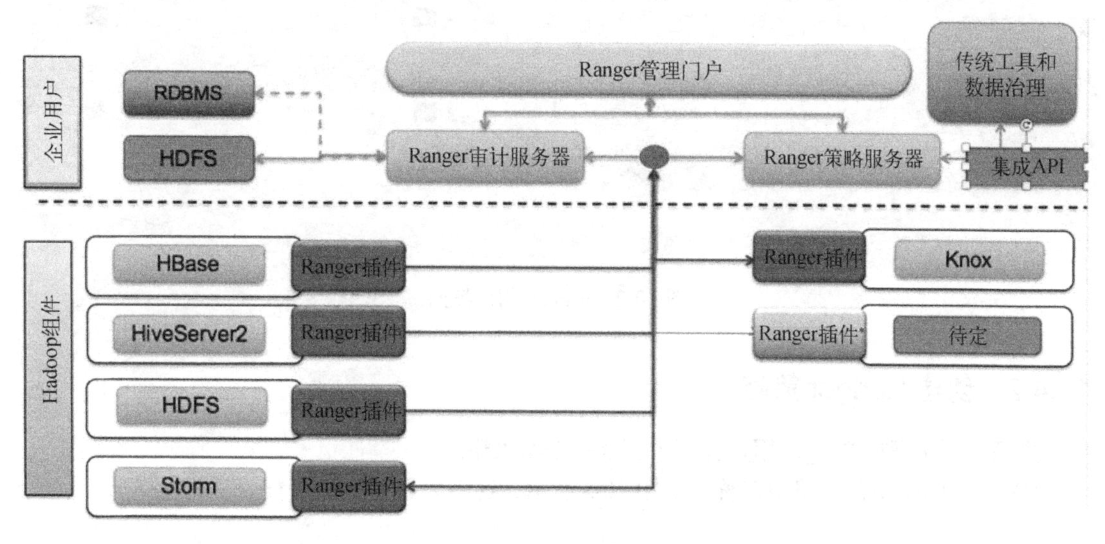

图 10-1　Ranger 架构

从图 10-1 的架构可以看到，Ranger 有一个管理门户，你可以使用它来为不同的组件定义各种策略。它还有一个内置的策略服务器，其中维护了所有已定义的策略。Ranger 将这些策略存储在策略数据库中，而该数据库目前部署在一个 RDBMS 中。Ranger 也有一个内置的审计服务器，我们将在本章稍后讨论它。

注意　本章假设你已经在自己的演示环境中安装了 Ranger。安装和集成 Ranger 与 Active Directory/LDAP 超出了本书的讨论范围。相关内容在 Apache Ranger 网站上有记载，可以通过链接 https://cwiki.apache.org/confluence/display/RANGER/Apache+Ranger+0.5.0+Installation 访问。本章的重点是在 Ranger 中定义 Hive 访问策略，然后通过检查审计记录来验证其是否被强制执行。

10.4.1　访问 Ranger 用户界面

你可以使用以下 URL 访问 Ranger 用户界面：http://rangerserver:6080。

当你登录到 Ranger 用户界面时，主页列出了各种菜单以及可以使用 Ranger 创建的策略类型，如图 10-2 所示。

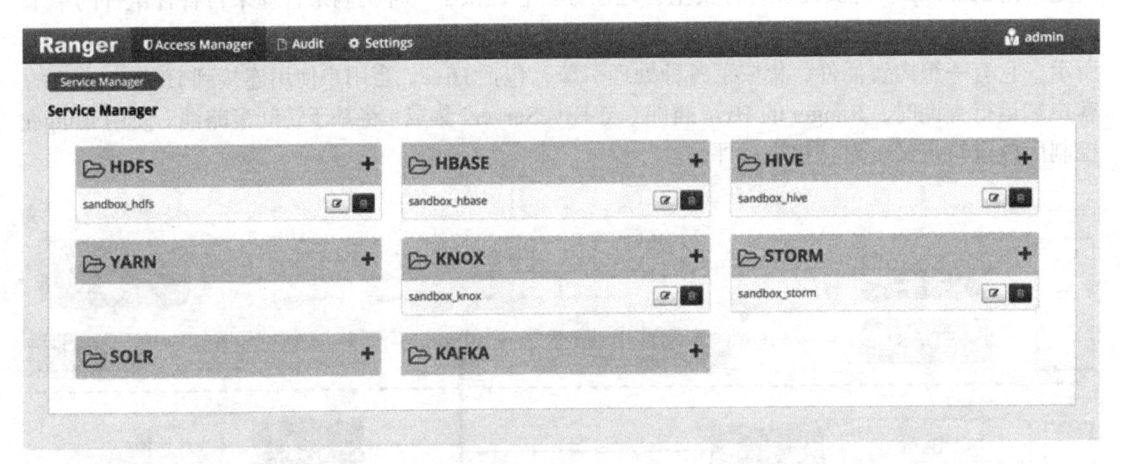

图 10-2　Ranger 用户界面

10.4.2　创建 Ranger 策略

遵循以下步骤在 Ranger 用户界面中创建一个新策略。

(1) 单击 Hive 下的策略组名称。如图 10-3 所示，这将会显示已有的 Hive 策略列表。

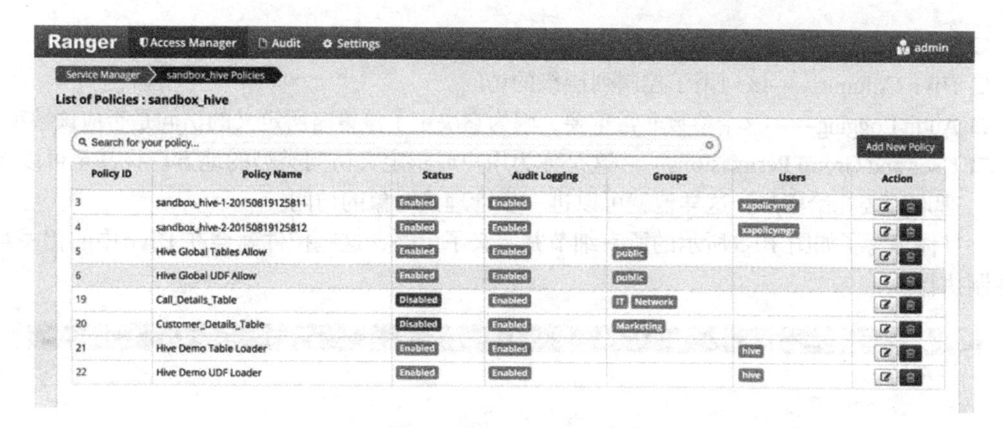

图 10-3　Ranger 中的策略列表

(2) 现在点击 Add New Policy 按钮打开一个新的页面，如图 10-4 所示。

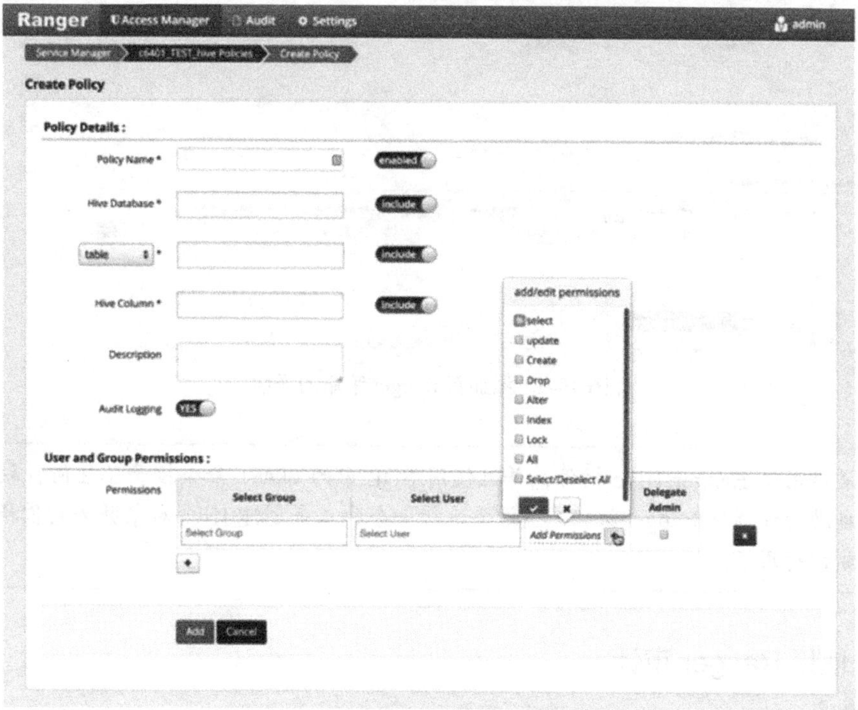

图 10-4　创建一个新的 Ranger 策略

(3) 在 Add New Policy 窗口中提供以下详细信息。

❑ Policy Name——你想要指派给该新策略的名称。

❑ Hive Database——定义此策略的数据库的名称；当针对所有数据库时，可选择*。

- ❑ Table/UDF——表/UDF 的名称；当针对所有表/UDF 时为*。
- ❑ Hive Column——该列用于控制列层级的访问。
- ❑ Audit Logging——这个参数非常重要，因为它决定了该策略所定义的访问是否应该被审计。
- ❑ User and Group Permissions——这是你为用户或组定义访问类型的地方。你甚至可以将管理职责委托给用户，这样他就可以进一步管理该对象的访问。

一旦你填写了如图 10-5 所示的所有细节并定义了策略，这些控件就会在 Hive 中的相关对象上强制执行。

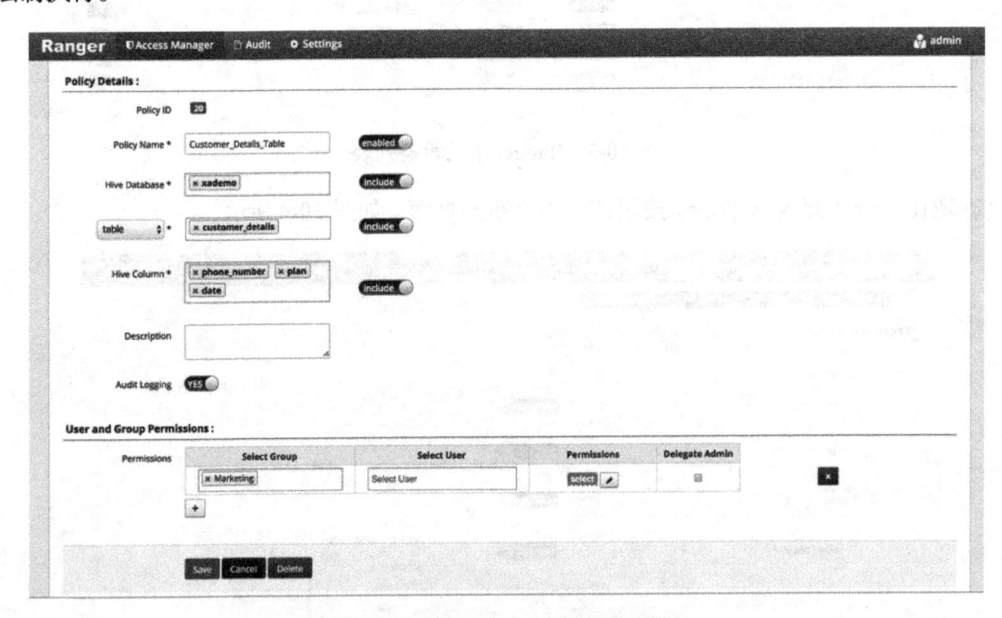

图 10-5　添加新 Ranger 策略的详情

注意　如果启用了 Ranger Hive 插件，并且使用 SQL 中的 GRANT 命令授予了任何特权，Ranger 将自动为你创建 Ranger 策略。当你要运行一个脚本来创建 Hive 对象并为它们授权时，这就非常有用了。

10.4.3　使用 Ranger 审计

如前所述，你还可以使用 Ranger 审计各种类型的访问。Ranger 有一个内置的审计服务器，它为部署的每个插件收集所有审计数据。只要你创建的策略被标记为 Audit Enabled，Ranger 将审计所有访问并存储记录。然后，你可以使用 Ranger 用户界面来查看这些记录。

要查看 Ranger 审计记录，请单击菜单栏中的 Audit 选项。然后你将看到最近的审计记录列表，如图 10-6 所示。

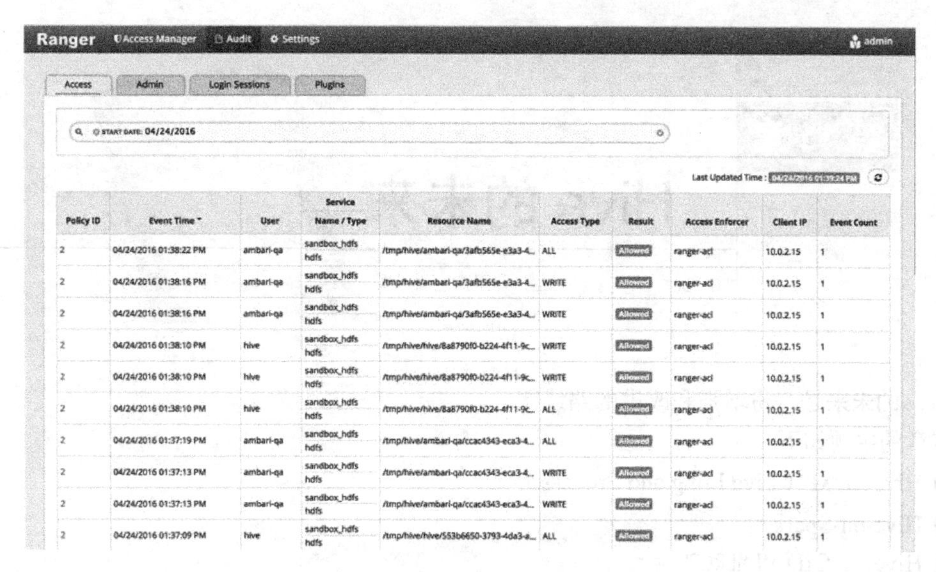

图 10-6　列出 Ranger 中的审计记录

你可以使用 Audit 页面上的各种选项来筛选这些记录。

第 11 章

Hive 的未来

Hive 的未来是一份增强和改进的路线图。

本章的主题如下。

- Hive LLAP（Live Long and Process）
- Hive-on-Spark
- Hive：ACID 和 MERGE
- 可调隔离等级
- ROLAP/基于立方体的分析
- HiveServer2 引擎

注意 本章对 Hive 不久的将来进行展望。

11.1 LLAP

对亚秒级查询的需求要求快速的查询执行和降低整个生态系统内任务的设置成本。Hive 的挑战就是完成这一任务，同时不影响用户对未来分布式解决方案所要求的规模和灵活性。

LLAP（Live Long and Process）是一种有待未来验证的方法，它利用 Tez 和一种新引擎形成混合引擎，它是 Hive 下一阶段的目标。

LLAP 是一个在多个节点上运行的增强守护进程，它负责以下内容。

- 通过数据在内存中的压缩柱状数据（堆外存储）副本来对查询进行缓存和数据回收。这是迄今为止最重要的速度改进。
- 采用多线程执行方式读取后进先出的谓词和 Hive 生态系统中的散列连接。增强任务分配和 DAG 创建。
- 高吞吐量 IO 使用 Async IO Elevator，每个磁盘使用专用线程和核，用更高效的处理解决方案提高现有环境的使用效率。
- 跨应用程序的细粒度列级安全性。Hive 将在没有其他安全解决方案开销的情况下变得越来越安全。

通过委托方式，YARN可负责LLAP上的工作负载管理。查询将有关授权资源分配的信息从YARN传输到LLAP。然后，LLAP进程将分发辅助资源，以根据YARN的指令来辅助查询。

混合引擎方式通过高效的内存数据缓存和低延迟处理获得快速响应，由节点驻留进程交付。在查询处理的初始阶段要有效地限制LLAP的使用，这意味着当在数据库之上对整个查询进行这种处理时，Hive避开了协调、工作负载管理和故障隔离等方面的常见限制。

11.2 Hive-on-Spark

Apache Spark正在迅速发展成为面向Hadoop数据处理的MapReduce的继承者。成功的整合将会使Spark生态系统已有的巨大发展直接开放给Hive。

最大的发展在于Spark的深度学习能力。利用Spark和TensorFlow对解决方案不断进行研究，将为Hive解决方案提供新的能力，使之通过Hive-on-Spark栈来利用这些成果。

机器学习已经迅速发展成为通过挖掘大数据获得实用见解的关键一环。MLlib是在Spark之上构建的一个可扩展的机器学习库，它提供了高质量的算法。

11.3 Hive：ACID和MERGE

在不久的将来，Hive将通过添加额外的功能来支持ACID事务处理。

这些功能如下。

- INSERT、UPDATE和DELETE
- 快照隔离
- 流式摄取

在不久的将来，Hive将支持把MERGE作为标准，将Upsert功能引入到Hive中。这是确保数据仓库生态系统有效和高效工作的一项重要改进。

以下ACID支持功能也将进入本地Hive。

- BEGIN TRANSACTION
- COMMIT
- ROLLBACK

使Hive有ACID保障是一项巨大的成就，因为Hive已经成功地用于企业级事务处理。

11.4 可调隔离等级

Hive锁管理器将改善，以促进事务层级隔离的数据事务处理。这将推动Hive数据处理调优的发展，使之针对特殊情况具有最好的隔离性。

11

11.5　ROLAP/基于立方体的分析

我们预期，未来在 Hive 中可以近实时地分析数十亿条记录。Hive 将可能使用复杂、多维的分割和切片能力，与关系型在线分析处理（ROLAP）针锋相对。

这将使你可以选择在 Hive 里构建 Kimball 总线架构和企业信息工厂结构。

Hive 将能够在分布式生态系统上生成 SQL 接口和 MDX 接口，轻松地生成基于立方体的分析，并且不会对整个系统的性能产生负面影响。

11.6　HiveServer2 的发展

Hive 客户端将与 HiveServer2 通过处理多用户会话的 JDBC/ODBC 连接进行互连，未来每个用户会话交付时都有一个不同的线程。新的 Hive 引擎可以大幅提高核心 Hive 生态系统的可伸缩性。

HiveServer2 将使用异步线程支持长时间运行的会话，这将加速 Hive 集群中数据的导入和移动。

HiveServer2 的嵌入式元存储将执行以下任务。

- 从 MetastoreDB 中获取统计信息和模式
- 编译查询
- 生成查询执行计划
- 提交查询执行计划
- 将查询结果返回给客户端

11.7　面向不同工作负载的多个 HiveServer2 实例

未来 Hive 将能够以动态方式适应不同的工作负载。

多个 HiveServer2 实例有以下用途。

- 将 Zookeeper 用于负载均衡和高可用性
- 运行多个设置不同的应用程序

注意　Hive 将参与分布式数据处理生态系统未来架构的构建，并且演变成其中一个主要组件。

通过熟练掌握 Hive 处理技能，你也使自己的未来有了保障。

附录A

建立大数据团队

建立大数据团队是一项基本需求，可以为确保生产作业和现有项目的维护工作取得成功，尽到业务职责。

本附录的目标如下。

- 描述创建 Hive 解决方案所需的基本角色和需求
- 定义高效团队必需的最小角色分组
- 确定应该指派哪些人负责解决方案中的哪些元素

实现一个最优的解决方案并且让团队获得影响力需要时间和奉献。

A.1 最小团队

一个成功的团队至少需要下面这些角色。

A.1.1 执行团队

执行团队是大数据团队和其他业务环节之间的主要纽带。

高级赞助商

高级赞助商提供了完成和维护大数据计划的商业战略。

他们确保团队在完成项目工作的过程中可以实现商业价值。他们确保任务能够增值，并且能够提高业务能力。

他们负责使大数据解决方案能够被董事会视为商业资产/服务。和企业资产负债表中罗列的任何其他资产一样，大数据解决方案也必须被视为重要商业资产。

A.1.2 业务团队

业务团队是构成大数据计划业务支持结构的工作人员。

1. 大数据主管/大数据负责人

大数据主管负责整个大数据计划，确保高级赞助商的战略得以落实。这个人要确保所有支撑功能准备就绪，保证将来服务的顺利交付。

主管负责的技术团队承担着大数据解决方案当前及今后的设计、交付和部署工作。

2. 内部业务开发人员和分析人员

业务开发人员和分析人员是日常业务工作中实施运营性和战术性大数据工作的人员，他们确保日常业务活动能够支持长期战略。

这些人实施和交付解决方案的日常业务活动。

A.1.3 技术团队

技术团队负责大数据解决方案的所有技术支持。他们增加新的解决方案并且维护已有的解决方案。

1. Hive架构师

Hive架构师是系统的技术领航人。他们确保用有效且高效的解决方案来支持战略的设计、开发和交付。Hive架构师确保提供完整的内部办公需求，使解决方案在技术上是合理的。他们还保证今后的创新性变更不会对当前的解决方案造成不利影响。

2. Hive管理员

Hive管理员确保大数据集群的运行保持有效且高效的水平。他们保证集群能够按照设计实现所有技术功能。

3. 数据工程师

数据工程师设计、开发和部署 Hive的抽取–转换–装载过程、报表开发、数据分析和数据建模等功能。

他们辅助架构师实现对解决方案的关键修改，将团队战略具体化为解决方案。他们是解决方案各组件的创造者。

A.2 扩展团队

当一个项目的规模不断增长时，团队要开始扩展以支持更多专家的参与。现在要分派特定人群到解决方案的特定部分。这些专家将完成实现商业战略所必需的工作。

A.2.1 业务团队

业务团队是构成业务支持结构的工作人员，面向当前正在扩展的大数据计划。

1. 需求专业人士/领域专家

专家在特定业务领域帮助团队，确保特定领域的业务需求受到解决方案日常处理的保护。

2. 统计学家/数据科学家

使用高级数据处理方法必然需要精通数据处理方法论和统计分析解决方案的专家。

他们使用可重复和可验证的方法，确保数据处理涉及对业务知识的增值转换。

A.2.2 技术团队

技术团队负责大数据解决方案的技术支持。他们增加新的解决方案并且维护已有的解决方案。

1. 业务分析师

更大的团队现在增加了更多的内部业务开发人员和分析人员，但是处理特定业务需求任务的角色分工更加精细了。

业务分析师确保来自专业人士/领域专家的需求得以准确记录，并且转换成为功能性需求和非功能性需求，用作开发团队的指南。

大型团队将雇用多个业务分析师。我们建议项目经理将这些专业人士按每5~8人分为一组，每一组指定一位资深人士来管理日常工作。

2. 数据架构师

数据架构师负责构建分析系统的数据架构。

这个人要使用信息技术规程来设计、开发、部署和管理分析型数据架构。

数据架构师可以决定Hive系统对数据的存储、使用、集成和管理方式。

在最佳团队结构中应该只有一位数据架构师。然而，对于大型项目来说，如果成员之间能够协调配合犹如一体，那么最多可以让3个人来承担这一职能。

3. 技术架构师

技术架构师仅负责分析系统的服务器架构。

他们按照Hive架构师所设计的那样，使用信息技术规程来设计、开发、部署和管理分析型服务器架构。

在最优化配置中应该只有一位技术架构师。然而，对于大型项目来说，如果成员之间能够协调配合犹如一体，也可以让一个最多由5个人构成的小组来承担这一职能。

4. Hive开发人员

Hive开发人员是为解决方案设计、开发和部署所有Hive代码的技术专家。数据工程师将数据架构编写成Hive代码。而Hive开发人员则专门针对具体环境来优化这些Hive代码，通过增加一些额外的最优化措施来改进Hive代码。

大型团队会用到多位Hive开发人员。我们建议项目经理将这些专业人士按每5~8人分为一组，让一位资深人士来管理日常工作。

5. 可视化开发人员

可视化开发人员是为解决方案设计、开发和部署可视化组件的技术专家。

大型团队可使用多个可视化开发人员。我们建议项目经理将这些专业人士按每 5~8 人分为一组，并且让一位资深人士管理日常工作。

6. 质保检测员

质保检测员负责测试系统，防止分析型解决方案出现缺陷，同时避免向用户交付的服务出现缺陷。

大型团队可以用到多个检测员。我们建议项目经理将这些专业人士按每 5~8 人分为一组，并且指定一位资深人士管理日常工作。

7. 培训人员

培训人员帮助用户了解分析型解决方案为支持业务而设计的功能。

8. 技术文档撰写人

技术文档撰写人是编写技术文档的专业文员，这些技术文档可以帮助用户理解和使用分析型解决方案。

9. 基础设施工程师

基础设施工程师负责服务器的安装、升级和维护。

在大型安装部署中，这一专业责任通常会外包给第三方供应商。

在 Hive 解决方案的场合中通常使用云服务，这意味着基础设施的供应可以直接向云提供商按需请求。

大数据主管要指派恰当的负责人来确保 Hive 解决方案被某一服务等级协议覆盖。

请记住，团队对于适应业务需求责无旁贷，要以有效且高效的方式交付价值并且确保成功交付。

祝愿你的团队今后在从事 Hive 解决方案相关的工作时能有好运。

A.3　团队的工作生命周期

团队应该采用敏捷计划，用两个 10 天冲刺来加入新功能，然后再用一个 10 天冲刺来实施版本维护。

如果可能的话，不要在维护版本的同一冲刺期内实施代码的新功能版本。这确保了业务能体验到维护版本的真正影响。

使用 30 天的生命周期可以确保针对业务的新解决方案定期交付，同时也支撑起了一个健康且不断演进的 Hive 架构。

附录 B

Hive 函数

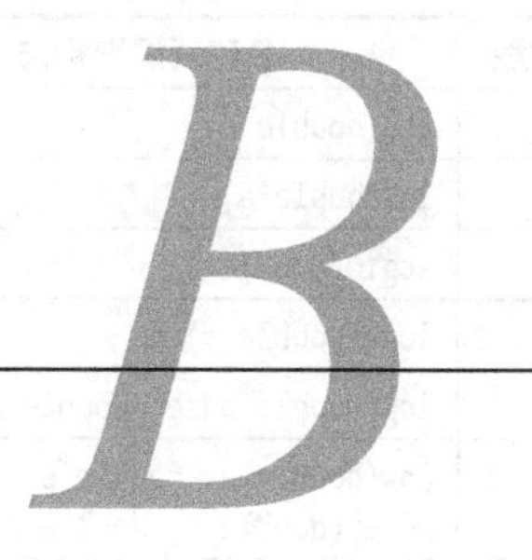

Hive 提供了一个综合性的函数集。

本附录的目标如下。

- 重点强调基本的 Hive 函数
- 解释每个函数的简单用法
- 使你基本理解如何在数据解决方案中使用这些函数

B.1 内置函数

本附录将介绍下述几类函数。

- 数学函数
- 复合集函数
- 类型转换函数
- 日期函数
- 条件函数
- 字符串函数
- 混合函数
- 聚合函数
- 用户定义函数（UDF）

B.2 数学函数

返回类型	名称（识别标志）	描　述
double	round(double a)	对 double 值 a 四舍五入，返回 bigint 型值
double	round(double a, int d)	对 double 值 a 四舍五入，返回 double 型值，并且保留 d 位小数
bigint	floor(double a)	返回小于或等于 double 值 a 的最大 bigint 型值
bigint	ceil(double a), ceiling(double a)	返回大于或等于 double 值 a 的最小 bigint 型值
double	rand(), rand(int seed)	返回从 0 到 1 均匀分布的随机数（逐行变化）。根据指定的种子，生成一个确定的随机数序列

（续）

返回类型	名称（识别标志）	描　述
double	exp(double a)	返回 e 的 a 次方值，在此 e 是自然对数的底数
double	ln(double a)	返回参数的自然对数
double	log10(double a)	返回参数以 10 为底的对数
double	log2(double a)	返回参数以 2 为底的对数
double	log(double base, double a)	返回参数 a 以 base 为底的对数
double	pow(double a, double p), power(double a, double p)	返回 a 的 p 次方
double	sqrt(double a)	返回 a 的平方根
string	bin(bigint a)	以二进制形式返回数值
string	hex(bigint a) hex(string a)	如果参数为 int 值，hex 函数以十六进制字符串形式返回数值。否则，如果数值是一个字符串，该函数将每个字符转换成其十六进制表示并且返回结果字符串
string	unhex(string a)	hex 函数的逆函数。将每对字符解释为一个十六进制数，并且将它们转换成数字表示形式的字符
string	conv(bigint num, int from_base, int to_base), conv(STRING num, int from_base, int to_base)	将一个数从给定进制转换成另一不同进制
double	abs(double a)	返回绝对值
int double	pmod(int a, int b) pmod(double a, double b)	返回 a 除以 b 的余数的正值
double	sin(double a)	返回 a 的正弦值（a 用弧度表示）
double	asin(double a)	如果-1<=a<=1，则返回 x 的反正弦值，否则返回 null
double	cos(double a)	返回 a 的余弦值（a 用弧度表示）
double	acos(double a)	如果-1<=a<=1，则返回 x 的反余弦值，否则返回 null
double	tan(double a)	返回 a 的正切值（a 用弧度表示）
double	atan(double a)	返回 a 的反正切值
double	degrees(double a)	将 a 的值从弧度值转换成角度值
double	radians(double a)	将 a 的值从角度值转换为弧度值
int double	positive(int a), positive(double a)	对所有的–a 和 a 值返回 a
int double	negative(int a), negative(double a)	对所有 a 和–a 值返回–a
float	sign(double a)	返回 double 值 a 的符号，返回值为 1.0 或者–1.0
double	e()	返回常数 e 的值
double	pi()	返回常数 pi 的值

B.3 复合集函数

返回类型	名称（识别标志）	描 述
int	size(Map<K.V>)	返回 Map 型结构中的元素个数
int	size(Array<T>)	返回数组型结构中的元素个数
array<K>	map_keys(Map<K.V>)	返回一个未排序数组，其中含有输入 Map 的键
array<V>	map_values(Map<K.V>)	返回一个未排序数组，其中含有输入 Map 的值
boolean	array_contains(Array<T>, value)	如果数组中含有 value，则返回 true
array<t>	sort_array(Array<T>)	按照数组元素的自然次序对输入数组进行升序排序并返回

B.4 类型转换函数

返回类型	名称（识别标志）	描 述
binary	binary(string|binary)	将输入参数转换为二进制值
返回 type 所定义的类型	cast(expr as <type>)	将表达式 expr 的结果转换成 type 类型；例如 cast('1' as BIGINT)会将字符串'1'转换成 bigint 型的表示。如果转换失败，则返回 null

B.5 日期函数

返回类型	名称（识别标志）	描 述
string	from_unixtime(bigint unixtime [, string format])	将 UNIX 时刻（1970-01-01 00:00:00 UTC）表示的秒数转换成表示当前系统时区下相应时刻的时间戳的字符串，格式为 "1970-01-01 00:00:00"
bigint	unix_timestamp()	使用默认时区获取当前时间戳
bigint	unix_timestamp(string date)	将 yyyy-MM-dd HH:mm:ss 格式的字符串转换成 UNIX 时间戳，如果失败则返回 0。例如 unix_timestamp ('2009-03-20 11:30:01') = 1237573801
bigint	unix_timestamp(string date, string pattern)	按照给定模式将时间字符串转换成 UNIX 时间戳，如果失败则返回 0。例如 unix_timestamp('2009-03-20', 'yyyy-MM-dd') = 1237532400
string	to_date(string timestamp)	返回一个时间戳字符串的日期部分。例如 to_date("1970-01-01 00:00:00") = "1970-01-01"
int	year(string date)	返回一个日期字符串或时间戳字符串的年份部分。例如 year("1970-01-01 00:00:00") = 1970, year("1970-01-01") = 1970
int	month(string date)	返回一个日期字符串或时间戳字符串的月份部分。例如 month("1970-11-01 00:00:00") = 11, month("1970-11-01") = 11
int	day(string date) dayofmonth(date)	返回一个日期字符串或时间戳字符串中的“日”部分，例如 day("1970-11-01 00:00:00") = 1, day("1970-11-01") = 1
int	hour(string date)	返回时间戳中的小时，例如 hour('2009-07-3012:58:59') = 12, hour('12:58:59') = 12
int	minute(string date)	返回时间戳中的分钟

（续）

返回类型	名称（识别标志）	描　述
int	second(string date)	返回时间戳中的秒钟
int	weekofyear(string date)	返回时间戳字符串中的周数，例如 weekofyear("1970-11-01 00:00:00") = 44, weekofyear("1970-11-01") = 44
int	datediff(string enddate, string startdate)	返回从 startdate 到 enddate 的天数，例如 datediff('2009-03-01', '2009-02-27') = 2
string	date_add(string startdate, int days)	为日期 startdate 增加 days 天,例如 date_add('2008-12-31', 1) = '2009-01-01'
string	date_sub(string startdate, int days)	将日期 startdate 减去 days 天，例如 date_ sub('2008-12-31', 1) = '2008-12-30'
timestamp	from_utc_ timestamp(timestamp, string timezone)	如果给定时间戳为 UTC 格式，将其转换成给定时区的时间戳
timestamp	to_utc_ timestamp(timestamp, string timezone)	如果给定时间戳是给定时区的,将其转换为 UTC 格式的时间戳

B.6 条件函数

返回类型	名称（识别标志）	描　述
T	if(boolean testCondition, T valueTrue, T valueFalseOrNull)	当测试条件 testCondition 为真时返回 valueTrue，否则返回 valueFalseOrNull
T	COALESCE(T v1, T v2, ...)	返回第一个不为 NULL 的 v，如果所有 v 的值都为 NULL 则返回 null
T	CASE a WHEN b THEN c [WHEN d THEN e]* [ELSE f] END	当 a=b 时返回 c；当 a=d 时则返回 e；否则返回 f
T	CASE WHEN a THEN b [WHEN c THEN d]* [ELSE e] END	当 a=true 时返回 b；当 c=true 时返回 d；否则返回 e

B.7 字符串函数

返回类型	名称（识别标志）	描　述
int	ascii(string str)	返回字符串 str 首个字符的整型 ASCII 值
string	concat(string|binary A, string|binary B...)	将参数中传递的字符串或者字节按照顺序拼接，返回生成的字符串或者字节码。例如，concat('foo', 'bar')的结果是'foobar'。请注意，该函数的参数可以是任意数目的输入字符串
array<struct <string, double>>	context_ngrams(array<array <string>>, array<string>, int K, int pf)	给定一个“上下文”字符串，从一个标记化句子集合返回前 *k* 个有上下文关系的 N 连字符
string	concat_ws(string SEP, string A, string B...)	和 concat()类似，只不过使用了定制的分隔符 SEP
string	concat_ws(string SEP, array<string>)	和 concat_ws()类似，只不过是将一个字符数组作为参数

（续）

返回类型	名称（识别标志）	描 述
int	find_in_set(string str, string strList)	返回 str 在 strList 中第一次出现的位置，其中 strList 是一个用逗号隔开的字符串。任何一个参数为 null 则返回 null。如果第一个参数含有逗号则返回 0。例如 find_in_set('ab', 'abc,b,ab,c,def')返回 3
string	format_number(number x, int d)	将数字 x 格式化为像#,###,###,##这样的格式，四舍五入到 d 位小数并且以字符串形式返回结果。如果 d 为 0，则结果没有小数点或小数部分
string	get_json_object(string json_string, string path)	基于指定的 JSON 路径，从 JSON 字符串中抽取 JSON 对象，并且返回该抽取 JSON 对象的 JSON 字符串。如果输入的 JSON 字符串是无效的，则该函数将返回 null。JSON 路径只能含有字符[0-9a-z_]，也就是说不能出现大写字母或特殊字符。同样，键也不能以数字开头。这是由于 Hive 列名的限制
boolean	in_file(string str, string filename)	如果字符串 str 是 filename 文件中的一整行，那么返回 true
int	instr(string str, string substr)	返回 substr 在 str 中首次出现的位置
int	length(string A)	返回字符串的长度
int	locate(string substr, string str[, int pos])	返回在 str 字符串的 pos 位置之后首次出现 substr 的位置
string	lower(string A) lcase(string A)	返回将字符串 A 中所有字符转换成小写字母后形成的字符串。例如 lower('fOoBaR')将返回字符串'foobar'
string	lpad(string str, int len, string pad)	用字符串 pad 从字符串 str 的最左边开始填补，使其长度达到 len 并返回 str
string	ltrim(string A)	将字符串 A 中从最左边开始的所有空格去掉并返回结果。例如，ltrim(' foobar ')的结果是'foobar'
array<struct<string, double>>	ngrams(array<array<string>>, int N, int K, int pf)	从一个带标记的语句（例如那些由 sentences()函数返回的句子）集合中返回前 *k* 个 N 连字符。Hive 的自定义聚合函数（UDAF）
string	parse_url(string urlString, string partToExtract[, string keyToExtract])	返回从 URL 中抽取的指定部分。partToExtract 的合法取值包括 HOST、PATH、QUERY、REF、PROTOCOL、AUTHORITY、FILE 和 USERINFO。例如，parse_url('http://facebook.com/path1/p.php?k1=v1&k2=v2#Ref1', 'HOST')将返回'facebook.com'。同样，也可以按照第 3 个参数中提供的键来抽取 QUERY 中的某个特定键的值。例如，parse_url('http://facebook.com/path1/p.php?k1=v1&k2=v2#Ref1', 'QUERY','k1')将返回'v1'
string	printf(String format, Obj... args)	按照 printf 风格的格式对输入字符串格式化并返回
string	regexp_extract(string subject, string pattern, int index)	返回使用 pattern 抽取的字符串。例如，regexp_extract('foothebar', 'foo(.*?)(bar)', 2)将返回'bar'。请注意在使用预定义的字符类时要小心一些：例如使用'\s'作为第 2 个参数将匹配字母 s；而's'则必须用于匹配空白字符。参数 index 是 Java 正则表达式匹配器 group()方法的索引

（续）

返回类型	名称（识别标志）	描 述
string	regexp_replace(string INITIAL_STRING, string PATTERN, string REPLACEMENT)	将字符串 INITIAL_STRING 中所有与 PATTERN 中定义的 Java 正则表达式语法相匹配的子串替换为 REPLACEMENT 中的实例并返回结果。例如，regexp_replace("foobar", "oo|ar", "")返回'fb'。请注意在使用预定义字符类时有必要小心一些：例如使用'\s'作为第 2 个参数将匹配字母 s；而's'则必须用于匹配空白字符
string	repeat(string str, int n)	将 str 重复 n 次
string	reverse(string A)	返回颠倒的字符串
string	rpad(string str, int len, string pad)	从最右边开始用字符串 pad 填充字符串 str，使之长度达到 len 并返回结果
string	rtrim(string A)	将字符串 A 后面（右边）的空格全部去掉并返回结果。例如 rtrim(' foobar ')的结果为'foobar'
array<array<string>>	sentences(string str, [string lang], [string locale])	将一个自然语言文本标记化为单词和句子，将每个句子在恰当的断句处断开，并且返回一个单词数组。参数 lang 和 locale 都是可选的。例如，sentences('Hello there! How are you?')将返回(("Hello", "there"),("How", "are", "you"))
string	space(int n)	返回一个含有 n 个空格的字符串
array	split(string str, string pat)	按照正则表达式 pat 来分割字符串 str
map<string, string>	str_to_map(text [,delimiter1, delimiter2])	使用两个分隔符将文本分割成键/值对。delimiter1 将文本分割成键/值对，而 delimiter2 则将每个键/值对分隔开。默认情况下，分隔符 delimiter1 为,，而 delimiter2 为=
string	substr(string|binary A, int start) substring(string|binary A ,int start)	返回字符串（或者字节数组）A 的子串（或片段），从 start 位置开始直到 A 的末尾。例如，substr('foobar', 4)的结果是'bar'
string	substr(string|binary A, int start, int len) substring(string|binary A, int start, int len)	返回字符串（或者字节数组）A 的子串（或片段），从 start 位置开始，截取长度为 len。例如，substr('foobar', 4, 1)的结果为'b'
string	translate(string input, string from, string to)	转写字符串 input，将其中在 from 字符串中出现的字符替换为 to 字符串中对应的字符。这和 PostgreSQL 中的转写函数类似。如果该 UDF 的任意参数为 null，则最终结果也为 null
string	trim(string A)	将字符串 A 前后出现的所有空格都去掉。例如，trim(' foobar ')的结果是'foobar'
string	upper(string A) ucase(string A)	将字符串 A 中的所有字符都转换成大写字母并返回。例如，upper('fOoBaR')的结果为'FOOBAR'

B.8　混合函数

返回类型	名称（识别标志）	描　述
int	hash(a1[,　a2...])	返回参数的散列值

B.9　聚合函数

返回类型	名称（识别标志）	描　述
bigint	count(*),　count(expr), count(DISTINCT expr[,expr_.])	count(*)返回当前检索到的总行数，包括所有含有 null 值的行。count(expr)返回表达式 expr 的值非 null 的行数。count(DISTINCT expr[, expr_ ,])返回表达式（可以为多个）去重后非 null 的行数
double	sum(col),　sum(DISTINCT col)	返回某一分组中各元素的和，或者对分组中列的值去重后求和并返回
double	avg(col),　avg(DISTINCT col)	返回分组中元素的平均值，或者返回分组中列的不同值的平均值
double	min(col)	返回分组中列的最小值
double	max(col)	返回分组中列的最大值
double	variance(col), var_pop(col)	返回分组中数值型列的方差
double	var_samp(col)	返回分组中数值型列的无偏样本方差
double	stddev_pop(col)	返回分组中数值型列的标准偏差
double	stddev_samp(col)	返回分组中数值型列的无偏样本标准差
double	covar_pop(col1, col2)	返回分组中一对数值型列的总体协方差
double	covar_samp(col1, col2)	返回分组中一对数值型列的样本协方差
double	corr(col1, col2)	返回分组中一对数值型列的皮尔逊相关系数
double	percentile(BIGINT col, p)	返回分组中列的精确的第 p 百分位数（不能用于浮点类型）。p 必须在 0 和 1 之间。注：真正的百分位数只能计算整数值。如果输入不是整数，请使用 PERCENTILE_APPROX
array<double>	percentile(BIGINT col, array(p1 [, p2]...))	返回分组中列的精确的第 p1、p2...百分位数，不能用于浮点类型。pi 必须在 0 和 1 之间。注：真正的百分位数只能计算整数值。如果输入是非整数，则使用 PERCENTILE_APPROX
double	percentile_ approx(DOUBLE col, p [, B])	返回分组中数值型列（包括浮点类型）的近似第 p 百分位数。B 参数在内存为代价控制近似精度。较高的值产生更好的近似程度，默认值为 10 000。当 col 中不同值的个数小于 B 时，这将给出精确的百分位数值
array<double>	percentile_ approx(DOUBLE col, array(p1 [, p2]...) [, B])	与上面相同，但接受并返回一个百分位数值数组，而不是单个值
array<struct{'x','y'}>	histogram_ numeric(col, b)	使用 b 个非均匀间隔的仓计算分组中数值型列的直方图。输出是一组大小为 b 的 double 型(x,y)坐标，代表仓的中心和高度
array	collect_set(col)	返回一组删除了重复元素的对象

B.10　用户定义函数（UDF）

```
CREATE FUNCTION [db_name.]function_name AS class_name
  [USING JAR|FILE|ARCHIVE 'file_uri' [, JAR|FILE|ARCHIVE 'file_uri'] ];
```

该语句通过 class_name 创建一个函数。USING 子句指定的 JAR、文件和文档服务器地址将被添加到环境中。当 Hive 会话首次引用该函数时，这些资源将被添加到环境中，就好像执行 ADD JAR/FILE 一样。如果 Hive 不是本地模式，则资源位置必须是一个非本地 URI，例如一个 HDFS 位置。

该函数将被添加到指定的数据库中，或者在创建该函数时添加到当前数据库中。可以通过完全限定函数名(db_name.function_name)来引用该函数。如果该函数在当前数据库中，则可以在没有限定的情况下引用该函数。

掌握 Hive 内置函数的使用以及这些函数构造的排列链条，对于熟练掌握 Hive 非常重要。

这些都是你的数据工具。

有条不紊地练习使用它们，可以使你成长为 Hive 数据处理的专家。

要获取最新的参考列表，请参见以下网址。

https://cwiki.apache.org/confluence/display/Hive/LanguageManual